LE CARBONE

LEÇONS

SUR

LE CARBONE

LA COMBUSTION

LES LOIS CHIMIQUES

Professées à la Faculté des Sciences de Paris

PAR

Henry LE CHATELIER

MEMBRE DE L'INSTITUT

Nouvelle édition

———— ❉ ————

PARIS

LIBRAIRIE SCIENTIFIQUE J. HERMANN

6, Rue de la Sorbonne, 6

——

1926

PRÉFACE

Ce volume est la reproduction littérale des premières leçons du cours de chimie générale que j'ai professées pour la première fois à la Sorbonne pendant l'année scolaire 1907-1908. J'aurais préféré en faire une publication moins hâtive, attendre les examens pour me rendre compte des résultats obtenus par cet enseignement et me donner le temps de faire une seconde rédaction pour mieux coordonner les différentes parties, supprimer les redites difficiles à éviter dans des leçons rédigées au fur et à mesure de l'avancement du cours et envoyées de suite à l'impression. J'ai cédé aux demandes de mes élèves qui ne pouvaient trouver, pour compléter leurs notes, de cours imprimés rédigés sur le même plan.

J'ai en effet modifié profondément la méthode suivie dans les ouvrages classiques d'enseignement. Je voudrais indiquer brièvement dans cette préface les raisons qui m'ont conduit à m'écarter systématiquement des traditions établies et expliquer sinon ce que j'ai fait, au moins ce que j'aurais voulu faire.

Enseignement chimique.

Pour comprendre la nécessité de modifier profondément les méthodes d'enseignement de la chimie, il suffit de comparer un cours de chimie et un cours de physique. Ces deux sciences ont un objet analogue ; elles étudient toutes deux les phénomènes donnant lieu à des transformations de l'énergie, c'est-à-dire puissance mécanique, calorifique, électrique ou chimique. Dans l'enseignement de la physique, on ne parle que des lois des phénomènes naturels : lois de Mariotte, de Gay-Lussac, de Ohm, de Joule, de Descartes, de Carnot, etc. Les propriétés particulières des différents corps sont passées sous silence ; on ne trouve dans un traité de physique ni un indice de réfraction, ni une densité, ni une chaleur spécifique ; cette abstention systématique est même parfois un peu exagérée. La partie expérimentale se réduit aux méthodes de mesures servant à établir les différentes lois. En un mot, cet enseignement est exclusivement scientifique.

En chimie, au contraire, c'est une énumération indéfinie de petits faits particuliers : Formules de combinaisons, densités, couleurs, action de tel ou tel corps, recettes de préparation, méthodes d'analyses chimiques, procédés de fabrication, etc. C'est donc exclusivement de la documentation. Les matériaux ainsi accumulés seront certainement très utiles pour l'établissement ultérieur de la science, mais ils ne la constituent en aucune façon pour le moment.

Cette situation tient à deux causes différentes : tout d'abord à l'état d'avancement moindre de la science chimique et aussi, il faut bien l'avouer, à ce que son enseignement n'a pas suivi d'assez près le progrès de nos connaissances.

L'enseignement de la chimie minérale est complètement immobile depuis soixante-quinze ans. Vers 1815, Thénard et Gay-Lussac donnèrent dans leurs cours de la Sorbonne, du Collège de France, du Museum et de l'École polytechnique, une orientation toute nouvelle à cet enseignement. Regnault la fixa définitivement par la publication de son petit traité de chimie dont la première édition fut rédigée sur les notes prises au cours de Gay-Lussac. Toutes nos connaissances chimiques y sont classées autour des combinaisons définies, groupées elles-mêmes autour d'un de leurs éléments essentiels

On peut aisément se rendre compte de la transformation accomplie à cette époque en parcourant les anciens traités des alchimistes et même celui de Lavoisier écrit à une époque où l'importance de la loi des proportions définies n'était pas encore reconnue. Voici par exemple quelques-unes des têtes de chapitres de l'ouvrage de Lavoisier :

De la combinaison du calorique. — De la formation des fluides aériformes. — Nomenclature des acides. — Quantité de chaleur dégagée dans les différentes combustions. — De la fermentation putride. — Des sels neutres, etc.

Le premier volume est entièrement consacré à l'examen de ces questions d'ordre général.

Dans les ouvrages modernes, on s'attache, au contraire, à la description des corps simples et composés, à l'étude de leurs propriétés. Les têtes de chapitres habituelles sont par exemple :

L'azote et ses composés oxygénés. — Le fer et ses combinaisons, etc.

Chaque auteur nouveau a bien introduit dans le traité de Regnault quelques faits plus récemment découverts et en a par compensation supprimé quelques autres, mais l'ordonnance générale a été entièrement respectée. Une seule tentative s'écartant réellement des traditions classiques mérite d'être rapportée, c'est celle de Mendeleeff ; son traité de chimie est conçu sur un plan tout spécial.

D'autre part, il faut bien le reconnaître, la science chimique est moins avancée que la physique. On doit s'incliner devant cette difficulté, on ne peut pas enseigner ce que l'on ne connaît pas. Un exemple fera comprendre la nature des lacunes existantes. En physique, nous savons que tout rayon lumineux passant d'un milieu dans un autre se dévie et que cette déviation obéit à une loi précise. Si dans un cas particulier nous voulons connaître la déviation d'un rayon lumineux, il nous suffira d'employer la loi de Descartes en y introduisant les indices de réfraction des corps étudiés que nous trouverons dans des tables de constantes physiques. Il est absolument inutile de rien apprendre par cœur.

Il n'en va pas de même en chimie; nous savons bien que beaucoup de corps se combinent entre eux, mais nous ne connaissons pas, au moins en chimie minérale, de lois permettant de prévoir d'une façon absolue, la nature et le nombre de ces combinaisons.

Si nous n'apprenions pas par le détail leur existence, nous serions à chaque instant arrêtés dans les applications pratiques de la chimie. Quand, au contraire, nous connaîtrons complètement les lois dont dépendent les proportions suivant lesquelles se font les combinaisons, les lois qui rattachent les différentes propriétés physiques des corps à leur composition, il nous suffira d'avoir un recueil de constantes chimiques et nous irons chercher dans chaque cas particulier les renseignements nécessaires. Mais nous n'en sommes pas encore là et pour ce motif, on ne peut avoir la prétention de calquer complètement l'enseignement de la chimie sur celui de la physique, il faut seulement tendre à s'en rapprocher.

Mécanique chimique.

Depuis la publication du petit traité de Regnault, un progrès capital a été réalisé dans nos connaissances chimiques, la découverte des lois de la mécanique chimique. Leur précision et la généralité de leurs applications sont égales à celles des lois pondérales découvertes par Lavoisier. C'est une nouvelle révolution chimique d'importance égale à la première, elle doit donc amener dans l'enseigne-

ment une évolution comparable à celle qui a suivi les découvertes de Lavoisier.

Mais, objectera-t-on, cette affirmation tend un peu à en-
foncer une porte ouverte. Depuis quelques années déjà,
tous les traités de chimie consacrent un chapitre à l'exposé
des lois de la mécanique chimique, ces matières figurent
même dans les programmes d'examens. Cette affirmation
n'est qu'à moitié exacte, les lois en question sont bien
mentionnées dans les traités modernes de chimie, mais
elles sont le plus souvent, de façon à laisser aux étudiants
l'impression qu'il s'agit là de phénomènes exceptionnels,
sans importance réelle ; en dehors du chapitre qui leur est
spécialement consacré, il n'en est plus question au cours
de l'étude détaillée des différents corps. Les lois pondérales
y figurent au contraire à chaque ligne, les formules de
combinaisons chimiques, les équations des réactions, les
résultats d'analyses les rappellent constamment à l'esprit.
Aussi, les chimistes sont tellement imprégnés de ces lois
pondérales qu'ils arrivent à les considérer comme des vérités innées planant au-dessus de tout contrôle expérimental. Il faut maintenant atteindre le même résultat
pour les lois de la mécanique chimique, les mettre en
évidence à l'occasion de chaque réaction chimique, de
chaque méthode d'analyse décrite, les infuser au lecteur à
son insu, et même malgré lui.

C'est là ce qu'on s'est efforcé de faire dans ce petit volume
en insistant sur la dissociation de l'acide carbonique et de
l'oxyde de carbone, des carbonates et des bicarbonates,
sur la synthèse de l'acétylène, sur les réductions par le carbone et l'oxyde de carbone, sur les équilibres entre l'acide
carbonique et les autres acides, sur les lois de Berthollet, etc.
Et pour accentuer encore cette importance de la mécanique chimique, plusieurs leçons ont été consacrées à
l'exposé de son développement historique. La place ac-
cordée à cette partie historique est évidemment exagérée,

cela a été fait volontairement pour forcer l'attention du lecteur.

Science industrielle.

Une seconde préoccupation d'ordre tout différent a été le point de départ d'une autre modification dans l'exposé classique de la chimie. L'enseignement supérieur des sciences n'a plus aujourd'hui exclusivement pour but de former de futurs professeurs, la grande majorité des élèves des facultés des sciences occuperont plus tard dans la vie des positions tout à fait étrangères à l'enseignement; il y aura des médecins, des agriculteurs, des industriels, même des rentiers. L'enseignement donné dans les universités doit donc être orienté de façon à mettre leurs élèves à même de s'acquitter au mieux, tant au point de vue de leur intérêt personnel que de celui de leur pays, des fonctions qu'ils auront à remplir. Il faut avant tout former des esprits pratiques et cependant l'on entend constamment répéter, avec quelque apparence de raison d'ailleurs, que l'enseignement scientifique ne développe pas le bon sens, prépare mal à la lutte pour l'existence. Il forme trop souvent des théoriciens, des esprits faux, en un mot le contraire des hommes d'action.

Ce résultat tient à ce que l'enseignement scientifique est essentiellement *analytique*, ne considère jamais à la fois qu'un seul côté des choses en faisant systématiquement abstraction de toutes les autres. Quand on parle de la conductibilité électrique du cuivre, on ignore intentionnellement ses autres propriétés et cependant dans toutes les applications électriques du cuivre, on ne peut empêcher sa masse, sa chaleur spécifique, sa ténacité, etc., d'exister, de se manifester à l'occasion, parfois de façon très nuisible. Dans les dynamos à grande vitesse, l'inertie du cuivre est une cause de destruction très grave. De même dans l'application de la thermo-dynamique aux machines à vapeur, on oublie trop souvent que ces machines sont construites en fonte, qu'elles sont graissées avec des matières minérales ou végétales se décomposant par la chaleur et en transportant dans la pratique cette façon d'envisager les choses, on combine des machines incapables de marcher. Sadi Carnot en terminant son mémoire sur les machines à feu insiste longuement sur cette nécessité de se préoccuper de la multiplicité des points de vue à prendre en considération pour la réalisation des problèmes industriels. L'habitude de regarder les choses par un seul côté est bien la caractéristique de l'esprit faux. L'étude de la science pure tend certainement à développer cette tournure d'esprit.

Il ne peut être question, bien entendu, de renoncer à la méthode analytique dans l'enseignement scientifique, ce serait vouloir reculer de plusieurs siècles en arrière. Cette division a introduit une clarté extrême dans l'étude de problèmes dont la complexité pouvait sembler à première vue devoir défier indéfiniment nos efforts. Mais l'on pourrait, pour contre-balancer l'influence, nuisible par certains côtés, de cette méthode d'enseignement, montrer parallèlement, au moyen d'exemples concrets, comment des connaissances scientifiques multiples doivent être groupées chaque fois qu'il s'agit de faire l'étude d'un phénomène réel.

Quelques exemples de science industrielle disséminés çà et là dans un cours de science pure ou même quelques cours complets de science appliquée pourraient servir utilement à tenir l'attention des étudiants éveillée sur la complexité des phénomènes réels, sur la nécessité de faire succéder aux méthodes analytiques de la science pure, des études d'un caractère *synthétique*, groupant les propriétés différentes d'une même matière ensemble et de plus les classant suivant leur degré d'utilité en vue du résultat cherché, c'est-à-dire suivant « leur degré de bienfaisance », pour employer l'expression de Taine. C'est là le but poursuivi ici dans les leçons consacrées aux emplois industriels des combustibles ou à la combustion des mélanges gazeux. On a cherché à mettre en relief les points de vue multiples que chacun de ces problèmes soulève et donner une idée de leur degré relatif d'importance.

Pour éviter tout malentendu, il est utile de bien spécifier que les descriptions d'industries chimiques données habituellement dans les cours de chimie ne constituent en aucune façon de la science industrielle, car elles passent complètement sous silence la raison d'être des détails de chaque procédé, les relations des faits entre eux, c'est-à-dire de tout ce qui constitue essentiellement le propre de la science. Il est certainement bon de donner quelques indications sur les grandes industries chimiques parce que cela rentre dans la culture générale qui forme l'*honnête* homme. Il faut avoir vu, sinon en nature, au moins en image, un haut fourneau, une chambre de plomb, une cornue Bessemer, au même titre que des tableaux de Raphaël, l'arc de Triomphe ou la Tour Eiffel, mais ces descriptions rapides n'ont aucune valeur didactique, elles ne peuvent contribuer ni à la formation intellectuelle, ni au développement des aptitudes professionnelles.

Précision des mesures.

Le dernier chapitre relatif à la détermination expérimentale des poids moléculaires vise encore un autre but. La chimie souffre actuellement d'une maladie très grave, le surmenage. Depuis que la science est devenue une carrière rémunérée avec un avancement régulier et la perspective d'une retraite, les chimistes se sont livrés à une production intensive, cherchant coûte que coûte à faire des découvertes pour se créer des titres à l'avancement. En se

plaçant à ce point de vue utilitaire, la quantité prime la
qualité. Quand on a la chance de tomber sur un corps assez
peu intéressant pour que vraisemblablement personne n'en
reprenne l'étude d'ici une dizaine d'années, c'est un placement de tout repos, les erreurs commises ne seront reconnues que lorsque le travail publié aura produit tout son
effet utile. A ce point de vue la chimie organique avec ses
composés innombrables offre des ressources précieuses. Les
chimistes minéraux, moins favorisés, se sont trop souvent
laissés entraîner à augmenter artificiellement le nombre
des corps réels. Si l'on prend les grands traités généraux de
chimie, on peut dire hardiment que la moitié au moins des
corps qui y sont décrits n'ont jamais existé. Cela présente
un très grand inconvénient pour les progrès de la science.
Les faits inexacts ne tiennent pas seulement de la place, ils
s'opposent encore d'une façon absolue à la découverte des
lois. Si la moitié des observations astronomiques utilisées
par Kepler avaient été fausses, la découverte des lois qui
portent son nom eût été impossible. Il y a donc un intérêt
majeur à donner de bonne heure aux jeunes chimistes le
respect de l'exactitude, à les habituer non seulement à employer des méthodes de mesures, mais encore à discuter
leur degré de précision, à faire en toutes circonstances la
critique systématique de chaque résultat expérimental. On
a pris comme exemple de discussion semblable la détermination des poids moléculaires, on pourrait aussi bien d'ailleurs développer les mêmes idées à l'occasion de mesures
différentes, d'analyses chimiques, par exemple.

Hypothèses atomiques.

Dans ce petit volume enfin, on a pris nettement position
sur une question qui divise depuis longtemps et divisera
sans doute toujours les savants. On a systématiquement
écarté toute hypothèse relative à la constitution de la

matière. Ces hypothèses peuvent certainement rendre les plus grands services à un esprit déjà formé, capable de s'en servir sans y croire, les envisageant seulement comme un outil de travail bon à mettre de côté le jour où il aura cessé de rendre des services ; elles sont au contraire très dangereuses dans l'enseignement en habituant de jeunes esprits à l'imprécision, qui est le plus redoutable ennemi de la science. Trop souvent même, on arrive à croire fermement à ces imaginations, à se mettre ainsi un bandeau sur les yeux empêchant de voir les faits expérimentaux les plus évidents. Quand on voit ce qui est advenu des deux fluides de l'électricité, des projectiles de la théorie lumineuse de l'émission, des molécules en caoutchouc de Berthollet, des atomes insécables de Dalton, on a le droit de conserver quelque inquiétude sur l'avenir réservé aux ions et aux électrons.

Au fond, il faut bien le reconnaître, le différend porte surtout sur une question de sentiment, c'est-à-dire appartient à un domaine où la discussion est sans autorité. Les uns ne trouvent à la vérité toute sa grâce que lorsqu'elle est parée d'ornements à la mode du jour, d'autres préfèrent admirer sa fière beauté dégagée de tous voiles. A chacun la liberté de prendre sa joie où il la trouve.

Le 29 mai 1908.

LE CARBONE

PREMIÈRE LEÇON (1)

HENRI SAINTE-CLAIRE DEVILLE. — MOISSAN

L'enseignement de Henri Sainte-Claire Deville. — Souvenirs personnels. — L'enseignement scientifique. — Les mesures en Chimie.
L'œuvre de Moissan. — Débuts scientifiques. — Premières études sur le fluor.— Recherches antérieures. — Tentatives infructueuses. — Découverte du fluor. — Étude des propriétés du fluor. — Importance des études sur les corps usuels. — Le diamant. — Le four électrique. — Les carbures métalliques. — Hydrures et azotures. — Le rôle du caractère.

H. SAINTE-CLAIRE DEVILLE

Souvenirs personnels.

En prenant pour la première fois la parole dans cette enceinte, je veux reporter tout d'abord ma pensée avec un profond sentiment de reconnaissance vers un des maîtres qui ont illustré l'enseignement de la chimie à la Sorbonne : Henri Sainte-Claire Deville. Je lui dois ma formation intellectuelle scientifique, indirectement par suite, l'honneur d'avoir été appelé à lui succéder ici.

(1) Cette leçon a été publiée par la *Revue Scientifique*, dans le numéro du 30 novembre 1907.

1

Vous m'excuserez de faire un retour vers ce passé déjà lointain et de m'arrêter quelques instants à des souvenirs de jeunesse toujours vivants dans ma pensée. Henri Sainte-Claire Deville était un des meilleurs amis de mon père. Ce dernier m'emmenait souvent le dimanche, pendant mes années de collège, aux fameuses réunions du laboratoire de l'École Normale où j'entendais tantôt discuter les problèmes les plus élevés de la science, tantôt aussi raconter les plus folles histoires. J'avais lu et relu toutes les publications de l'illustre chimiste. Leur connaissance n'avait pas été étrangère à mes premiers succès. Aussi avais-je un vif désir de suivre d'une façon complète son enseignement. Une fois sorti de l'École Polytechnique et libre de mes mouvements, je me précipitai vers la Sorbonne, espérant y trouver un exposé magistral des nouvelles doctrines chimiques.

J'éprouvai, je ne puis le nier, une certaine désillusion ; le cours de chimie était certainement très amusant, mais était-il très sérieux ? D'anciens camarades de collège entrés à l'École Normale et retrouvés au cours de Sainte-Claire Deville me faisaient part de leurs doléances. Il leur eût été impossible de préparer utilement l'examen de licence, si les conférences faites par Debray à l'intérieur de l'École Normale n'étaient venues combler les lacunes trop nombreuses du cours de la Sorbonne. En fait, les anecdotes y tenaient une large place.

L'histoire du chien et de l'os, par exemple, nous amusait beaucoup, surtout mimée comme elle l'était par Sainte-Claire Deville. Un chien et un os sont en présence, que va-t-il arriver ? Au point de vue expérimental, cela est très simple : l'os et le chien se rapprochent, progressivement, puis finissent par se confondre pour ne plus faire qu'une seule masse ; c'est l'exemple frappant de la combinaison chimique. L'acide sulfurique et la potasse, mis en présence, se fondent de même pour ne plus faire qu'un seul corps. Mais quelle est la raison du phénomène ? Ici commencent les difficultés sérieuses. On dit habituellement le chien aime l'os, il a de l'affinité pour l'os, mais n'est-ce pas plutôt l'os qui a de l'affinité pour le chien? En s'en tenant à l'expérience brute, rien ne justifie une conclusion de préférence à l'autre. En fait nous raisonnons par analogie. Le chien ressemble à l'homme plus que ne le fait l'os, c'est donc au chien qu'appartient l'honneur d'avoir des sentiments personnels. Mais dans le cas de l'acide sulfurique et de la potasse, lequel est le plus noble, le plus voisin de l'homme? Puis au fond, quand nous avons dit que la potasse et l'acide sulfurique ont une affinité réciproque, avons-nous en réalité exprimé une idée, n'avons-nous pas plutôt employé un mot dépourvu de signification précise, rappelant seulement sous une forme plus vague le fait expérimental observé. Et à cette occasion, Sainte-Claire Deville développait et nous inoculait son antipathie profonde pour les théories dites scientifiques, où les mots creux remplacent trop souvent les idées absentes.

Il y avait encore l'histoire du phosphore noir. Un préparateur de Thénard avait découvert une nouvelle variété de phosphore. Ce préparateur, vieux routier des laboratoires de chimie, gardait précieusement le ballon et le morceau de phosphore de la première expérience et l'expérience répétée réussissait toujours avec le même succès. Un jour malheureux, le ballon fut cassé par un garçon maladroit et jeté avec son phosphore. Il ne fut plus possible de refaire le phosphore noir, au moins pendant de longues années. On finit cependant par découvrir la raison de la coloration noire du phosphore et le moyen de la reproduire, elle était due à une trace de mercure; le merveilleux ballon qui faisait jadis le phosphore noir était un ballon sale renfermant un peu de mercure. Et Sainte-Claire Deville prenait texte de cette anecdote pour montrer combien sont nombreuses les circonstances dont dépend le succès de l'expérience chimique, même la plus simple; combien nombreuses les causes d'erreurs dans les conséquences que nous tirons de nos expériences.

Je pourrais prolonger cette énumération d'anecdotes plaisantes, mais ces deux exemples suffisent pour mettre en lumière la méthode d'enseignement de Sainte-Claire Deville. Si, après trente-cinq ans, ces souvenirs sont restés aussi vivement présents à ma mémoire, et à celle sans doute de beaucoup d'autres auditeurs du cours, c'est qu'à l'origine, une impression profonde avait été produite dans notre esprit, impression subie inconsciemment par nous, mais voulue de la part du professeur. Par une action plus vive sur notre imagination, Sainte-Claire Deville nous obligeait ainsi à faire un effort personnel de réflexion. Il nous amenait à penser, à remonter des faits particuliers aux notions générales. Tandis que nous écoutions en souriant ses histoires et les jugions bien peu sérieuses, notre intelligence se trouvait à notre insu façonnée dans un certain moule, dont l'empreinte devait subsister pour notre existence entière. C'est bien là le but essentiel de l'enseignement oral ; pour apprendre uniquement des listes de faits, les livres suffisent.

L'objet essentiel de mon enseignement sera également de chercher à vous faire penser ; je voudrais, moi aussi, jeter dans votre esprit les germes féconds de quelques idées, avec l'espoir de les voir se développer ensuite et fructifier sous l'action de votre seul effort personnel. Chaque fait isolé cité au cours sera destiné à servir de point d'appui à quelque notion plus générale. Si vous ne voyez pas de suite paraître l'idée derrière le fait matériel, prenez patience et attendez que le rapprochement d'une série de faits analogues la fasse naître d'elle-même. Au besoin, si je n'ai pas réussi à la mettre suffisamment en lumière, vous paierez de votre personne et ferez un effort pour la dégager.

N'attendez pas cependant de ma part des histoires amusantes, je n'ai pas l'intention d'imiter sur ce point Henri

Sainte-Claire Deville, je ne saurais réussir dans ce genre.
On ne doit pas forcer sa nature; vous connaissez la fable
de l'Ane et du petit Chien. Mais il y a heureusement en
fait de méthodes d'enseignement, comme en toutes choses,
plusieurs chemins pour conduire au même but.

L'Enseignement scientifique.

Les idées dans notre entendement peuvent avoir des
objets multiples. Celles du peintre ne sont pas celles du
mathématicien. Il ne sera pas inutile de préciser dès le
début de ce cours les idées sur lesquelles je désire particulièrement diriger vos efforts et de vous indiquer ainsi
l'orientation de mon enseignement. Je me propose de faire
ici un cours de chimie scientifique. Bien qu'on appelle d'une
façon générale la chimie une science, toutes ses branches
ne sont pas scientifiques au même degré. La métallurgie,
la céramique sont des branches très importantes de la chimie, mais on attribue le plus souvent à leurs méthodes un
caractère plutôt empirique. Dans une autre direction, l'étude
descriptive des propriétés des différents corps est certainement très utile pour le développement ultérieur de la science,
mais elle ne constitue en aucune façon la science proprement dite.

Pour définir la science, le plus simple est de suivre la
voie historique, de rappeler les étapes successives de notre
esprit, quand il s'élève de la connaissance concrète des
objets matériels aux notions abstraites, aux idées scientifiques.

Au premier examen du monde ambiant, nous éprouvons
un sentiment d'écrasement devant l'immensité du nombre
des phénomènes se déroulant devant nos yeux. Il nous est
impossible de songer à en acquérir la connaissance complète,
nous ne pouvons jamais embrasser d'un coup d'œil qu'une
étendue limitée du monde où nous vivons, qu'une période

infiniment petite du temps, qui s'écoule constamment sans jamais se recommencer. Nous semblons donc condamnés à ignorer toujours le plus grand nombre des faits matériels, faute d'être présents à l'endroit et au moment voulu pour les observer.

Mais une étude plus attentive nous fait rapidement reconnaître l'existence de certaines relations entre tous les faits observables ; nous voyons, par exemple, le jour et la nuit se succéder périodiquement, le faire de même en tous les points où nous pouvons nous transporter. Cette simple observation étend, d'une façon inouïe, notre puissance de connaître ; nous pouvons penser que la succession observée par nous dans une étendue limitée du temps et de l'espace se produit certainement de la même façon dans tous les temps et dans tous les lieux ; nous acquérons ainsi le moyen de connaître des phénomènes échappant complètement à nos moyens d'observation directs.

En continuant cette étude attentive du monde, d'autres relations se révèlent bientôt à notre esprit : les relations d'analogies ; celles qui existent, par exemple, entre tous les membres d'une même famille d'animaux, comme les quadrupèdes. L'acquisition de cette notion nous permet ensuite, d'après les examens d'ossements fossiles trouvés dans le sol, de parvenir à une connaissance assez précise d'animaux préhistoriques qu'aucun homme n'a jamais pu observer.

Bientôt, nous découvrons entre les divers phénomènes des relations de causalité, par lesquelles nous pouvons, d'un certain nombre de faits, conclure à la production d'autres faits résultants.

Ces diverses relations de succession, d'analogie, de causalité existant entre les divers faits matériels, c'est-à-dire ce que l'on appelle les *lois des phénomènes naturels*, constituent précisément l'objet des études de la science.

Ces relations, ces lois doivent, quand elles sont complète-

ment connues, pouvoir s'exprimer sous forme d'équations
algébriques reliant, d'une façon nécessaire, les grandeurs de
certaines quantités mesurables. La loi de Mariotte et Gay-
Lussac en physique en est un exemple bien connu. Cette loi
sous sa forme algébrique

$$PV = n\,RT$$

exprime les liaisons nécessaires existant entre la pression P,
le volume V, la température T et le nombre de poids moléculaire n.

De même, en chimie, le degré de dissociation de l'eau
est une fonction, incomplètement connue peut-être, mais
certainement déterminée, de divers facteurs élémentaires,
la pression, la température, le rapport des masses d'hydrogène et d'oxygène.

L'objet essentiel de la science est d'arriver à mettre en lumière ces lois numériques.

D'après cette définition de la science chimique, vous pour-
riez penser que mon enseignement se réduira à la discussion d'un certain nombre de formules algébriques, comme
le fait la mécanique rationnelle. Éloignez cette crainte de
votre esprit. Nous ne pouvons actuellement énoncer avec la
précision des formules algébriques qu'un trop petit nombre
des lois de la chimie ; très peu sont connues aujourd'hui ;
nous sommes obligés dans la plupart des cas de nous contenter des relations qualitatives grossièrement approchées.

Mais la chimie serait-elle assez avancée pour permettre
un enseignement analogue à celui de la géométrie analytique ou de la mécanique rationnelle que je n'imiterais pas
néanmoins les méthodes d'enseignement actuellement acceptées pour ces sciences, car leur avantage me semble très
problématique. Une relation algébrique et, en général,
toute formule exprimée dans un langage abstrait, n'a de valeur que si elle éveille dans l'esprit une idée nette, si elle

permet de voir d'un seul coup d'œil les nombreux phénomènes matériels résumés dans un mot, dans un symbole.
Pour atteindre ce résultat, il est indispensable de faire pré-
céder l'énoncé de chaque loi de l'étude détaillée d'un grand
nombre de ses applications particulières. Faute de cette précaution, l'énoncé d'une loi ne constitue qu'un vain bruit
dans l'oreille, incapable d'éveiller dans l'entendement aucune idée définie. Je vous promets donc de n'employer que
très rarement dans mon cours des formules mathématiques.
Nous tâcherons cependant de nous avancer aussi loin que
possible dans les voies pouvant conduire vers ces formules
précises, c'est-à-dire vers la science proprement dite.

Les mesures en chimie.

Du moment où le but final de la science est la connaissance de relations algébriques entre un certain nombre de
grandeurs mesurables, la mesure de ces grandeurs doit, de
toute nécessité, être l'objet des préoccupations incessantes
du chimiste. C'est là un point sur lequel je ne saurais assez
vivement attirer votre attention. Pendant longtemps, les alchimistes se sont contentés de l'œil, du pouce et du nez,
pour interpréter les résultats de leurs expériences, et ils ne
sont pas arrivés à créer même un embryon de science, à
soupçonner aucune relation, même qualitative, entre les divers phénomènes chimiques. Au contraire, l'emploi systématique de la balance par Lavoisier lui a permis de reconnaître des lois précises, celle de conservation de la masse,
celle de conservation des éléments, à la découverte desquelles
il doit d'être considéré comme le véritable fondateur de la
science chimique.

La balance ne suffit pas cependant pour le complet développement de la chimie. Toutes les propriétés physiques des
corps interviennent dans notre connaissance de la matière
et de ses transformations. Elles sont toutes également inté-

ressantes à mesurer. La densimétrie, la calorimétrie, la
thermométrie sont devenues aujourd'hui d'un usage courant dans les laboratoires de chimie. Cela ne suffit pas encore. Les mesures optiques des cristaux, les mesures de résistance électrique et de dilatation thermique ne sont pas
moins précieuses.

La chimie sans mesures n'est pas une science, c'est un
art venant se classer à côté de la cuisine, et encore d'une
mauvaise cuisine, car il y a des cuisinières capables de se
servir d'une balance et d'une montre. Il est donc indispensable aujourd'hui pour les chimistes de se familiariser avec
toutes les mesures physiques. J'engage vivement ceux d'entre vous qui préparent le certificat de chimie générale à
prendre également ceux de physique et de minéralogie, ou,
en tout cas, à suivre les manipulations correspondantes. Cela
est plus utile, à mon avis même, que les manipulations
proprement dites de chimie. On peut, en effet, à tout âge,
apprendre à connaître par la pratique les propriétés des différents corps, mais l'on ne réussit plus à s'assimiler les méthodes de mesures dépendant de connaissances scientifiques
variées.

L'ŒUVRE DE MOISSAN

Avant d'aborder l'objet proprement dit de mon cours,
j'ouvrirai une parenthèse et je consacrerai cette première
leçon à vous rappeler les services rendus à la science par
mon illustre prédécesseur, Moissan. C'est là une tradition
de notre enseignement supérieur, à laquelle je me garderais
de manquer. Le développement de la science constitue une
chaîne ininterrompue, les derniers venus s'appuient néces-

sairement sur les travaux de leurs prédécesseurs. Il est juste qu'avant de marcher dans des voies nouvelles, ils s'attachent à rappeler le chemin parcouru par leurs devanciers.

Fidèle au programme tracé dès le début de cette leçon, je m'efforcerai de rattacher à une idée plus générale le résumé de l'œuvre scientifique de Moissan. Je voudrais faire ressortir la raison de ses succès si brillants et si rapides, de façon à en tirer un enseignement pour ceux d'entre vous qui ont quelque ambition, et j'espère que vous en avez tous.

Débuts scientifiques.

Moissan naquit à Paris le 28 septembre 1852 ; il mourut le 20 février 1907 après y avoir accompli toute sa carrière, remporté tous ses succès.

Frémy avait créé au Muséum d'histoire naturelle un laboratoire pour la formation des jeunes chimistes ; c'est là que Moissan commença à travailler sous la direction de Dehérain, son maître d'abord, plus tard son ami. Il y prit cet amour de la science expérimentale dont il sut ensuite tirer un si brillant parti. Son premier mémoire date de 1874, il avait alors 22 ans ; c'est une étude faite en collaboration avec Dehérain sur la respiration des plantes. Aussitôt maître de ses actions, il renonça à la chimie végétale pour orienter ses études vers la chimie minérale, fort délaissée à cette époque ; il s'y consacra avec passion et réussit à lui donner un nouvel éclat.

Ses premières recherches véritablement personnelles portèrent sur les oxydes du fer. Il les entreprit sur le conseil de Debray. Elles firent, en 1877, l'objet d'une communication à l'Académie des Sciences et, plus tard, en 1880, formèrent sa thèse de doctorat. Entre temps, il étudiait les composés du chrome, la formation des amalgames des métaux de la famille du fer ; ces études l'occupèrent jusqu'en 1884. Ce sont de bons travaux pour un débutant, mais aucun d'eux n'aurait permis de prédire alors au jeune chimiste un avenir particulièrement brillant. Ils donnèrent cependant à ses camarades de laboratoire l'occasion de reconnaître dès cette époque cette énergie indomptable de caractère qui devait lui assurer plus tard une si belle carrière scientifique. Orienté alors par Debray vers des études ne cadrant peut-être pas complètement avec ses goûts personnels, il s'obstina avec une persévérance inlassable à les conduire à bonne fin. Il n'y consacra pas seulement toutes les heures de loisir que lui laissaient quelques occupations faiblement rémunérées, mais il dépensait encore ses maigres économies à l'achat des appareils nécessaires au meilleur achèvement de ses recherches. Dans toute sa carrière, il n'hésita jamais à payer de sa poche ses outils de travail, considérant comme un bon placement l'emploi de l'argent à la multiplication des moyens d'action. Ce qu'un industriel fait sans hésiter ne lui semblait pas malentendu non plus pour un savant.

Premières études sur le fluor.

En 1884, commencèrent ses recherches sur le fluor. Ce serait un problème psychologique intéressant de déterminer, d'une façon précise, les circonstances qui provoquèrent cette orientation nouvelle et si féconde des travaux de Moissan. Rien ne semblait le préparer à des recherches de cette nature ; il n'avait jusque-là fait en chimie aucune découverte bien saillante et les ressources alors, à sa disposition, étaient plus que modestes. On ne saurait trop admirer l'assurance et l'énergie dont il fit preuve, le jour où il s'engagea dans une voie où avaient échoué des savants illustres ayant à leur disposition de puissants outils de travail. Pour mener à bien cette tâche difficile, il fut certainement encouragé par l'appui moral et matériel qu'il trouva auprès de la compagne de sa vie. Il venait, à cette époque, en effet, de se marier, bien que dépourvu encore de toute situation et sans espoir d'avenir autre que sa confiance inébranlable dans sa volonté de réussir.

Il commença ses recherches sur le fluor au laboratoire des chambres syndicales, dont il avait obtenu la direction peu après son examen de doctorat, mais ce laboratoire fut bientôt fermé et Moissan se trouvant alors sans occupations, sans aucun moyen de travail, s'adressa à Debray pour obtenir l'autorisation de s'établir dans les laboratoires provisoires de la Faculté des Sciences, qui avaient été installés rue Michelet pendant la reconstruction des bâtiments de la Sorbonne. Bientôt cependant, il lui fallut quitter encore ce laboratoire à la suite de difficultés avec le préparateur de Debray, peu soucieux de conserver à côté de lui un travailleur d'une activité trop encombrante. Il dut, pour pouvoir continuer à travailler, se contenter d'être toléré, en dehors des jours de cours, dans l'amphithéâtre commun à Debray et à Friedel. M. Rigault, alors préparateur de M. Troost, lui prêtait le matériel de laboratoire de son maître, qui fermait les yeux sur des complaisances d'une régularité administrative douteuse.

La méthode particulière de travail suivie par Moissan dans son étude du fluor, reprise ensuite dans ses recherches sur le diamant, ne saurait être trop vivement louée. Au lieu de tenter au hasard divers procédés de préparation lui semblant présenter quelques chances de succès, il eut la patience d'étudier méthodiquement un grand nombre des composés du fluor, puis d'essayer sur eux, non moins méthodiquement, différents modes de décomposition. Sa découverte capitale accomplie, il eut encore la persévérance de continuer pendant plus de dix années l'étude des diverses réactions du fluor. Les grands inventeurs se laissent souvent, comme les artistes, entraîner par l'imagination, la folle du logis, disait Montaigne, incapables de fixer longtemps leur attention sur un même problème. Moissan eut la force de

volonté suffisante pour résister à cet entraînement. L'importance de sa découverte en a été considérablement accrue.
Ses études préalables sur les composés du fluor, ses recherches postérieures sur les réactions de ce corps, sont d'importance secondaire devant la découverte essentielle du procédé de préparation, mais en venant se grouper autour de
ce dernier, elles lui ont par leur masse imposante donné un
plus grand éclat; elles ont pour toujours rivé le fluor au
nom de Moissan, comme l'avait été, pour des motifs analogues, l'eau oxygénée au nom de Thénard, l'aluminium à
celui de Henri Sainte-Claire Deville.

Recherches antérieures.

Pour bien faire comprendre toute l'importance de la
découverte de Moissan, quelques mots sur l'historique de
la question ne seront pas inutiles. La découverte du procédé
de préparation du fluor était très difficile; cette préparation
n'est possible que dans certaines conditions spéciales tout
à fait limitées et rien n'indiquait *à priori* quelles pouvaient
être ces conditions, ni dans quelle région les chercher. De
plus, les études sur le fluor sont très dangereuses en raison
des propriétés toxiques de plusieurs de ses composés. Le
chimiste Louyet trouva la mort dans ses recherches sur la
préparation du fluor; les deux frères Knox tombèrent tellement malades que l'un d'eux déclarait n'avoir pu se
remettre complètement même après trois années passées
à Naples. Moissan lui-même fut sérieusement atteint au
cours de ses expériences sur le fluorure d'arsenic.

Ampère avait reconnu le premier les analogies des fluorures avec des chlorures et signalé à Davy l'existence probable d'un nouvel élément, le fluor; le savant anglais se mit
de suite à l'œuvre et fit sur cette question des recherches
expérimentales extrêmement remarquables. C'est à lui
qu'appartient l'idée d'employer des vases en fluorine et

d'électrolyser l'acide fluorhydrique liquide. Ses tentatives échouèrent, on ne savait pas encore préparer l'acide anhydre et l'électrolyse décomposait seulement l'eau qui lui était mêlée en dégageant de l'oxygène. Davy fit cependant une remarque très importante : lorsqu'une quantité d'eau suffisante est décomposée et que par suite l'acide se rapproche de l'état anhydre, il cesse de conduire l'électricité. Des nombreux chercheurs lancés dans la même voie depuis Davy, Frémy fut sans doute celui qui approcha le plus du but, sans pourtant y atteindre; il reconnut la difficulté, pour ne pas dire l'impossibilité, de déshydrater les fluorures neutres, il découvrit les fluorhydrates des fluorures alcalins et donna le moyen de préparer l'acide fluorhydrique anhydre par la décomposition de ces derniers sels.

Tentatives infructueuses.

Dans ses recherches, Moissan partit d'abord de cette idée préconçue que les fluorures des métalloïdes devaient être plus faciles à décomposer que les fluorures métalliques. Une première série d'expériences fut consacrée à l'étude de l'action décomposante de l'étincelle électrique sur certains fluorures volatils choisis parmi ceux dont le second constituant était solide. On pouvait espérer ainsi voir ce second corps se séparer spontanément du fluor une fois isolé, ce qui eût été impossible avec un second constituant gazeux ; Moissan choisit ainsi pour ses expériences les fluorures de silicium, de bore, de phosphore et d'arsenic.

A son grand étonnement, le fluorure de silicium présenta une très grande stabilité, une résistance absolue à la décomposition par l'étincelle. La grande chaleur de la formation de ce corps, mesuré plus tard par M. Guntz, 234,7 cal. par molécule, donne l'explication de ce fait.

Le penta-fluorure de phosphore paraît bien tendre à se décomposer en trifluorure de phosphore et fluor, comme

l'indiquerait une légère attaque du verre, observée même
avec des gaz parfaitement secs, mais le trifluorure de phosphore formé étant gazeux se recombine bientôt au fluor. La
proportion de ce dernier gaz ne peut donc pas devenir
notable dans le mélange. En soumettant à l'étincelle le
trifluorure de phosphore, on obtient un dépôt de phosphore,
mais le fluor séparé se combine immédiatement au trifluorure en excès pour donner un dépôt de pentafluorure.

La décomposition des vapeurs de fluorure d'arsenic et de
bore ne donna pas de meilleurs résultats ; toutes ces expériences d'ailleurs étaient rendues très difficiles par la nécessité d'éviter toute trace d'eau qui aurait décomposé les fluorures employés ou du moins compliqué les réactions produites sous l'influence de l'étincelle électrique.

Une seconde série de recherches porta sur le déplacemen
du fluor dans ses combinaisons par d'autres métalloïdes :
le chlore, le brome, l'oxygène ; cette tentative échoua
comme la précédente, car le fluor déplace, au contraire,
tous les autres métalloïdes de leurs combinaisons. Au cours
de ces expériences, Moissan eut l'occasion d'observer la
facilité avec laquelle les fluorures donnent des combinaisons multiples et en particulier des oxyfluorures. Le trifluorure de phosphore, mêlé avec un volume égal d'oxygène,
donne, sous l'action de l'étincelle électrique, une violente
explosion avec production de l'oxyfluorure PF^3O.

Une troisième série de recherches eut pour point de
départ l'observation de Frémy, relative à la facile décomposition des fluorures de platine et d'or par la chaleur.

On ne peut songer à déshydrater ces corps quand ils ont
été obtenus par voie humide. Moissan réussit à les préparer
par voie sèche, en attaquant par le fluorure de phosphore
de la mousse de platine chauffée à une température
modérée dans un tube de platine ; le mélange de phosphure
et de fluorure de platine formé se décompose à une température plus élevée. Il obtint ainsi un mélange gazeux

semblant présenter quelques propriétés spéciales, bleuis-
sant le papier d'amidon ioduré, attaquant un peu le silicium ; mais le fluor, s'il s'en était réellement produit, était
dilué dans un grand excès de gaz étrangers, d'où on ne
pouvait songer à l'isoler. Ces essais, extrêmement coûteux,
ne purent être continués ; on détruisait un tube de platine à chaque essai par suite de la fusibilité des phosphures
de platine.

Moissan revint finalement au procédé électrolytique pré-
conisé dès le début par Davy ; il essaya l'électrolyse de fluorures métalliques fondus, fluorure de calcium, fluorure
d'aluminium, etc. L'électrolyse se produisait bien, mais
les électrodes étaient instantanément attaquées, comme
l'avait déjà reconnu Frémy, et il ne se dégageait aucun
gaz, au moins en l'absence de composés oxygénés.

Ces recherches avaient déjà demandé deux années de
travail opiniâtre et la solution du problème poursuivi
n'avait fait aucun progrès, elle en était toujours exactement
au point où l'avaient laissée les prédécesseurs de Moissan ;
les uns et les autres avaient obtenu de temps en temps des
traces douteuses d'un gaz présentant de vagues analogies
avec le chlore. Les seuls résultats nouveaux et définitivement
établis se rattachaient à diverses observations relatives à
certains composés du fluor : les fluorures de phosphore,
par exemple. Ces résultats étaient certainement intéressants, mais d'importance bien secondaire, en regard du
but poursuivi.

La situation devint alors fort critique pour Moissan ; les
moyens de travail mis à sa disposition par Debray, les
sommes considérables dépensées en pure perte par ces
expériences avaient provoqué de nombreuses jalousies ; il
fallut certainement tout l'art de séduction que possédait
Moissan pour empêcher Debray et Friedel de céder complètement aux sollicitations dont ils furent l'objet et de
l'expulser définitivement des bâtiments de la rue Michelet.

Moissan eut alors une intuition de génie, qui nous
paraît bien simple aujourd'hui ; elle fut la cause directe de
son succès final. Sans aucun doute, l'électrolyse des fluorures fondus avait libéré du fluor, mais ce corps s'était combiné de suite au métal des électrodes. En opérant à plus
basse température, on éviterait peut être la combinaison du
fluor avec le platine et le gaz pourrait se dégager. Il essaya
alors l'électrolyse du fluorure d'arsenic, corps liquide à la
température ordinaire. C'était un corps très mauvais conducteur de l'électricité, il se déposait en outre sur la cathode
de l'arsenic empêchant bientôt tout passage de courant
malgré l'emploi de 70 éléments Bunsen. Il y avait cependant au début une certaine décomposition électrolytique,
mais les électrodes s'attaquaient encore, moins rapidement
cependant qu'à chaud ; l'expérience pouvait être prolongée
quelques minutes.

Découverte du fluor.

Il essaya enfin l'électrolyse de l'acide fluorhydrique
anhydre refroidi à — 25°. Parfois l'opération marchait bien
sans attaque exagérée des électrodes en platine ; il ne se
dégageait pourtant toujours pas de fluor, mais des composés,
gazeux provenant d'une attaque énergique des bouchons
en liège paraffiné fermant l'appareil. Ni l'acide fluorhydrique, ni aucun des fluorures connus n'étant susceptibles
de produire une semblable action sur la paraffine, on pouvait conclure à une production passagère de fluor à l'intérieur de l'appareil, qui serait ensuite entré en combinaison
avec la matière des bouchons. Le liège fut enfin remplacé
par de la fluorine, suivant l'indication ancienne donnée
par Davy, et du premier coup le fluor commença à se
dégager de l'appareil d'une façon continue, attaquant avec
incandescence les fragments de silicium présenté au courant gazeux et se combinant avec explosion à l'hydro-

gène à la température ordinaire. Cette expérience mémorable
eut lieu le 26 juin 1886. Friedel appelé de son laboratoire
accourut aussitôt et put constater la combustion incandes-
cente du silicium. Debray, absent à ce moment-là, n'arriva
qu'après l'arrêt de l'expérience.

Le résultat fut communiqué quelques jours après à
l'Académie des sciences. Une Commission nommée par
cette dernière fut chargée de procéder à la constatation offi-
cielle de la découverte du fluor. Elle vint assister à une
expérience préparée, comme on peut le penser, avec le plus
grand soin, mais elle n'eut à constater qu'un échec lamen-
table ; il fut impossible de faire passer le courant à travers
l'acide fluorhydrique, il n'y eut aucun dégagement gazeux.
Les résultats obtenus précédemment furent attribués à une
production d'ozone résultant de l'emploi d'un acide fluorhydrique partiellement hydraté.

Moissan ne se laissa pas décourager cependant ; sûr de
lui-même et de ses observations antérieures, il ne douta pas
de la possibilité de reproduire un résultat obtenu une fois.
A force d'interroger un jeune préparateur qu'il s'était attaché et auquel incombait le soin de préparer l'acide fluorhydrique, il apprit que, dans les expériences non officielles,
on ne prenait pas toujours de grandes précautions pour
empêcher l'entraînement du fluorure de potassium dans la
distillation du fluorhydrate de fluorure. Et il arriva ainsi
à découvrir le rôle essentiel du fluorure de potassium pour
rendre l'acide fluorhydrique liquide conducteur.

Si l'idée d'opérer à basse température, si l'emploi du
fluorure de potassium pour rendre l'acide fluorhydrique
conducteur ont été les deux facteurs essentiels de la découverte de Moissan, il faut y ajouter une troisième circonstance, due celle-là à un bienheureux hasard, qui n'eut pas
une moindre part dans le succès final, Moissan avait employé comme vase à électrolyse un tube en platine en forme
d'U, sans penser que ce tube devait former une électrode

intermédiaire et occasionner dans chaque branche un dégagement simultané d'hydrogène et de fluor. Cette disposition, convenable pour l'électrolyse des solutions aqueuses avec l'emploi de tubes en verre non conducteurs de l'électricité, n'aurait pas dû être possible avec un tube en platine conducteur ; elle le fut néanmoins, grâce à la cristallisation, sous l'action du réfrigérant extérieur d'une croûte saline qui, en se déposant contre le tube de platine, formait un enduit non conducteur de l'électricité et empêchait le tube de platine de fonctionner comme électrode secondaire. Moissan reconnut plus tard cette particularité, il analysa ce dépôt de sel et le trouva constitué par un trifluorhydrate de fluorure de potassium. C'est en grande partie la formation de cette croûte insoluble aux basses températures qui a permis ensuite de remplacer dans la construction de l'appareil le platine par le cuivre, et d'avoir ainsi des appareils de grandes dimensions pouvant débiter plusieurs litres de fluor à l'heure.

Les quelques lignes consacrées ici à rappeler les étapes successivement parcourues par Moissan avant d'arriver à isoler le fluor ne donnent encore qu'une idée bien incomplète des difficultés vaincues. La seule préparation de l'acide fluorhydrique anhydre, quoique constituant une opération connue en principe, depuis les travaux de Frémy, est extrêmement longue et délicate. Il fallut toute l'habileté expérimentale de Moissan pour triompher de ces difficultés de détails.

Étude des propriétés du fluor.

En possession d'une méthode régulière pour la préparation du fluor, Moissan entreprit avec une ardeur toute nouvelle l'étude des propriétés du nouveau corps. Il suffira de rappeler rapidement quelques-uns des faits les plus saillants ; avant tout, la combinaison directe du fluor à la température ordinaire avec la plupart des corps simples, combinaison avec explosion dans le cas de l'hydrogène, combinaison avec incandescence dans le cas du silicium ou du carbone amorphe, et formation simultanée de tétrafluorure gazeux de silicium ou de carbone. Quelques métaux ne s'attaquent que lentement à la température ordinaire, et plus que tous les autres le platine ; mais une élévation de température ne dépassant dans aucun cas 400° suffit pour provoquer la combinaison. L'azote, l'argon, l'oxygène, l'hélium seuls n'ont pu être combinés au fluor.

L'action du fluor sur les corps composés peut, en général, se prévoir directement d'après son action sur chacun des éléments du corps composé, par exemple, les corps oxygénés dégagent de l'oxygène ; la silice des verres donne ainsi un mélange de fluorure de silicium et d'oxygène. Dans le cas de l'eau, la réaction est particulièrement intéressante ; elle donne naissance à de l'ozone. Cette décomposition immédiate de l'eau fait comprendre une des principales difficultés rencontrées dans la préparation du fluor. L'emploi de composés incomplètement déshydratés ne pouvait donner que de l'oxygène.

En collaboration avec Berthelot, Moissan détermina la chaleur de formation de l'acide fluorhydrique gazeux ; 38,6 calories pour une molécule. De ce nombre, on passe ensuite sans difficulté aux chaleurs de formation des divers fluorures métalliques.

Les plus importantes de ses recherches relatives au fluor sont celles faites, en collaboration avec Dewar, aux très basses températures. Le point de liquéfaction sous la pression atmosphérique a été fixé à — 187° ; la densité du fluor liquide, 1,14 ; à — 210°, l'hydrogène se combine encore immédiatement au fluor avec flamme ; le mercure l'eau au contraire ne sont plus attaqués.

La gloire acquise si rapidement par Moissan ne fut pas sans donner naissance à des sentiments d'envie, sans provoquer des dénigrements systématiques ; il est bon de mentionner ici ces attaques et d'en faire justice. On s'est étendu avec insistance sur l'importance possible des conseils de Debray, de Berthelot, et d'autres savants qui auraient en quelque sorte dirigé les recherches de Moissan ; on aurait pu, dans le même ordre d'idée, rappeler aussi les travaux des devanciers de Moissan, que ce dernier sut utiliser et même les services rendus par les constructeurs d'appareils. Dans toutes les découvertes scientifiques cependant, les choses ne se passent pas autrement ; elles n'ont pas l'habitude de sortir à l'improviste et tout armées du cerveau d'un penseur. Depuis longtemps, il y avait des laboratoires, il y avait des constructeurs d'appareils, il y avait des savants ayant des idées sur l'isolement du fluor, mais cela n'avait jamais produit 1 centimètre cube du nouveau gaz ; il a fallu que Moissan parvînt à grouper ces moyens d'action et les fît converger vers le résultat poursuivi, en y employant toute son intelligence et toute son énergie ; il réussit ainsi à s'emparer d'une place solidement défendue à en juger par le nombre des attaques déjà repoussées. Quand un général gagne une bataille, il est d'usage de lui en laisser la gloire sans vouloir la reporter au constructeur des fusils ou des canons employés, au ministre ou aux employés des ministères, qui ont pu donner leurs conseils : un savant a droit aux mêmes égards.

Importance des études sur les corps usuels.

Mon intention, en résumant l'œuvre de Moissan, a été, comme je vous le disais au commencement de cette leçon, d'en tirer quelques enseignements sur les causes générales du succès scientifique. La popularité immédiate acquise à l'œuvre de Moissan tient à deux causes évidentes : d'une part, ses recherches s'appliquaient à un corps connu de tout le monde, mentionné dans tous les traités de chimie ;

le résultat de sa découverte était très simple à comprendre, accessible aux hommes dépourvus de toute éducation scientifique; d'autre part, la difficulté du problème résolu était également bien connue de tous, le fluor étant le seul élément n'ayant pu être isolé encore, malgré les efforts incessants des chimistes. Sa découverte a beaucoup plus rapidement impressionné l'opinion publique que celle du radium, autrement importante cependant au point de vue scientifique, mais plus difficile à comprendre pour la généralité.

A ceux d'entre vous qui ont le désir d'appeler l'attention sur leurs travaux scientifiques, et ce désir me paraît absolument légitime, je recommanderais de s'attaquer de préférence aux corps les plus connus de tous, comme le fer, la chaux et la silice. On est sûr d'être compris par le grand nombre et, en outre, on a droit à la reconnaissance générale, si l'on a perfectionné nos connaissances au sujet des corps les plus utiles à nos besoins. Je vais ainsi, je le sais, à l'encontre d'un préjugé très répandu : il est plus noble, dit-on, de faire de la science pour le seul plaisir de connaître la vérité, abstraction faite de toute préoccupation utilitaire ; la vérité est aussi belle à connaître à l'égard des corps inutiles qu'à l'égard des corps usuels, et pour accentuer cette indépendance d'esprit, on se laisse trop facilement aller à donner la préférence aux études inutiles. On y est d'ailleurs encouragé par un sentiment moins noble, celui de la sécurité plus grande d'études qu'il y a moins de chances de voir reprises rapidement après soi par un chercheur indiscret, capable de retrouver quelques erreurs dans votre travail. Je me permets cependant d'insister pour obtenir un tour de faveur au profit des corps usuels ; le rôle des recherches scientifiques n'est pas seulement de donner une satisfaction platonique à notre esprit, elles doivent encore, en accroissant notre connaissance des phénomènes naturels, tendre à augmenter notre puissance d'action sur le monde matériel. Le savant qui, par ses travaux, a contribué au développement de la richesse de son pays, a plus complètement rempli son devoir que celui qui s'est contenté de faire de l'art pour l'art. Sur ce premier point, donc, je ne saurais trop vous recommander d'imiter l'exemple de Moissan.

Si les études sur les corps bien connus de tout le monde ont nécessairement un retentissement très étendu, le fait d'aborder des problèmes d'une difficulté reconnue augmente beaucoup la gloire de les avoir résolus. Sur ce second point, par contre, je n'oserais vous conseiller de suivre l'exemple de Moissan. On dit parfois : *Impossible n'est pas un mot français* ; quelques-uns de nos savants, en appliquant cette maxime ont fait des découvertes sensationnelles et ont placé notre pays tout à fait au premier rang. Il est très heureux que des hommes aient de semblables audaces, il ne faut pas oublier cependant les dangers de cette méthode de travail ; pour quelques heureux arrivés au faîte de la gloire, combien de malheureux, doués souvent de facultés brillantes, ont gâché leur existence sans arriver à rien. Peu s'en est fallu du reste pour Moissan que les choses tournassent tout autrement. Si Debray s'était décidé quelques semaines plus tôt à lui retirer la jouissance de son laboratoire, ou simplement s'il ne s'était pas rencontré un trifluorhydrate de fluorure de potassium imprévu pour isoler l'appareil en platine, que serait-il advenu de la découverte du fluor ; et sans fluor, Moissan n'eût pas obtenu son laboratoire de l'École de pharmacie, on n'aurait pas mis à sa disposition les sources d'électricité si puissantes dont il eut par la suite le libre emploi. Aurait-il même continué sa carrière scientifique. Certaines ambitions littéraires de sa jeunesse ne l'auraient-elles pas repris en lui promettant un succès plus facile. Des hommes au caractère bien trempé se tirent toujours d'affaire, mais pas nécessairement dans la direction primitivement choisie. On pourrait citer des vocations scientifiques brisées par un faux départ vers des sommets trop escarpés ; j'en ai connu des exemples.

Le diamant.

Les études sur le fluor ne constituent que la première étape de la carrière de Moissan. Aussitôt la découverte du fluor achevée, il commença à orienter ses travaux vers la solution d'un autre problème, occupant dans les préoccupations de l'opinion publique une place plus considérable encore : la reproduction du diamant. Ce problème est, pour les chimistes modernes, le pendant de la pierre philosophale pour les alchimistes. Les motifs de cette nouvelle tentative de Moissan se comprennent facilement ; après un premier succès si brillant, il avait le droit d'avoir confiance dans sa bonne étoile et de tenter de nouveau la fortune. Il avait de plus quelque raison de penser que la découverte du fluor pourrait lui servir pour la préparation du diamant. Le fluor, en raison de ses affinités énergiques, permettrait peut-être, en isolant le carbone à basse température, de l'obtenir directement sous forme cristallisée. On savait en effet qu'aux températures élevées, le diamant n'est pas stable et se transforme en graphite.

Ces nouvelles recherches furent conduites avec la même méthode irréprochable indiquée précédemment à l'occasion des travaux sur le fluor. Moissan commence à passer en revue toutes les propriétés des différentes variétés du carbone, les conditions de leur gisement dans les roches naturelles et dans les météorites, les diverses réactions pouvant servir à isoler le carbone de ses combinaisons organiques ou minérales et enfin la solubilité du carbone dans les métaux en fusion.

Le succès malheureusement ne fut pas aussi complet que la première fois, Moissan trouva bien parfois de petits fragments de diamant dans la fonte trempée ; cette affirmation même fut discutée. On a principalement objecté que les poudres cristallines ainsi obtenues auraient demandé à être caractérisées par des mesures plus précises de densité, d'indice de réfraction, faites par des cristallographes ou des physiciens. Moissan attendait toujours pour soumettre ses diamants à un semblable examen qu'il en eût obtenu une quantité appréciable ; il n'y parvint jamais. Sans contester la production accidentelle de quelques petits diamants, on ne saurait attacher à leur préparation plus d'importance qu'à l'isolement du fluor par les précurseurs de Moissan. Ils avaient eux aussi obtenu, à diverses reprises, des mélanges gazeux jouissant de certaines propriétés spéciales. Moissan se rendait d'ailleurs bien compte de l'insuffisance du résultat, car il ne publia pas pour le diamant, comme il l'avait fait pour le fluor, un volume spécial résumant l'ensemble de ses études. Il en parla seulement incidemment dans un autre volume intitulé : *le Four électrique*. C'est en effet le four électrique et le fluor qui constituent les deux véritables titres de gloire de Moissan.

Le four électrique.

L'orientation des études de Moissan vers le four électrique est extrêmement intéressante et doit être louée sans réserve. C'est un des meilleurs exemples à citer des méthodes normales de travail pour arriver à faire des découvertes scientifiques importantes, méthode un peu terre à terre, pour des esprits dominés par la passion du jeu et préférant risquer le tout pour le tout, gagner de suite ou perdre sans espoir de retour. Ceux-là pourront tenter à nouveau la reproduction du diamant, mais pour les esprits pondérés, n'ayant qu'une foi modérée dans le hasard, il y a des enseignements précieux à tirer des études de Moissan sur le four électrique.

Après avoir essayé en vain la préparation du diamant, au

moyen des réactions mettant le carbone en liberté à basse température, Moissan essaya de le faire cristalliser par dissolution; or, le seul dissolvant connu du carbone, au commencement de ses recherches, était le fer métallique, corps difficilement fusible. Il pouvait de plus y avoir intérêt à dépasser notablement le point de fusion de ce métal pour augmenter la quantité de carbone dissoute. Le chalumeau oxhydrique avait servi avec succès à Henri Sainte-Claire Deville pour la fusion du platine, mais il ne pouvait convenir avec le fer trop rapidement oxydable dans la vapeur d'eau. Moissan eut l'idée de se servir du four électrique; il était assuré d'opérer ainsi en atmosphère non seulement neutre, mais même franchement réductrice.

Le four électrique avait déjà servi à Siemens dans des expériences de laboratoire pour la fusion des métaux; il commençait à être employé dans l'industrie par Cowles, pour la fabrication des alliages d'aluminium aux États-Unis, par Héroult en France pour la fabrication de l'aluminium pur, mais personne ne semblait encore s'être rendu compte des découvertes scientifiques à attendre de son emploi. Le grand mérite de Moissan a été de voir de prime abord que l'obtention de températures inconnues jusque-là dans les laboratoires devait nécessairement conduire à des résultats nouveaux. Et cependant, Despretz avait depuis longtemps fait des expériences très curieuses sur la puissance de l'arc voltaïque; plus récemment, Berthelot l'avait employé à la synthèse de l'acétylène. On n'avait pas eu cependant l'idée, qui nous paraît si simple aujourd'hui, de faire sur un grand nombre de corps une étude systématique des réactions produites aux très hautes températures. Notre esprit est ainsi fait, qu'il faut un effort considérable pour le dévier des voies déjà frayées; il est affecté d'une inertie plus puissante encore que celle des corps matériels; il tend à se répéter incessamment. L'initiative de Moissan mérite une réelle admiration; des centaines

de chimistes auraient pu, auraient dû le devancer; aucun
n'y a songé.

Une fois orienté vers le four électrique, Moissan appliqua
à ses nouvelles recherches la même méthode systématique,
que dans ses recherches précédentes ; il passa successivement en revue l'action de la chaleur seule, puis l'action de
la chaleur et du charbon sur de nombreuses séries de
corps, en commençant toujours par les corps les plus usuels.

L'action de la chaleur sur les oxydes métalliques a montré que tous ceux qui n'étaient pas décomposables par la
chaleur étaient au moins fusibles et volatils ; ils peuvent
tous être distillés au four électrique. La magnésie est le
moins fusible, mais à son point de fusion, sa tension de
vapeur est déjà considérable; la silice est très facilement
fusible en donnant un beau verre incolore. On a reconnu
depuis que cette silice vitreuse possédait un très faible coefficient de dilatation qui lui permettrait de résister à des
variations brusques et considérables de température; une
industrie naissante s'est formée pour la fabrication des
objets en silice fondue, elle semble appelée à prendre un
développement important.

Carbures métalliques.

Les expériences où la chaleur et le charbon interviennent
simultanément sont les plus faciles à réaliser et sont aussi
celles que Moissan étudia de la façon la plus complète. On
peut en effet, dans ce cas, employer des creusets en graphite
pour contenir les corps étudiés. Il prépara ainsi un grand
nombre de carbures métalliques nouveaux et en étudia les
propriétés. De tous, le carbure de calcium est le plus intéressant en raison de la facilité avec laquelle il donne de
l'acétylène sous l'action de l'eau. La découverte de ce corps
a été, comme on le sait, le point de départ d'une industrie
très florissante.

Le carbure de lithium, corps blanc, transparent comme
le chlorure de sodium, donne également par l'action de
l'eau de l'acétylène. Il possède la propriété curieuse, commune d'ailleurs à quelques autres carbures, le carbure de
silicium ou carborundum par exemple, de pouvoir, après
s'être formé à une température déjà élevée, se dissocier
complètement à une température plus élevée encore, en
laissant un résidu de graphite, tandis que le lithium, le silicium se dégagent à l'état de vapeur.

Le carbure d'aluminium, corps d'aspect semi-métallique,
de couleur jaune comme la pyrite du fer, se décompose au
contact de l'eau en donnant du méthane pur; c'est aujour-
d'hui le procédé le plus commode pour obtenir dans les
laboratoires ce gaz à l'état de pureté. Le carbure de manganèse, préparé depuis longtemps par Troost, fut reproduit au
four électrique; sa décomposition par l'eau produit un
dégagement à volumes égaux d'hydrogène et de méthane.
Enfin, l'action de l'eau sur les carbures de cérium et d'uranium donne lieu à la formation d'une quantité notable de
carbures liquides et solides en plus des carbures gazeux.
Moissan chercha à utiliser cette réaction pour donner
l'explication de la formation des pétroles naturels. Parmi
les carbures nouveaux, on doit citer entre autres ceux de
titane, de tungstène, de molybdène et d'urane, que leur
infusibilité avait jusqu'ici empêché d'obtenir.

Cette étude systématique des carbures métalliques préparés au four électrique a attiré l'attention sur ces corps et a
certainement contribué au développement de l'industrie
des alliages ferreux, de chrome, de tungstène, de vanadium, de titane dont l'usage se répand de plus en plus dans
la métallurgie.

En affinant au four électrique ces carbures par les oxydes
du même métal, comme on le fait dans l'industrie pour
préparer le fer en partant de la fonte, Moissan réussit à
obtenir un certain nombre de métaux peu fusibles, inconnus

jusque-là à l'état libre. Il reconnut ainsi que le chrome pur
ne participe aucunement à la dureté de ses carbures et se
laisse facilement attaquer à la lime, de même le tungstène.
Le molybdène pur est un métal aussi malléable que le fer;
il se forge à chaud et ne raye ni le quartz, ni le verre.

Conséquences industrielles.

Les travaux de Moissan au four électrique ont certainement eu une grande répercussion industrielle et l'on est
étonné de ne voir son nom attaché à aucun procédé nouveau de fabrication, comme l'ont été, dans le passé, ceux
de Berthollet, de Gay-Lussac, de Sainte-Claire Deville. Les
aptitudes scientifiques nécessaires pour faire une découverte
et les aptitudes industrielles indispensables pour en réaliser l'application, sont essentiellement différentes, souvent
même un peu contradictoires. Il faut généralement au
savant, pour tirer parti de ses inventions, le concours de
collaborateurs entraînés vers les questions économiques
par une longue expérience pratique. Si le nom de Sainte-
Claire Deville est resté attaché à la création de l'industrie
de l'aluminium, c'est qu'il rencontra autour de lui quelques
amis depuis longtemps rompus aux affaires industrielles,
qui réunirent leurs efforts et même leurs capitaux, dans le
but de créer cette nouvelle industrie pour la plus grande
gloire de l'inventeur, ne demandant à être rémunérés de
leurs efforts que le jour où il y aurait des bénéfices à par-
tager, ce qui n'arriva jamais. L'un d'eux, un des représen-
tants les plus autorisés de la grande industrie sucrière du
Nord, s'occupait de toutes les questions financières, compta-
bilité, prix de revient, traités pour la vente et l'achat des
matières premières et des produits fabriqués; un autre,
représentant également autorisé de l'industrie des chemins
de fer, se chargeait de la rédaction des brevets, de l'exploitation du minerai, la bauxite, et obtenait le concours de

grands industriels, Merle en France et Lowthian Bell en
Angleterre pour l'organisation de la fabrication. Sainte-
Claire Deville n'avait qu'à penser; on exécutait pour lui.
Moissan n'eut pas le bonheur de rencontrer des concours
aussi dévoués.

Hydrures et azotures.

Les derniers travaux de Moissan que la mort est venue
interrompre visaient l'étude des hydrures et des azotures,
composés encore très insuffisamment connus. Il réalisa,
au cours de ses recherches, une synthèse très élégante du
formiate de potasse par l'action directe de l'acide carbonique sur l'hydrure de potassium. La préparation du
calcium cristallisé se rattache à cette série de travaux. Il
présenta au Congrès de chimie appliquée à Berlin un
résumé de ses études sur les hydrures alcalins et alcalino-
terreux. Cette communication eut le plus grand succès
par l'intérêt des questions exposées et par l'art avec lequel
elles furent présentées.

Le rôle du caractère.

Moissan, en effet, n'était pas seulement un expérimentateur d'une habileté hors ligne au laboratoire, il était encore,
si l'on peut s'exprimer ainsi, un orateur scientifique de premier ordre. Ses communications devant les Sociétés savan-
tes, ses conférences publiques étaient préparées avec un
art remarquable; il n'abandonnait jamais sa parole au hasard de l'improvisation et c'était un véritable régal de l'en-
tendre. La parole est un moyen puissant d'action et d'influence, Moissan le savait et en usait. Il était de plus favo-
risé par un organe délicat, il avait une voix, peut-être pas
très forte, mais harmonieuse; il savait, par un débit très
lent et des arrêts convenablement choisis donner la clarté à

son exposition, tout en évitant cependant la monotonie par le talent avec lequel il nuançait ses intonations.

La réputation de Moissan s'était répandue dans le monde entier ; il comptait partout des admirateurs et des amis ; ses voyages à l'étranger, en Angleterre, aux États-Unis et en Allemagne, furent de véritables triomphes ; il vit enfin sa carrière couronnée par l'attribution du prix Nobel, la plus haute récompense qu'un savant puisse aujourd'hui ambitionner.

Descartes, dans son discours sur la méthode, disait : « Les hommes ne diffèrent que par la manière dont ils conduisent leur esprit. » L'exemple de Moissan peut être donné comme une vérification de cette maxime ; on ne saurait trop admirer la méthode remarquable avec laquelle il a organisé sa vie, avec laquelle il a organisé ses travaux dans son laboratoire. Il est peut-être exagéré de dire, avec Descartes, que tous les hommes naissent avec les mêmes facultés, il y a certainement des différences ; quelques génies dépassent la moyenne, quelques intelligences bornées restent en arrière ; mais, dans l'ensemble, ces différences sont peu importantes en présence des écarts énormes se manifestant dans les qualités du caractère, et c'est en fin de compte ce dernier qui exerce l'influence prépondérante sur le classement des hommes entre eux. Une persévérance inlassable dans la recherche, une vigueur inflexible dans la lutte contre les obstacles rencontrés sur la route et une affabilité non démentie dans les relations avec les collaborateurs éventuels ont été les grands éléments du succès de Moissan. C'était, pour employer une expression banale, mais d'une vérité parlante, une main de fer gantée de velours. Dans la science, comme dans toutes les circonstances de la vie, le succès est assuré aux hommes assez maîtres d'eux pour réunir à cette volonté indispensable pour l'action, cette aménité des manières si utile pour franchir sans accident les obstacles de la route. Ces hommes sont rares.

PROPRIÉTÉS PHYSIQUES

Importance du carbone. — Usage. — État naturel. — Données économiques.
Allotropie du carbone. — Différentes variétés. — Couleur et propriétés optiques. — Transparence aux rayons X. — Dureté. — Grandeurs mesurables. — Densité. — Loi des propriétés définies. — Chaleur de combustion. — Principe thermochimique de l'état initial et final.

IMPORTANCE DU CARBONE

Usages.

Nous commencerons le cours par une étude détaillée du
carbone et de ses composés en insistant sur chacune des lois
chimiques rencontrées à l'occasion de tel ou tel corps, de
tel ou tel phénomène.

Les mêmes lois s'appliquant à un grand nombre de corps
différents pourraient aussi bien être développées à l'occasion de l'étude de tout autre élément que le carbone. On a
choisi de préférence celui-ci comme un des corps les plus
importants de la nature, un de ceux, par suite, qui a été
l'objet des recherches les plus complètes, sur lequel on possède les données expérimentales les plus nombreuses et les
plus précises.

Une des propriétés les plus importantes du carbone est de

former avec l'hydrogène et l'oxygène, les corps dits *orga-niuqes* qui sont les constituants essentiels des êtres vivants, végétaux et animaux Le nombre des composés organiques existant à l'état naturel, dérivés des précédents par des procédés industriels, ou bien encore créés de toutes pièces au laboratoire est, en quelque sorte, illimité. Leur étude fait l'objet d'une branche spéciale de l'enseignement scientifique, celui de la *chimie organique*.

Le carbone donne également avec l'oxygène, le soufre et le chlore des combinaisons ressemblant à d'autres corps de la chimie minérale et méritant d'en être rapprochés. Le carbone non combiné se présente sous des formes différentes très curieuses : carbone amorphe, graphite et diamant.

Enfin, le charbon par sa combustion constitue la source la plus importante d'énergie dont nous disposons pour nos besoins : pour chauffer nos habitations, pour actionner mécaniquement nos usines et nos moyens de transports, pour réduire les minerais métalliques par les procédés métallurgiques. Ce sont-là des titres sérieux à une étude très complète.

État naturel.

Le carbone, quoique très répandu dans la nature à l'état de combinaison, se rencontre au contraire rarement à l'état libre, non combiné. Il forme alors le graphite et le diamant. La quantité totale de ces deux variétés du carbone est très faible, au moins dans le voisinage de la surface de la terre où nous pouvons seules les rechercher. L'extraction annuelle du graphite peut s'élever dans le monde entier à 5o.ooo kilogrammes valant environ o,5o fr. le kilogramme. La production du diamant peut s'élever à 5oo kilogrammes avec un prix moyen de 15o.ooo francs le kilogramme pour la matière brute, non taillée. Les diamants, en raison de leur valeur, sont conservés avec grand soin et la quantité totale en circulation dans le monde va en croissant d'année en année. On peut l'évaluer aujourd'hui à 20.000 kilogrammes.

Combiné à l'hydrogène, le carbone donne comme produit naturel les pétroles. Leurs gisements sont peu nombreux, les deux principaux centres d'exploitation, chacun d'une importance considérable, se trouvent, l'un en Russie dans la région de Bakou, près de la mer Caspienne, et l'autre aux États-Unis dans la Pensylvanie. La production annuelle mondiale peut être évaluée à 10.000.000 de tonnes valant, au lieu d'exploitation, 40 francs la tonne ou 4 centimes le kilogramme.

L'acide carbonique, composé oxygéné du carbone, est de beaucoup le corps renfermant la plus grande quantité de carbone existant dans le monde, comme permettent d'en juger les chiffres suivants :

L'air renferme 0,0003 de son volume d'acide carbonique soit 0,6 gr. par mètre cube, contenant 0,16 gr. de carbone. Or, la hauteur de l'atmosphère calculée d'après la pression barométrique serait de 8.000 mètres en supposant la pression uniforme sur toute la hauteur. Cela correspond à une quantité de carbone de 13 kilogrammes par mètre carré superficiel. En faisant le calcul pour toute la surface de la terre, on arrive au chiffre énorme de 800 milliards de tonnes pour la quantité totale de carbone contenue dans l'atmosphère terrestre.

L'eau de la mer renferme des bicarbonates divers en solution, les analyses très précises de M. Schlœsing donnent, pour un litre d'eau de mer, une proportion totale équivalente à 0,2 gr. de bicarbonate de potasse

$$CO_3 KH$$

ce qui correspond approximativement à 25 grammes de carbone par mètre cube. En admettant que la répartition uniforme de la mer sur toute la surface de la terre corresponde à une profondeur moyenne de 3.000 mètres, on trouve 75 kilogrammes par mètre carré superficiel, soit 60 fois plus que la quantité existante dans la colonne correspondante d'air atmosphérique.

Enfin, les corps terrestres renferment des bancs de calcaires dont l'épaisseur totale dépasse en moyenne un millier de mètres ; la quantité totale de carbone contenu peut être deux cent mille fois plus considérable que celle de l'atmosphère. Le mètre cube de calcaire de composition moyenne pèse en effet 2.500 kilogrammes et renferme 300 kilogrammes de carbone.

Une des sources de carbone les plus intéressantes pour nous, quoique relativement peu abondante comme poids total, est constituée tant par les végétaux qui se développent aux dépens de l'acide carbonique de l'air que par les produits de la décomposition de ces mêmes végétaux dans le sol pour former la tourbe, le lignite, la houille, c'est-à-dire les combustibles par excellence. Il est impossible d'évaluer exactement la quantité totale de carbone existant dans les végétaux du monde entier, on peut cependant se faire une idée de son ordre de grandeur par le raisonnement suivant : les forêts, les champs cultivés en pleine végétation fournissent environ par mètre carré et par an 250 grammes de cellulose sèche .

$$C^{24} H^{40} O^{20}$$

correspondant à 100 grammes de carbone ; mais il y a bien des terres incultes où la végétation est insignifiante et la surface des terres elles-mêmes ne représente que le quart de la surface totale du globe. On peut donc admettre une production moyenne dix fois moindre, soit 10 grammes de carbone par mètre carré et par an, ou cent trente fois moindre que la quantité existant dans l'atmosphère. Dans les forêts où la matière végétale s'accumule d'année en année jusqu'à la mort ou l'abatage des arbres, la quantité

totale de carbone existant à la fois sur une surface donnée
est bien plus considérable. Mais, la surface totale des forêts
est peu importante. La quantité moyenne de matières végétales existant à un moment donné sur la surface de la terre
ne doit pas dépasser le double de celle qui se produit annuel-
lement.

La quantité totale de combustibles existant dans le sol à
l'état de combustibles minéraux : lignite, houille, anthracite, est bien plus faible encore. On a souvent cherché à
évaluer la réserve totale existant dans les gisements aujour-
d'hui connus, pour savoir pendant combien de temps encore la consommation pourrait se prolonger avec son intensité actuelle, avant d'amener l'épuisement complet des gîtes.
La consommation annuelle dans le monde entier est d'environ un milliard de tonnes, avec une valeur moyenne de
10 francs la tonne ou un centime le kilogramme pris à la
mine. On n'a que des données assez incertaines sur la profondeur des gisements de houille actuellement connus et
sur l'existence plus ou moins probable de gisements semblables dans des pays encore inexplorés. A tout hasard, on
peut, en se limitant à une profondeur de 1.000 mètres, évaluer cette réserve totale à cent fois la consommation annuelle, soit 100 milliards de tonnes, huit fois moins que
la quantité contenue dans l'air.

Données économiques.

Il n'est pas d'usage d'introduire dans les cours de chimie
scientifique des données relatives au prix de vente des matières, comme je l'ai fait ici pour les combustibles. Il y a
là en effet un préjugé contre lequel je tiens à m'élever. La
science, comme on l'a indiqué dès la première leçon, a pour
objet essentiel l'étude des relations et dépendances des faits
entre eux. Or, les procédés de fabrication, dont la description figure dans tous les traités de chimie, ont été choisis

uniquement en raison de leur prix de revient plus ou moins
avantageux. En passant sous silence ce facteur essentiel, il
est impossible de comprendre la raison d'être de quelques-
unes des applications les plus importantes de la chimie. La
fabrication du fer en passant par la fonte semble une ab-
surdité. Le choix, variable suivant les circonstances de l'un
des procédés de préparation de l'hydrogène par le zinc, par
le fer ou par l'électrolyse paraît être le fait de caprices arbitraires ; on s'interdit ainsi de rien comprendre à tout un
domaine essentiel de la chimie.

ALLOTROPIE DU CARBONE

Différentes variétés.

Les trois états allotropiques du carbone, *diamant, graphite,* carbone dit *amorphe,* présentent entre eux des différences extrêmement accentuées ; un seul autre corps simple,
le phosphore, présente d'aussi grandes différences entre ses
deux variétés. Au point de vue des propriétés physiques, le
diamant et le carbone amorphe sont deux corps absolument
distincts, aussi différents l'un de l'autre que chacun d'eux
peut l'être d'un corps chimiquement différent, comme
l'iode, le phosphore. Les Anciens rapprochaient le diamant
du cristal de roche ; cela était parfaitement logique en l'absence de toute donnée chimique sur la nature de ces corps.
L'identité chimique des différentes variétés allotropiques du
carbone ne se manifeste qu'après réaction chimique, lorsqu'elles ont été engagées dans une de leurs combinaisons,
comme l'acide carbonique. Ce corps, en effet, jouit de propriétés identiques que l'on soit parti du diamant ou du
charbon ordinaire. Lavoisier, le premier, a montré que le
diamant en brûlant dans l'oxygène donnait de l'acide car-

bonique et était, par suite, du carbone. Cette démonstration n'était possible qu'après avoir, au préalable, reconnu la composition exacte de l'acide carbonique, longtemps confondu avec d'autres gaz et même avec l'oxygène, malgré son absence de propriétés comburantes.

Nous allons successivement passer en revue les diverses propriétés physiques du carbone, en insistant sur les particularités propres à chaque variété allotropique, de façon à définir ainsi chacune d'elles par des caractères précis.

Couleur et éclat.

Le diamant est transparent et parfaitement incolore, quand il est très pur ; mais certaines variétés moins pures sont légèrement colorées en jaune et opalescentes comme le *bort* ; des variétés tout à fait impures sont complètement noires, elles sont connues sous le nom de *carbonado*, renferment 5 p. 100 et plus de cendres ferrugineuses.

Le diamant a un indice de réfraction très élevé, le tableau ci-dessous rapproche pour différentes longueurs d'onde son indice de celui du verre blanc ordinaire :

Couleurs	λ	Diamant	Verre blanc
Rouge. . .	A 760	2.402	1.519
Jaune. . .	D 589	2.417	1.525
Vert . . .	E 527	2.427	1.529
Bleu . . .	F 486	2.435	1.531
Violet . .	H 397	2.465	1.541

C'est à cet indice de réfraction considérable que les diamants taillés doivent leur éclat à la lumière. L'intensité de la lumière réfléchie par un corps transparent est très faible sauf dans le cas où le rayon lumineux éprouve la réflexion totale. La totalité de la lumière est alors réfléchie. Cette réflexion totale n'est possible que pour des rayons passant du

corps solide dans l'air et à condition que leur direction
s'écarte de la normale d'un angle d'autant plus grand que
l'indice de réfraction est plus faible. Si l'on suppose des
rayons lumineux, arrivant également dans toutes les directions sur une surface réfléchissante d'une étendue déterminée, la proportion éprouvant la réflexion totale sera de
84 p. 100 pour le diamant et seulement de 56 p. 100 pour
le verre.

Le graphite est opaque, gris-noir avec un éclat semi-métallique. Son pouvoir réfléchissant très élevé est cependant notablement inférieur à celui des métaux polis. On l'emploie
souvent à cause de cet éclat sous le nom de plombagine (graphite broyé) pour enduire les parties métalliques des appareils de chauffage, poêles en fonte, tuyaux en tôle, trappes
de cheminées, etc.

Le carbone amorphe est noir, cette propriété est utilisée
dans la préparation de nombreuses couleurs noires dont
l'encre d'imprimerie et le cirage sont deux des plus importantes. On choisit pour ces usages certaines variétés de carbone plus noires comme le charbon animal, fourni par la
calcination des os à l'abri de l'air, ou le noir de vigne provenant de la calcination des sarments de vigne. On préfère
d'autres fois des matières naturellement très fines, comme
le noir de fumée ou le noir d'acétylène, ce qui dispense du
broyage tout en donnant des produits beaucoup plus fins
qu'on ne pourrait les obtenir par des procédés mécaniques.

Transparence aux rayons X.

Toutes les variétés du carbone présentent une transparence absolue aux rayons X aussi bien le carbone amorphe,
la houille que le diamant. Grâce à cette propriété, M. Cou-
riot a pu obtenir par des photographies radiographiques la
reproduction du mode de répartition des cendres schis-

FIG. 1. — Charbon barré.

FIG. 2. — Diamants vrais et faux.

(D'après *La Nature*.)

teuses dans les charbons impurs. Les matière siliceuses sont
opaques aux rayons X et arrêtent l'impression photographique (fig. 1).

La même propriété permet de distinguer très facilemen
le diamant véritable de ses imitations en strass: silicate de
plomb et de potasse. La photographie d'une parure, contenant à la fois des diamants vrais et des diamants faux,
montre sur l'épreuve positive des taches noires à la place
des diamants faux. Les diamants vrais sont invisibles
(fig. 2).

Dureté.

Le diamant est le plus dur de tous les corps connus ; on
ne peut l'user qu'en employant sa poudre, connue sous le
nom d'*égrisée*. Pour la taille des diamants, on applique cette
poudre sur des disques en fer huilés et tournant à une
grande vitesse, dans lesquels elle s'incruste. Le diamant
raye tous les corps, même les plus durs, comme le corindon, le quartz, et n'est rayé par aucun d'eux. Deux corps
seulement ont une dureté voisine : le carbure de titane et
le carbure de bore. Cette dureté est un des éléments de la
valeur du diamant en bijouterie. Elle lui permet de résister à tous les frottements sans s'user ni se rayer et, par
suite, sans perdre son éclat.

Cette dureté du diamant a également donné lieu à un
certain nombre d'applications industrielles, tels les diamants de vitriers pour la taille du verre, les pointes à écrire
sur verre, les filières pour l'étirage de fils très fins, les outils pour le travail de métaux très durs, obtenus en enchâs-
sant un diamant à l'extrémité d'une barre d'acier : mais
l'application industrielle de beaucoup la plus importante
concerne les sondages dans les roches dures, opération d'un
usage si fréquent pour la recherche des gisements de métaux ou de combustibles. On emploie, dans ce but, des cou-

ronnes d'acier dans lesquelles on sertit un certain nombre de diamants et que l'on monte à l'extrémité d'un tube. En donnant à l'appareil un mouvement rapide de rotation, on creuse dans la roche une gorge annulaire, en laissant au centre une colonne cylindrique ou *carotte* que l'on casse et enlè. lorsqu'elle a atteint une certaine longueur. L'examen de ces témoins est très utile pour se rendre compte de la nature des terrains traversés, ce qui est impossible avec les procédés de sondage qui broyent toute la roche en laissant un trou de sondage cylindrique, complètement ouvert. On se sert pour les perforatrices du carbonado ou diamant noir, qui coûte moins cher que le diamant blanc, et qui, surtout, n'a pas la propriété de se rompre, comme ce dernier, par clivage suivant certains plans de cristallisation. Il résiste donc mieux aux chocs.

Le graphite est très tendre, suffisamment pour laisser une trace sur le papier ; de là son nom. Cette propriété a été utilisée dans la fabrication des crayons, dits à la mine de plomb. On mêle le graphite broyé et lévigé à de l'argile préparée de la même façon et on confectionne avec le mélange des pâtes, qui sont façonnées en minces baguettes par un passage à la filière. Ces baguettes sont ensuite soumises à la cuisson. La dureté du crayon est d'autant plus grande que la proportion d'argile entrant dans la composition de la pâte est plus forte.

Lorsque le graphite est exempt de matières minérales, il est assez tendre pour ne provoquer par le frottement aucune usure de métaux, même très mous comme le cuivre ; on le fait entrer pour ce motif dans la composition de certaines graisses lubréfiantes. Pour la même raison, on l'emploie aujourd'hui d'une façon à peu près exclusive, sous forme de prismes agglomérés, pour la construction des balais de dynamos destinés à recueillir le courant sur l'anneau en cuivre.

Le carbone amorphe présente une dureté très variable

suivant sa compacité et son mode de fabrication, le charbon de sucre provenant de la décomposition d'une matière fondue est relativement dur, le noir de fumée en flocons à peine agglomérés est au contraire très tendre. Le charbon de bois très poreux, obtenu sans fusion préalable de la cellulose, est beaucoup moins dur que le coke, relativement plus compact, qui est obtenu par la décomposition de houille amenée à l'état pâteux sous l'action de la chaleur.

Grandeurs mesurables.

La dureté est une propriété très intéressante à prendre en considération, non seulement dans le cas du carbone, mais encore pour un grand nombre d'autres corps. Nous avons le sentiment très précis des variations de cette propriété et ces différences d'un corps à l'autre ont une grande influence sur les applications pratiques de ces corps. Et pourtant, malgré le grand intérêt que cela présenterait, nous ne possédons aucun procédé pour la mesure de la dureté. La dureté n'est pas une grandeur mesurable. On peut seulement la repérer par rapport à une échelle conventionnelle arbitrairement choisie. Les échelles de dureté ainsi adoptées sont très nombreuses et n'ont d'ailleurs aucune corrélation entre elles. Voici quelques-unes des plus employées.

Les minéralogistes emploient l'échelle de Mohs ; elle est constituée par dix minéraux de dureté croissante rangés dans un ordre tel que chacun d'eux raye les numéros inférieurs et soit rayé par les numéros supérieurs.

1. Talc.	6. Orthose.
2. Gypse.	7. Quartz.
3. Calcite.	8. Topaze.
4. Fluorine	9. Corindon.
5. Apathite.	10. Diamant.

Pour les mesures plus précises, tant pour l'étude des cristaux que des métaux, on emploie souvent le *scléromètre*, appareil essentiellement composé d'un diamant pressé verticalement contre la surface dont on veut mesurer la dureté. Tantôt on cherche la pression nécessaire pour obtenir une raie perceptible par le frottement du diamant sur la surface; la plus petite pression suffisante pour produire une raie visible donne l'indice de dureté. D'autres fois, on laisse la pression constante et on mesure au microscope la largeur de la raie produite. D'autres expérimentateurs préfèrent faire tourner la pointe-sur elle-même autour d'une normale à la surface et mesurer le nombre de rotations nécessaires pour creuser un trou d'une profondeur donnée.

Les métallurgistes donnent aujourd'hui la préférence à la méthode de la bille de Brinell dans laquelle une bille d'acier trempé de 10 millimètres de diamètre est imprimée dans le métal sous une pression fixe de 3.000 kilogrammes. Le nombre de dureté est obtenu en divisant cette pression par la surface de la calotte sphérique imprimée dans le métal. Il n'y a, bien entendu, aucune espèce de relation entre les nombres déterminés par ces diverses méthodes, qui ne mettent pas en jeu les mêmes propriétés élémentaires du corps étudié.

C'est qu'en effet tous les phénomènes, dont la grandeur est variable, ne sont pas nécessairement mesurables. L'habileté manuelle, la valeur morale sont certainement variables d'un homme à l'autre et personne ne chercherait cependant à donner une valeur mathématique de la mesure de ces qualités. Pour qu'une quantité soit mesurable, soit une véritable grandeur, il faut qu'elle obéisse à deux conditions essentielles :

La loi d'équivalence;

La loi d'additivité.

1º ÉQUIVALENCE. — Deux phénomènes équivalents vis-à-vis d'un troisième, par exemple deux poids qui, appliqués aux extrémités d'un fléau d'une balance, tiennent en équilibre un troisième poids, seront encore équivalents vis-à-vis de tout terme de comparaison analogue. Par exemple, un autre corps qui fera équilibre à l'un d'eux fera également équilibre au second.

L'existence de cette première loi suffit pour permettre de repérer la grandeur du phénomène. On pourra faire une collection d'objets ou de phénomènes convenables faisant équilibre à des phénomènes de grandeur variable. C'est par exemple le cas de la température, un thermomètre est un appareil de repérage et non de mesure, comme on le dit quelquefois. Le mercure prend dans la tige du thermomètre une position déterminée à chaque température et cette position permet de repérer l'état calorifique du corps au milieu duquel le thermomètre est plongé, mais non de mesurer la température.

2° ADDITIVITÉ. — Cette loi consiste en ce qu'en réunissant plusieurs corps, sièges de phénomènes semblables, on peut arriver à constituer un système équivalent à un corps unique, siège d'un phénomène semblable plus intense. Par exemple avec une série de petits poids placés dans le plateau d'une balance, on réalisera un poids équivalent à celui d'un corps de plus grande dimension, mais on ne peut pas, en réunissant une série de thermomètres à la même température, constituer un système en équilibre avec un corps plus chaud que chacun d'eux.

Lorsque ces deux lois se trouvent vérifiées, il n'y a plus pour effectuer les mesures qu'à prendre arbitrairement un corps ou un phénomène de même nature que ceux que l'on veut mesurer et de s'en servir comme terme de comparaison. Pour les poids, par exemple, ce sera le poids d'un centimètre cube d'eau ou le poids d'un litre d'eau.

La dureté ne satisfait pas à cette loi d'additivité ; on devra se contenter d'un repérage comme on le fait pour la température.

Densité.

La densité des diverses variétés de carbone est extrêmement différente et cela suffirait, aussi bien que les différences de transparence et d'éclat, pour démontrer l'allotropie du carbone. On peut admettre provisoirement les densités suivantes pour chacune des variétés :

```
Diamant. . . . . , . . . . . . 3,51
Graphite . . . . . . . . . . . 2,25
Carbone amorphe. . . . . . . . 1,8
```

D'après des expériences très soignées de M. Schroedter, la variation de la densité du diamant avec la température serait représentée par l'expression :

$$3.51432 + 0,00065 \ t.$$

Il existe néanmoins des divergences énormes entre les résultats trouvés pour des échantillons différents d'une même variété de carbone. On indique par exemple dans les traités de chimie que la densité du diamant varie de 3 à 3,5, celle du graphite de 1,8 à 2,6 et celle du carbone amorphe de 1 à 1,8.

Quand je vous ai engagé dans ma première leçon à faire porter de préférence vos travaux de recherches sur les corps les plus usuels, vous avez pu croire que ce conseil devait être difficile à suivre, qu'il n'y avait plus grand chose de neuf à trouver dans cette voie. En réalité, sur une propriété aussi simple que la densité du carbone, tout est pour ainsi dire encore à faire.

Propriétés définies.

Cette difficulté relative aux densités n'est pas d'ailleurs particulière au carbone, on la retrouve pour beaucoup d'autres corps solides. On a admis pendant longtemps une variation possible de la densité du quartz de 2,48 à 2,62. On sait aujourd'hui depuis les travaux du Bureau international des poids et mesures que la densité du quartz est rigoureusement déterminée et égale à 2,6507. Les incertitudes expérimentales ne portent que sur la quatrième décimale. On avait confondu avec le quartz une autre variété allotropique du même corps, la calcédoine.

Pour les métaux, la difficulté existe également et n'a pas reçu de solution définitive. La plupart des expérimentateurs ont trouvé pour des alliages de composition chimique bien déterminée des densités variables avec les conditions mécaniques et thermiques de leur préparation. Ces discordances ont été particulièrement nettes sur les bronzes dont l'étude détaillée a été faite il y a longtemps déjà par M. Riche.

Sn o/o	Cu o/o	BARREAU	LIMAILLE	
			Valeurs extrèmes.	Moyenne.
11	89	8,80	8,74-8,97	8,84
24	76	8,91	8,54-8,85	8,72
32	68	8,80	8,51-8,73	8,62

Les écarts signalés dans le cas du carbone sont beaucoup plus importants encore que dans le cas des alliages.

C'est là une question d'une grande importance scientifique, car si ces variations de densité sont réellement exactes, une des lois fondamentales de la chimie, celle des propriétés et des proportions définies, serait remise en question. Tous les calculs de la mécanique chimique, mais non les lois fondamentales, bien entendu, en seraient ébranlés, car à des différences de densité correspondent non seulement des variations dans les changements de volume accompagnant les réactions chimiques, mais certainement aussi des changements dans les cha urs de réaction, or tous les calculs actuels reposent sur le postulatum que les propriétés d'un corps donné sont entièrement déterminées par sa pression et sa température. A température et pression égale, tous les échantillons d'une même variété d'un corps sont expressément censées avoir la même densité, la même chaleur de réaction.

Si l'on ne démontre pas l'inexactitude des déterminations faites, on sera amené à envisager sous un nouveau jour les propriétés des corps solides. Diverses hypothèses ont déjà été mises en avant pour rattacher ces anomalies, si réellement elles sont exactes, à d'autres cas plus ou moins similaires.

Dans les métaux, l'écrouissage fait certainement varier certaines propriétés, la limite élastique, la résistance électrique, par exemple. Certains corps cristallisés absorbent aux radiations solaires une petite quantité d'énergie supplémentaire qu'ils restituent ensuite progressivement par phosphorescence. Le verre trempé possède certainement une densité différente de celle du verre recuit. Ce pourrait être là, non pas des phénomènes accidentels, comme on l'admet ordinairement, mais un fait normal. Dans un corps solide d'une espèce chimique déterminée, toutes les propriétés ne seraient pas entièrement déterminées par les deux seuls facteurs, pression et température. A côté de ces deux facteurs dont l'influence est certainement la plus importante, il pourrait exister une série nombreuse d'autres facteurs, d'importance secondaire quoique réelle.

Dans le cas du carbone, une explication particulière a depuis longtemps été proposée tendant à rattacher ces variations de densité à une propriété bien connue des composés du carbone, celle de donner une série de polymères de densité progressivement croissante. L'acétylène, la diacétylène, la benzine, le styrolène, l'hydrure de naphtaline en sont des exemples bien connus. Le carbone pourrait de même présenter une série de modifications par polyméri-

sation très voisines l'une de l'autre, trop rapprochées pour
permettre de reconnaître entre elles une discontinuité certaine. Ce serait une série analogue à celle des carbures très
condensés qui forment par leur mélange le brai du goudron
de houille.

Tant que la variation de densité du carbone n'aura pas
été établie par des faits expérimentaux précis, et il n'en
existe pas à l'heure qu'il est, on ne doit envisager ces spécu-
lations que comme des hypothèses sans aucune valeur
scientifique actuelle. Il faut attendre qu'elles aient reçu la
sanction de l'expérience (1).

Cette question du rôle des hypothèses dans la science
soulève un problème très intéressant relatif à la part de
l'imagination dans les découvertes scientifiques. L'imagination est indispensable pour conduire l'esprit dans des
chemins nouveaux, sans elle il tourne toujours sur place
dans un même cercle, répétant indéfiniment les mêmes
expériences ou les mêmes raisonnements, mais, pour tirer
de l'imagination un parti réellement utile, il faut savoir
soumettre ces vues nouvelles à un contrôle scientifique très
sévère; malheureusement imagination et esprit critique ne
s'accordent pas facilement. Ils se rencontrent trop rarement dans une même intelligence. Quand ils le font, leur
accord est une des sources les plus habituelles du génie
scientifique; peu de savants ont su comme Pasteur faire
succéder à de véritables visions d'illuminé de patientes
expériences de contrôle poursuivies pendant des mois et
des années.

---

(1) Postérieurement à la rédaction de cette leçon, des expériences très
concordantes de MM. H. Le Chatelier et L. Wologdine ont montré que
toutes les variétés de graphite avaient exactement la même densité, 2,255 à
+ 15°.

H. L. C.

Chaleur de combustion.

La transformation d'une variété de carbone dans une autre correspondrait à certains phénomènes calorifiques, mais on ne peut mesurer directement ces quantités de chaleur, parce que l'on ne peut pas réaliser dans le calorimètre ces transformations; on les déduit indirectement des chaleurs de combustion de chacune des variétés du carbone. Ces chaleurs mesurées à pression constante, rapportées à un poids atomique, 12 grammes, sont, pour formation d'acide carbonique, les suivantes :

Diamant . . . . 94,32 Cal.-kgr.
Graphite . . . . 94,82 —
Carbone amorphe . . . . 97,65 —.

On déduit de ces nombres en les retranchant deux à deux les chaleurs de transformation du carbone amorphe et du graphite en diamant.

C. amorphe 3,33
Graphite 0,50

Dans les tableaux de thermochimie, les chaleurs de combinaison du carbone sont toujours rapportées au carbone diamant, supposé l'état le mieux défini de ce corps. Pour les applications, au contraire, on a besoin des chaleurs rapportées au carbone amorphe, aussi bien dans les études scientifiques de mécanique chimique que dans les études industrielles sur le chauffage.

Il faut alors aux nombres des tableaux ajouter 3,33 calories par atome de carbone existant dans le composé envisagé.

Principe thermochimique de l'état initial et final.

Le mode de calcul employé ici pour connaître la chaleur de transformation de l'une des variétés du carbone dans l'autre est très fréquent en thermochimie. Il n'y a, en effet, qu'un petit nombre de réactions susceptibles de s'effectuer dans une enceinte à la température ordinaire, comme l'est nécessairement un calorimètre et dans un temps assez court, pour que les perturbations calorifiques extérieures ne viennent pas fausser les résultats de l'expérience. Pour ces calculs, on applique une loi générale connue sous le nom de principe thermochimique de l'état *initial et final*. L'énoncé de ce principe est le suivant :

La somme des quantités de chaleur dégagées dans une série de réactions successives pour amener un système de corps d'un état initial A à un état final B est indépendante de la nature des transformations intermédiaires, elle ne dépend que de l'état initial et de l'état final. Il est formellement sous-entendu dans cet énoncé, bien qu'on ne l'énonce jamais, que toutes les transformations chimiques ont été effectuées à pression ou à volume constant, conditions dans lesquelles se font, d'ailleurs, toutes les mesures calorimétriques.

Ce principe thermochimique n'est, d'ailleurs, qu'une application particulière du principe fondamental de la conservation de l'énergie. L'énoncé de ce principe est le suivant:

Lorsqu'un système de corps part d'un état initial A pour arriver à un état final B en éprouvant des transformations de nature quelconque : mécanique, calorifique, électrique ou chimique, la somme des quantités de travail et de chaleur fournies à l'extérieur du système est invariable, ne dépend que de l'état initial et final. Les mots : cédés à l'extérieur, s'entendent de la façon suivante : On suppose le système de corps renfermé dans une enveloppe inextensible, imperméable, ne possédant que deux communications avec l'extérieur : d'une part, au moyen de l'axe d'une poulie, par exemple, avec un poids suspendu qui peut être élevé à différents niveaux, et, d'autre part, avec un calorimètre à travers une paroi perméable à la chaleur, de telle sorte que les

seuls phénomènes extérieurs à l'enveloppe du système
soient le déplacement vertical d'un poids et l'échauffement
d'un calorimètre.

En appliquant ce principe général aux cas de réactions
chimiques s'effectuant à *pression* ou à *volume constant*, il
est facile de voir que l'élévation du poids, le travail extérieur,
ne dépendra que de l'état initial et final du système chimique intérieur. Par suite, du moment où la somme des
quantités de chaleur et de travail ne dépendent aussi que de
cet état initial et final, il en sera de même pour la quantité
de chaleur, différence entre l'énergie totale et le travail.

Les applications de ce principe thermochimique ont pour
objet de remplacer une réaction qu'il est impossible de produire directement au calorimètre par une série de réactions
équivalentes au point de vue de l'état final, mais pouvant
chacune être effectuée dans le calorimètre :

1° A chaque réaction chimique correspond une réaction
exactement contraire, ne différant que par le sens du phénomène. A la combinaison de l'hydrogène et de l'oxygène
pour former de l'eau correspond la décomposition inverse
de l'eau, en hydrogène et oxygène ; au déplacement du
brome par le chlore dans un bromure métallique, correspond le déplacement inverse du chlore par le brome dans
un chlorure, etc. De deux réactions opposées il n'y en a jamais
qu'une au plus capable de se produire directement en se
prêtant par suite à la mesure de la quantité de chaleur dégagée. L'hydrogène et l'oxygène peuvent se combiner
dans le calorimètre, mais l'eau ne peut pas s'y décomposer
directement.

Le principe de l'état initial montre de suite l'égalité en
grandeur absolue et l'opposition de signe des quantités de
chaleurs mises en jeu dans deux réactions contraires.

On prend pour le calcul l'état final identique à l'état initial ; on passe d'une part du premier au second état en conservant le *statu quo*, la chaleur est évidemment nulle une

seconde fois en faisant succéder la décomposition à la combinaison. La somme des deux quantités de chaleur doit encore être nulle,

$$Q + Q' = 0 \quad \text{ou} \quad Q = - Q'$$

Les deux quantités de chaleur sont donc égales et de signe
contraire.

2° On se propose par exemple de connaître la chaleur de
combustion du carbone pour oxyde de carbone, on ne peut
pas la réaliser dans le calorimètre. On remplacera cette
réaction par le cycle suivant de réactions : combustion du
charbon pour acide carbonique, directement mesurable au
calorimètre, 97,65 Cal., et dissociation de l'acide carbonique en oxyde de carbone et oxygène, dont la chaleur
de réaction est égale et de signe contraire à la combinaison
directe de ces deux gaz réalisable dans le calorimètre,
68,25 Cal. Le total donne pour la chaleur de formation de
l'oxyde de carbone ;

$$97,65 - 68,25 = 29,40 \text{ Cal.}$$

3° Comme autre application de ce principe, on peut se
proposer de calculer la chaleur de combustion du carbone
à une température supérieure à la température ambiante,
à 1.000° par exemple, c'est-à-dire que le charbon et l'oxygène
pris à 1.000° sont supposés donner de l'acide carbonique à la
même température. Pour ce calcul, on prend, comme état
initial, le carbone et l'oxygène à la température ordinaire,
comme état final, l'acide carbonique à 1.000°. On passe d'un
état à l'autre de deux façons différentes :

1° Combustion à 15°. Puis échauffement de CO_2 à 1.000° ;
2° Échauffement de $C + O^2$ à 1.000°, puis combustion.

En écrivant que ces deux quantités sont égales, on trouve
que la chaleur de combustion à 1.000° diffère de la chaleur
de combustion à 15° d'une quantité égale à la différence

entre les chaleurs d'échauffement de l'acide carbonique et de ses deux constituants, carbone et oxygène.

$$Q_{1000} = Q_{15} + \int_{15}^{1000} (C\text{-}C')\, dt = 97,65 - 0,49 = 97,16.$$

La chaleur d'échauffement d'une molécule d'acide carbonique de 15° à 1.000° est en effet de 12,42 Cal. celle du mélange CO + O de 11,93, dont la différence est de 0,49 Cal.

PROPRIÉTÉS PHYSIQUES (*suite.*)

Forme cristalline. — Diamant. — Graphite. — Carbone dit amorphe.
Lois générales de la cristallographie. — Loi de symétrie. — Systèmes cristallins. — Loi de dérivation. — Représentation structurale. — Loi des formes limites. — Clivages.
Dilatation.
Chaleurs spécifiques. — Définitions. — Loi Dulong et Petit. — Anomalies du carbone.
Propriétés électriques. — Résistance électrique. — Propriétés des charbons électriques.

FORME CRISTALLINE

Diamant.

Le diamant se rencontre dans la nature en cristaux dont les formes géométriques se rattachent au système cubique; on rencontre le plus souvent l'octaèdre, le dodécaèdre rhomboïdal et parfois le solide à 48 faces. Certains cristaux présentent un très grand nombre de petites facettes très peu inclinées l'une sur l'autre, donnant une surface générale d'apparence courbe, parfois même aussi certaines des faces isolées sont elles-mêmes courbes, comme si elles étaient constituées par la réunion d'un grand nombre de petites facettes, trop nombreuses et trop peu inclinées pour qu'on puisse les distinguer. Les diamants moins purs et moins

transparents, le bort et surtout le carbonado, ne présentent
le plus souvent aucune apparence nette de cristallisation :
ce sont des boules concrétionnées possédant parfois une
structure fibreuse.

Les diamants cristallisés présentent souvent une particularité intéressante; certains d'entre eux agissent sur la
lumière polarisée, fait incompatible avec la symétrie cubique; il est donc vraisemblable que la symétrie réelle du
cristal est inférieure à celle du cube et que cette dernière
forme résulte de groupements. On reviendra plus loin sur
cette question.

Le diamant possède un clivage très net parallèle aux
faces de l'octaèdre, c'est-à-dire que lorsqu'on cherche à le
briser, la rupture se produit beaucoup plus facilement parallèlement aux faces de l'octaèdre, on a alors des cassures
planes. Cette propriété est utilisée dans la taille du diamant
dont elle facilite le dégrossissage.

Les diamants à cristallisation confuse : bore et carbonado,
ne présentent point de clivage, c'est là un fait très important au point de vue de l'application de ces diamants com-
muns au travail des corps durs.

Les variétés de diamant présentant des clivages se bri-
sent en effet plus facilement sous l'action des chocs et ne
conviendraient pas pour un travail aussi brutal que celui
des perforatrices.

Graphite.

Le graphite se présente en lamelles d'apparence hexagonale, avec des faces généralement peu nettes, aussi n'a-
t-on pas pu déterminer d'une façon tout à fait certaine le
degré de symétrie des cristaux, faute d'avoir pu faire des
mesures d'angles suffisamment précises. D'après Nordens-
kjold, le graphite ne serait pas hexagonal comme on
l'a longtemps supposé, mais seulement monoclinique

avec une pseudo-symétrie hexagonale, l'angle serait de
124°,33, et non de 120° comme dans l'hexagone régulier. Le
graphite présente un clivage facile et donne par broyage
des lamelles très minces. Le graphite en poudre ou plombagine doit à cette forme lamellaire certaines de ses propriétés, en particulier de garder son éclat métallique après
avoir été appliqué par frottement sur des surfaces solides,
le frottement oriente toutes les lamelles parallèlement de
façon à former une surface réfléchissante. Il doit encore à
cette même cause une certaine plasticité, analogue à celle
de l'argile, qui est mise à profit dans la fabrication de divers
objets en graphite moulé comme les creusets à fondre
l'acier. On peut mettre en évidence cette structure lamellaire du graphite broyé en le mettant en suspension dans
l'eau et l'agitant avec une baguette de verre, on voit des
reflets soyeux résultant de l'orientation des lamelles dans
les régions du liquide où existent des variations rapides de
la vitesse des filets voisins.

Carbone dit amorphe.

Le carbone dit amorphe n'est pas connu à l'état cristallisé, il n'y a cependant aucune raison de supposer qu'il soit
réellement amorphe. Lès chimistes ont la mauvaise habi- ·
tude d'appeler amorphe tout corps dont la cristallisation
n'est pas évidente à la vue simple. Ils appellent amorphes,
les précipités fins de sulfate de baryte, de carbonate de
chaux, tous parfaitement cristallisés cependant, ou encore
certains alliages à cassure conchoïdale, d'une cristallisation
non moins nette à condition d'employer pour la reconnaître
des moyens d'observation appropriés.

Un corps réellement amorphe est un corps dans lequel il
n'existe certainement aucune orientation d'aucune propriété physique comme le verre, les liquides ordinaires, les
résines, les gélatines, etc... Dans le cas du carbone, corps

opaque, souvent pulvérulent, nous n'avons aucun moyen
de constater la présence ou l'absence d'une orientation cristalline, toute affirmation à ce sujet est une hypothèse
purement gratuite, dépourvue de toute valeur scientifique.

LOIS DE LA CRISTALLOGRAPHIE

Au premier examen de cristaux comme ceux du diamant,
on ne reconnaît aucune régularité; les faces semblent orientées au hasard, n'obéir à aucune loi, leurs positions relatives
sont cependant déterminées par des lois très précises, se
vérifiant rigoureusement pour tous les corps cristallisés.

Loi de symétrie.

Certains cristaux présentent des formes relativement
simples, possédant seulement un petit nombre de faces,
comme les cristaux de quartz composés d'un prisme hexagonal surmonté d'une pyramide de même nature. On reconnaît alors immédiatement des relations très simples
entre les faces. Celles du prisme sont inclinées de 60° l'une
sur l'autre, c'est-à-dire parallèles aux côtés d'un hexagone
régulier. Tous les cristaux de quartz présentent les mêmes
angles. On dit qu'un semblable cristal possède une symétrie *senaire*. On peut en effet, par rotation d'une des
faces autour d'une ligne parallèle aux arêtes du prisme,
amener successivement cette face à être parallèle à
chacune des autres faces, au moyen d'une série de déplacements égaux de 60° chacun. Les cristaux du système
cubique présentent une série d'axes de symétrie identiques à ceux du cube : trois axes quaternaires, parallèles
aux lignes qui joignent les milieux des faces du cube,

six axes binaires, parallèles aux lignes qui joignent les milieux des arêtes opposées et enfin quatre axes ternaires parallèles aux diagonales du cube.

Si dans un cristal quelconque, on considère une face prise au hasard, on est certain de retrouver également toute une série d'autres faces correspondant aux positions dans lesquelles on peut amener la face primitive par une série de rotations autour des différents axes de symétrie du cristal. Le solide à quarante-huit faces du système cubique, rencontré parfois dans le diamant, correspond précisément au plus grand nombre de faces que l'on puisse déduire d'une face prise au hasard par des rotations successives autour des axes de symétrie du cube. On trouverait un chiffre plus élevé encore en faisant le calcul d'après le nombre total des axes de symétrie, mais il faut remarquer que les déplacements autour de certains d'entre eux sont équivalents, c'est-à-dire amènent la face initiale dans une même orientation, ils font par suite double emploi et le nombre des faces distinctes est réduit d'autant. Par exemple dans un cube deux faces ayant une arête commune peuvent à volonté être amenées en coïncidence par une rotation autour d'un axe binaire, ternaire ou quaternaire.

Systèmes cristallins.

On pourrait croire, à première vue, que le nombre des systèmes cristallins différents, définis par le nombre et la nature des axes de symétrie est extrêmement considérable; il n'en est rien; quand on discute la question au point de vue géométrique, on reconnaît que le nombre des systèmes différents possibles est relativement limité; il en existe six en tout. L'étude des cristaux naturels confirme d'ailleurs pleinement cette limitation du nombre des formes différentes possibles. Les six systèmes en question présentent des degrés de symétrie, identiques à celui des polyèdres géométriques suivants :

1° Cube.
2° Rhomboèdre.
3° Prisme droit carré.
4° Prisme droit rhombique.
5° Prisme droit parallélogramme.
6° Parallélipipède.

Cette loi de symétrie s'applique uniquement à l'orienta-

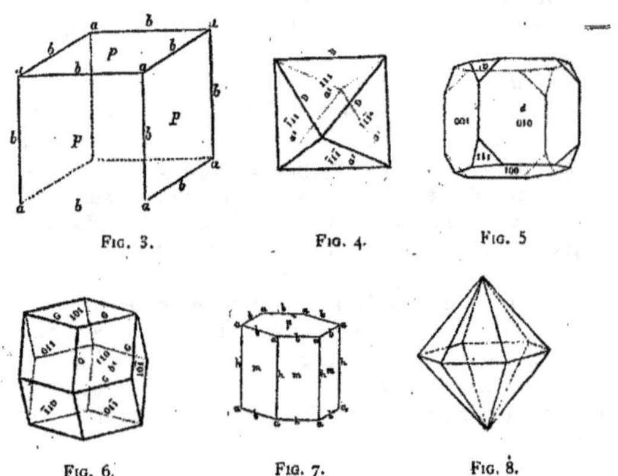

Fig. 3.   Fig. 4.   Fig. 5

Fig. 6.   Fig. 7.   Fig. 8.

tion des faces et aucunement à la distance des faces par rapport au centre du cristal. On trouvera d'autres fois des prismes hexagonaux de quartz, presque triangulaires, ayant trois faces très larges et très étroites. On trouvera d'autres fois des prismes, les uns d'une hauteur très faible, se réduisant à des lamelles hexagonales, les autres très allongés comme de véritables fils. A la vue, ces cristaux présentent des dissemblances énormes. la mesure des angles seule permet de reconnaître la régularité des angles. Plus d'une fois des chimistes ont commis ainsi des confusions graves, en se contentant d'examiner trop sommairement la forme extérieure des cristaux, et en concluant à l'existence de variétés allotropiques par suite du développement inégal de certaines dimensions de différents cristaux d'un même corps. Cela est arrivé par exemple, dans le cas de l'acide citrique.

Les angles des faces d'un cristal sont caractéristiques d'une espèce chimique déterminée, se reproduisent toujours les mêmes, quelles que soient les conditions de production du cristal, pourvu que son espèce chimique, c'est-à-dire sa composition chimique et son état allotropique restent identiques. Les dimensions des diverses faces, leurs distances plusou moins grandes au centre du cristal dépendent au contraire principalement des conditions de la cristallisation, de la nature du dissolvant, et des corps étrangers présents, de la température et surtout de la rapidité de la cristallisation. Dans les solutions sursaturées, les cristaux se présentent le plus souvent sous forme de fils indéfiniment allongés et d'une minceur extrême.

Loi de dérivation.

La loi précédente de symétrie ne suffirait pas pour expliquer le nombre si considérable de petites facettes présentées par certains cristaux de diamants, nombre bien supérieur au maximum de 48 indiqué plus haut. Un cristal naturel est en général composé par la juxtaposition de plusieurs groupes de faces ayant tous la même symétrie, mais déduits de faces originelles différentes: par exemple dans le quartz pyramidé, le prisme hexagonal et la pyramide hexagonale ont bien le même degré de symétrie, mais dérivent l'un d'une face parallèle à l'axe hexagonal et l'autre d'une face inclinée sur cet axe. On rencontre même souvent sur le même cristal de quartz des faces correspondant à des pyramides différentes, inégalement inclinées sur l'axe. De même dans les cristaux du système cubique, on trouve à la fois des faces correspondant au cube, à l'octaèdre, au dodécaèdre rhomboïdal, etc... Il existe une loi, dite loi de dérivation, établissant une relation entre les positions relatives des faces primitives, dont dérivent ces divers polyèdres réunis dans un même cristal. Dans le système cubique, ces relations sont faciles à saisir, la face de l'octaèdre, par exemple, est également inclinée sur deux faces du cube. D'autres faces seront inclinées sur trois arêtes du cube et donneront encore lieu à un autre octaèdre différemment orienté. Dans tous les cas, l'inclinaison des faces des nouvelles formes par rapport aux arêtes du cube présenteront la relation simple suivante : En prenant trois axes de coordonnées rectangulaires, parallèles aux axes du cube et sur l'un de ces axes, un point par lequel on fait passer des plans parallèles à chacune des faces du cristal, ces plans coupent les deux autres axes à des distances de l'origine qui sont dans des rapports simples, c'est-à-dire exprimés par des fractions ordinaires dont les deux termes sont des nombres entiers relativement faibles, telles que : 1/1, 1/2, 1/3, 1/4, 1/5, etc... 2/3, 2/5, etc... 3/4, etc...

Les faces se rencontrant le plus habituellement dans les cristaux sont en général celles qui correspondent aux fractions les plus simples. Dans le cas du diamant, on trouve exceptionnellement des faces répondant à des rapports très complexes.

La loi énoncée ici sur le cube n'est qu'un cas particulier de la loi générale s'appliquant à tous les cristaux ; on l'a énoncée à part pour le cube parce qu'elle est plus simple à exprimer que la relation générale dont elle n'est qu'un cas particulier. L'énoncé général est le suivant : si l'on prend comme axe de coordonnée trois droites parallèles à trois arêtes d'un cristal partant d'un même sommet et un point sur l'un de ces axes, par lequel, on fait passer des plans parallèles à toutes les faces du cristal, les longueurs interceptées sur les autres axes, multipliées par un coefficient numérique, propre à chacun des axes, sont dans un rapport simple avec la distance du point fixe au centre des coordonnées. On peut encore énoncer cette loi d'une autre façon en disant que si l'on mesure les longueurs interceptées sur les axes en prenant une unité spéciale pour chacun d'eux, égale à la longueur interceptée par une face prise comme point de départ, ces mesures sont dans des rapports simples. Soit a b c les longueurs interceptées par une face sur les trois axes, et a' b' c' les longueurs interceptées par une autre face, mesurée avec les unités ordinaires, le centimètre par exemple, le quotient a'/a donnera la mesure de a' en prenant a comme unité, de même b'/b, c'/c. La loi d'accroissement s'écrira :

$$a'/a : b'/b = m/n$$
$$a'/a : c'/c = m/p$$

dans lesquels m, n et p sont des nombres entiers généralement assez petits. La simplification de l'énoncé dans le cas du cube rapporté à ses arêtes comme axe de coordonnées, provient que dans ce cas les paramètres a, b, c sont égaux entre eux et qu'il n'y a pas par suite à les mentionner.

Représentation structurale.

Cette loi d'accroissement, un peu difficile à énoncer en langage ordinaire peut être représentée géométriquement par une hypothèse très simple sur la constitution des cristaux, ayant le grand avantage de parler à l'imagination, de matérialiser en quelque sorte la relation numérique indiquée ici. Cette hypothèse due à Haüy a été développée ensuite par Bravais et Mallard. On suppose les corps cristallisés constitués par la juxtaposition de petits parallélipipèdes, possédant la même symétrie que le cristal considéré et régulièrement accolés et empilés, de façon à former des réseaux semblables à ceux d'un empilement de briques. Les faces des cristaux sont des plans passant dans cet assemblage par les centres des parallélipipèdes. Les paramètres qui déterminent l'inclinaison de diverses faces sont donc déterminés par la longueur des trois arêtes du parallélipipède élémentaire. La probabilité d'une face est d'autant plus grande qu'elle contient, sur une surface donnée, un plus grand nombre de faces parallélipipèdes, qu'elle a ce qu'on appelle une densité réticulaire plus grande. Il est facile de voir que dans cette hypothèse les longueurs interceptées par les faces sur trois axes parallèles aux arêtes du parallélipipède générateur sont des multiples simples de ces longueurs et par suite satisfont à la loi de dérivation.

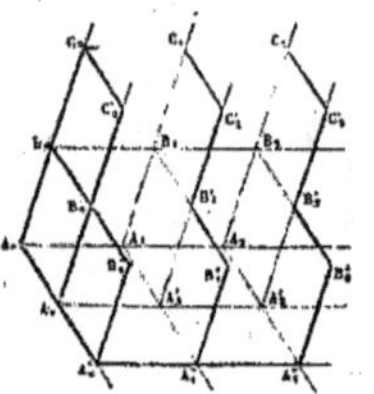

Fig. 9.

Loi des formes limites.

La loi de symétrie énoncée plus haut ne s'applique pas seulement aux formes géométriques extérieures, mais encore à toutes les propriétés physiques des cristaux et en particulier à leurs propriétés optiques. L'ellipsoïde définissant la double réfraction a ses axes orientés parallèlement aux axes de symétrie du cristal, quand il en existe. Dans le cas du cube, les trois axes de l'ellipsoïde deviennent égaux, c'est-à-dire que la double réfraction est nulle. Il arrive cependant dans certains cristaux d'observer une discordance entre la symétrie géométrique extérieure, et la symétrie optique intérieure ; certains cristaux cubiques présentent des phénomènes de double réfraction, cela est particulièrement net par exemple dans un chloroborate naturel :

la Boracite; cela se rencontre également mais d'une façon
moins nette, comme on l'a signalé plus haut, dans le diamant.

Ces anomalies se rattachent à une loi générale découverte par Mallard. Certains cristaux peuvent se rapprocher
beaucoup par leurs angles et les paramètres de leurs axes,
de cristaux présentant un degré de symétrie supérieur, par
exemple un parallélipipède rectangle, dont les trois arêtes
seraient à peu près égales, finit par ne plus différer d'un

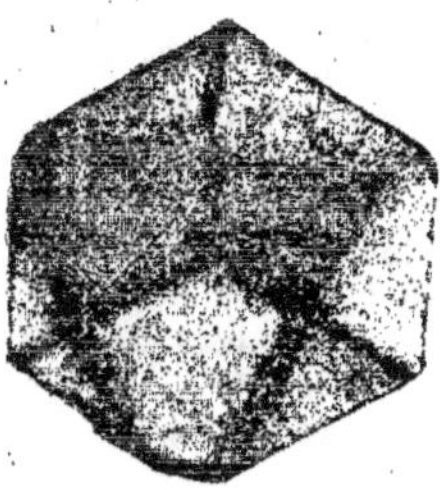

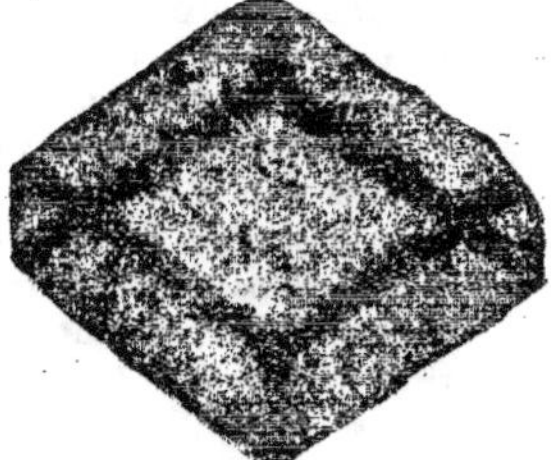

Fig. 10.   Fig. 11.

cube; un rhomboèdre dont l'angle de la face s'approche
de 90°, passe également au cube. Tous les cristaux présentant
une pseudo-symétrie semblable ont la tendance à se grouper
pour donner, par leur réunion, un cristal composé, dont la
forme géométrique extérieure correspondrait à la symétrie
dont il se rapproche. Soit, par exemple, un prisme droit
à base rhombe dont l'angle de la base est voisin de 120°;
il y aura une tendance à l'accolement de trois prismes
semblables pour former un cristal d'apparence extérieure
hexagonale. Certains cristaux présentent cette structure
composée d'une façon particulièrement nette, ainsi le gre-
nat pyrénéite. Ce corps présente extérieurement la forme

du dodécaèdre rhomboïdal mais en découpant à travers des lames minces orientées dans différentes directions, on reconnaît, qu'il est constitué par l'accolement de douze pyramides orthorhombiques ayant leurs sommets au centre du cristal et leurs bases coïncidant avec une des faces extérieures du rhomboèdre (fig. 10 et 11).

C'est là un cas de groupement particulièrement simple; le plus souvent ces groupements ont une apparence beaucoup plus complexe, comme dans le cas de la Boracite. Le cristal est alors composé, non pas par le simple accollement d'un nombre limité de cristaux différemment orientés; mais par l'enchevêtrement de fragments de ces cristaux, ne présentant plus aucun contour déterminé et dont l'orientation ne peut être reconnue que par l'examen des propriétés optiques. Les cristaux de diamant ont très vraisemblablement une structure semblable, et dans certains d'entre eux, les bore et les carbonados, la complexité est trop grande pour que l'on puisse reconnaître d'une façon certaine la cristallisation primitive.

Clivages.

Certains cristaux ont la propriété de se cliver, c'est-à-dire de se rompre suivant des faces planes; pour quelques-uns d'entre eux, comme le gypse ou le mica, la rupture par clivage est extrêmement facile, il suffit d'une légère pression avec une lame de canif pour la provoquer et on obtient ainsi de grandes surfaces planes. C'est précisément la raison d'être des nombreuses applications du mica. D'autres fois, il faut un choc plus violent, et souvent alors, on obtient non plus un plan unique, mais une cassure suivant une série de plans parallèles, disposés en escalier. La surface générale de la cassure n'est plus plane, mais l'on peut reconnaître des éléments de surface plans et parallèles au moyen d'un rayon de lumière incidente qui se réfléchit parallèlement sur toutes ces facettes et donne pour une certaine position de l'œil un grand éclat à la cassure, comme le produirait une face plane unique. Ce sont les clivages de la Calcite dans le marbre, du Feldspath dans les granits qui donnent à la cassure de ces pierres les reflets brillants que l'on observe dans un rayon de soleil.

Les directions des plans de clivages sont parallèles à quelques-unes des faces du cristal et obéissent par suite aux mêmes lois de symétrie. Dans les corps cubiques, les clivages sont au nombre de trois, quand ils sont parallèles aux faces du cube et au nombre de quatre quand ils sont parallèles aux faces de l'octaèdre. Leur nombre est moitié de celui des faces correspondantes parce que les faces sont parallèles entre elles deux par deux. Les clivages, se correspondant ainsi d'après la loi de symétrie, se font avec la même facilité; les trois clivages du sel gemme, les trois clivages de la calcite, les quatre clivages du diamant sont semblables Le nombre des directions de clivage est toujours assez faible, il est très rarement supérieur à trois. Le mica ne présente qu'une seule direction de clivage réellement facile. Dans les cristaux à faible symétrie, il existe parfois des clivages correspondant à des formes différentes, c'est-à-dire que ces différents plans de clivage ne sont pas rattachés entre eux par la loi de symétrie, mais seulement par celle de dérivation.

Tous les cristaux ne présentent pas de plan de clivage, le quartz, par exemple, bien que parfaitement cristallisé, possède une cassure conchoïdale analogue à celle du verre.

DILATATION

Le diamant possède un très faible coefficient de dilatation 60.10^{-8} à $0°$, sa dilatation diminuerait aux tempéra-

tures plus faibles pour s'annuler vers — 40°. Cela semble au
moins résulter de l'extrapolation des résultats obtenus entre
O° et + 80°. Grâce à ce faible coefficient de dilatation d'une
part et d'autre part à la grande dureté de ce corps, il est
possible de lui faire subir des variations brusques et considérables de température sans le briser. Pour la taille du
diamant, on l'enchâsse dans des pièces métalliques au
moyen d'un alliage coulé sur le cristal. Dans la construction des outils au diamant, on sertit le cristal par forgeage
au rouge dans le fer. Le coefficient de dilatation du graphite
et du carbone amorphe serait environ 10 fois plus considérable, mais il n'est guère possible de faire sur ces corps
de mesures précises, parce que la porosité de ces variétés de
carbone permet des déformations de la masse de nature à
masquer la dilatation proprement dite du corps. Comme
terme de comparaison le verre à glace de Saint-Gobain
possède un coefficient de dilatation de 780.10^{-8} soit 12 fois
plus grand que celui du diamant à O°.

CHALEURS SPÉCIFIQUES

Définition.

Il est indispensable quand on parle de chaleur spécifique
de bien définir la signification donnée à ce mot, car il y a
plusieurs espèces de chaleurs spécifiques, sans parler de la
chaleur totale d'échauffement.

On appelle *chaleur d'échauffement* entre les températures
t_0 et t_1 la chaleur qu'il faut fournir à un corps pour le faire
passer de la première à la seconde température.

On appelle *chaleur spécifique moyenne* entre les températures t^0 et t le quotient de la chaleur d'échauffement par
la différence des deux températures.

On appelle *chaleur spécifique vraie* à une température t la limite vers laquelle tend la chaleur spécifique moyenne quand les deux températures extrêmes se rapprochent indéfiniment jusqu'à se confondre.

Si l'on trace une courbe, en portant en abcisses les températures et en ordonnées les chaleurs d'échauffement, comptées à partir d'une température fixe arbitrairement choisie, la chaleur spécifique moyenne a pour expression la tangente trigonométrique de la corde réunissant les deux points de la courbe correspondant aux températures extrêmes considérées t_t et t^o. On appelle chaleur spécifique vraie, la tangente trigonométrique, le coefficient angulaire de la droite tangente à la coube au point t.

En appelant Q la chaleur d'échauffement, de 1 gramme de matière, C la chaleur spécifique moyenne et c la chaleur spécifique vraie, on a les relations :

$$C = \frac{Q}{t_t - t^o} \qquad c = \frac{dQ}{dt}$$

Loi de Dulong et Petit.

La question de la chaleur spécifique du carbone a soulevé, à un moment donné, un vif intérêt parmi les chimistes en raison de ses rapports avec certaines considérations théoriques sur la constitution de la matière; on tend plutôt aujourd'hui à se désintéresser de ces préoccupations; elles méritent cependant d'être rappelées en passant. D'après les anciennes expériences de Dulong et Petit, confirmées plus tard par Regnault, les corps simples pris à l'état solide et rapportés à leurs poids équivalents ont des chaleurs spécifiques tantôt sensiblement égales, tantôt multiples simples les unes des autres. Lorsqu'on se décida plus tard à prendre pour poids proportionnel, au lieu des anciens équivalents, les nouveaux poids atomiques définis comme le plus petit poids du corps contenu dans un volume moléculaire (22, 32 litres) de ses différents composés volatils, on remarqua que les chaleurs atomiques avaient toutes sensiblement la même valeur. On généralisa de suite cette loi et on chercha à l'appliquer à la détermination des poids atomiques des métaux dont on ne connaissait pas un nombre suffisant de composés volatils pour faire usage de la définition normale. On arriva ainsi à des résultats pleinement conformes aux analogies chimiques pour un grand nombre de corps. Le tableau ci-dessous montre le degré d'approximation avec lequel cette loi se vérifie pour les métaux :

Na	Ni	Mg	Al	Fe	Zn	Sn	Cu	Pb	Pt
6,7	6,5	6,0	5,9	6,4	6,2	6,6	6,1	6,5	6,

Malheureusement le carbone, le bore et le silicium présentaient des chaleurs spécifiques trois fois trop faibles pour rentrer dans cette loi. Au lieu de renoncer franchement à admettre la généralité d'une loi dont le degré d'approximation, dans les cas où elle s'applique le mieux, n'était déjà pas très grand, on tortura les expériences, on multiplia les raisonnements pour expliquer cette anomalie. On en arriva même à rapprocher la chaleur spécifique du carbone à 1.000° où elle est notablement plus élevée qu'à la température ordinaire de celle des métaux à 0°, ce qui est la négation de toute méthode scientifique. Nous devons cependant à cette préoccupation des expériences très complètes sur la chaleur spécifique du carbone.

Anomalies du carbone.

La première et la plus complète des séries d'expériences est due à Weber, qui a déterminé la chaleur spécifique moyenne du diamant et du graphite entre la température ambiante d'une part, et d'autre part les températures extrêmes de — 50° et de + 985°. Au moyen de ces résultats expérimentaux, il a calculé ensuite les chaleurs spécifiques vraies suivantes qui sont rapportées à 1 gramme :

Température	Diamant	Graphite
— 50	0,063	0,114
— 11	0,095	0,144
+ 11	0,113	0,164
+ 58	0,153	0,199
140	0,222	0,254
606	0,441	0,445
985	0,459	0,467

D'après les expériences du même auteur, la chaleur spécifique du carbone amorphe serait la même que celle du graphite. Ces résultats concordent bien avec les déterminations faites par Regnault entre 15 et 100° qui donnent pour la chaleur spécifique vraie à la température moyenne, c'est-à-dire 57° :

Charbon de cornue 0,20
Graphite 0,20
Diamant 0,15

nombres identiques à ceux de Weber. Pour le charbon de bois, Regnault avait trouvé à la même température le chiffre un peu plus élevé de 0,24, mais cette détermination comporte une double erreur : la présence de matières volatiles et en particulier d'hydrogène dans le charbon de bois qui n'est jamais complètement calciné; d'autre part, la pénétration de l'eau dans les pores du charbon donne lieu à un dégagement supplémentaire de chaleur, comme cela arrive toutes les fois que l'on mouille un corps solide très divisé.

Des expériences faites par M. Violle à la température de l'arc électrique, c'est-à-dire vers 3.000°, expériences nécessairement un peu incertaines, l'ont conduit à admettre pour le graphite des valeurs de la chaleur spécifique représentées par la formule :

$$c = 0,355 + 0,06 \ t/1.000$$

cette formule n'étant valable qu'aux températures supérieures à 1.000°, elle correspondrait pour la valeur de 3.000° à une chaleur spécifique de 0,53.

M. Euchène, ingénieur à la Compagnie parisienne, a fait d'autre part, à un point de vue purement industriel, des expériences sur la chaleur d'échauffement du charbon de cornue, variété de carbone amorphe. Il a trouvé pour les chaleurs spécifiques vraies de ce carbone deux lois de variations tout à fait différentes, l'une s'appliquant de 0 à 300° et l'autre de 300 à 1.000°

$$\text{De 0 à 300°} \qquad c = 0,16 + 0,64 \ t/1.000$$
$$\text{De 300 à 1000°} \qquad c = 0,3 + 0,2 \ t/1.000$$

ce qui donnerait pour la température de 1.000° une chaleur spécifique de 0,5 un peu supérieure à celle trouvée par M. Weber. L'existence d'une discontinuité dans la loi des chaleurs d'échauffement du carbone vers 300° est rendue assez vraisemblable par le fait qu'à cette même température, on a signalé parfois un changement notable dans la conductibilité électrique du carbone.

PROPRIÉTÉS ÉLECTRIQUES

Résistance électrique.

La conductibilité électrique du carbone est une de ses propriétés les plus importantes au point de vue des applications pratiques. Nous ne possédons cependant à son sujet que des renseignements très peu précis. Les difficultés sont du même ordre que pour la détermination des densités.

La porosité du graphite et du carbone amorphe diminue leur conductibilité dans une proportion importante, mais non mesurable. Quoi qu'il en soit, voici les chiffres admis actuellement comme les plus vraisemblables pour les résistances électriques des différentes variétés de carbone. Ces chiffres sont des résistances spécifiques, c'est-à-dire des résistances exprimées en microhms ou millionèmes d'ohms et rapportées au centimètre cube (conducteurs de 0,01 m. de long et 0,01 mq. de section).

$$
\begin{aligned}
&\text{Diamant.} &&10^{20} \\
&\text{Graphite.} &&10^{3} \\
&\text{C. amorphe.} &&5 \cdot 10^{3}
\end{aligned}
$$

Le diamant est donc complètement isolant, le graphite est le plus conducteur des trois. Il sert en galvanoplastie pour rendre conducteurs les moules de gutta-percha ou de plâtre sur lesquels on se propose de déposer du cuivre.

Le carbone amorphe pris sous forme d'agglomérés, fabriqués pour conducteurs électriques, serait en moyenne cinq fois plus résistant que le graphite, mais avec des écarts extrêmement considérables suivant le mode de fabrication pouvant aller de 50 p. 100 en plus ou en moins du chiffre moyen comme on le montrera plus loin.

La conductibilité électrique de fragments de carbone en contact donne lieu à une particularité intéressante; des changements de pression même assez faibles amènent des changements énormes dans la résistance électrique au passage entre des fragments différents de charbon. Cette propriété est utilisée dans les microphones et est ainsi la base de toute la téléphonie. Le courant passe à travers une baguette de charbon aggloméré reposant par ses deux extrémités taillées en pointe sur des supports de même nature ou à travers des grains d'anthracite empilés dans un tube. Le tout est fixé à une petite planchette que les vibrations sonores mettent en mouvement; ce mouvement se transmet à la baguette de charbon par l'intermédiaire de ses deux supports et l'inertie de la baguette nécessite pour son déplacement le développement de pressions plus ou moins fortes à ses deux points de contact.

Du charbon, conducteur de l'électricité, concassé en morceaux plus ou moins gros et empilé dans un vase, forme un conducteur, dont la résistance est naturellement beaucoup plus élevée que celle d'une masse pleine de charbon Le courant passant d'un grain à l'autre par des surfaces de contact très resserrées, éprouve en ces points une grande résistance et y développe un échauffement considérable. On emploie parfois dans les laboratoires des résistances granulaires ainsi constituées pour le chauffage des creusets et des petits fours. On vend dans le commerce sous le nom de *kryptol* des grains classés par numéros de grosseur. On a là un procédé de chauffage d'un emploi extrêmement facile dont le seul inconvénient est de donner difficilement une grande régularité de température. Aux points où les grains sont plus fortement tassés, le courant passe beaucoup plus facilement d'après la propriété mentionnée plus haut.

Tous ces résultats se rapportent au charbon aggloméré artificiellement. Les carbones amorphes non traités, le charbon de bois, le coke, le charbon de cornue ont des différences énormes comme conductibilité électrique. Le charbon de cornue est comparable au charbon aggloméré, le coke est moins bon conducteur, enfin le charbon de bois est presque complètement isolant, tant au moins qu'il n'a pas été calciné à des températures très élevées. Il est assez difficile de dire, en raison de la porosité extrême de ces charbons, si les différences observées tiennent à des différences d'état chimique ou seulement à des différences de structure.

Propriétés des charbons électriques.

Les charbons agglomérés, employés pour les usages électriques, sont obtenus en calcinant à très haute température, vers 1600° C, des pâtes composées de goudron, noir de fumée et charbon de cornue. Ce dernier est choisi de préférence parmi les variétés les plus tendres, d'aspect graphitique, qui renferment très peu de cendre. Une étude très complète vient d'être faite au laboratoire central d'Électricité par les soins de M. David, sur des charbons semblables provenant de fabriques diverses et destinés à la confection des balais de dynamos. Voici un résumé rapide des résultats obtenus :

Densité. — La densité apparente varie de 1,4 à 1,6 et la densité absolue de 1,7 à 2.

Il n'a malheureusement pas été fait d'essais chimiques de ces charbons pour reconnaître la présence du graphite, que semblent indiquer quelques-unes des densités très élevées trouvées.

Porosité. — Le poids d'eau absorbée après refroidissement prolongé et refroidissement sous l'eau a varié, suivant les fabrications, de 3 p. 100 à 20 p. 100.

Résistance mécanique à la traction. — La résistance par centimètre carré a varié de 15 à 300 kgs. C'est de toutes les propriétés des charbons celle qui montre les variations les plus fortes. *La résistance mécanique à l'écrasement* par centimètre carré a varié de 200 à 1.200 kgs.

La résistance électrique spécifique a varié, suivant les échantillons, de $1,5.10^8$ à $8,5.10^8$.

Résistance électrique au passage. — La perte de voltage entre un balai en charbon et un disque de cuivre appuyé par une pression de 250 gr. par centimètre carré a donné pour une intensité de courant de 13,3 ampères par centimètre carré, une perte de voltage de 0,5 à 1,5 volts, le disque de cuivre étant au repos, et de 1 à 2,5 volts, le disque tournant avec une vitesse périphérique de 12,5 m. par seconde.

Teneur en cendres. — La teneur en cendres de ces charbons a varié de 0,5 à 4 p. 100, les fortes teneurs correspondant à l'addition de sels alcalins fusibles.

PROPRIÉTÉS PHYSIQUES ET CHIMIQUES

Propriétés physiques. — Fusibilité et volatilité. — Produits réfractaires en carbone. — Charbons électriques. — État naturel et préparation du diamant. — Valeur du diamant. — État naturel et préparation du graphite. — Préparation et composition du carbone amorphe.
Propriétés chimiques. — Oxyde graphitique. — Oxydation. — Graphite foisonnant. — Action du fluor. — Acétylène. — **Synthèse organique.** — **Action directrice de la vie.** — Stabilité à chaud des composés endothermiques.

PROPRIÉTÉS PHYSIQUES

Fusibilité et volatilité.

Le carbone est un des corps les moins fusibles, puisqu'il a été possible de fondre tous les autres corps usuels au four électrique, y compris la magnésie, au moyen d'électrodes en charbon dont la température est nécessairement plus élevée que celle des corps placés à leur voisinage et chauffés par rayonnement. On ne possède aucune indication certaine sur le point de fusion du carbone ; quelques indices conduisent à supposer qu'il doit être voisin de $3.500°$; température la plus élevée des charbons dans l'arc électrique. Le point de départ de cette hypothèse est le fait expérimental suivant : lorsqu'on fait jaillir l'arc électrique alimenté par le courant continu entre deux électrodes de charbon, celle du pôle positif prend une température invariable, indépendante de l'intensité du courant, l'étendue de la région chauffée croît seule avec l'intensité du courant. On peut expliquer, dans une certaine mesure, l'existence de ce point fixe par le voisinage du point de fusion ; cette hypothèse semble confirmée par le fait que le charbon arraché à l'électrode négative vient se coller sur l'électrode positive comme le ferait une masse pâteuse. On admet parfois, au contraire, que la fixité de cette température correspond au point d'ébullition du carbone sous la pression atmosphérique, le charbon se volatilisant sans passer par l'état liquide. On pourrait vérifier l'exactitude de cette hypothèse en faisant jaillir l'arc électrique dans le vide, la température du cratère positif devrait s'abaisser considérablement.

Produits réfractaires en carbone.

Quoi qu'il en soit de ce point resté douteux, le carbone est un corps peu fusible et très peu volatil ; cette propriété précieuse est mise à profit dans un grand nombre d'applications industrielles. Les briques en carbone sont aujourd'hui d'un usage très fréquent pour confectionner les creusets des hauts fourneaux, où la température atteint près de 2.000°. Le carbone n'est pas exposé dans ces conditions à l'oxydation ni à la dissolution, parce que la fonte est saturée de carbone, d'une part, et que, d'autre part, l'atmosphère dans le bas du haut fourneau, où il y a toujours un excès de coke, est réductrice, étant composée exclusivement d'oxyde de carbone et d'azote.

Les creusets pour fondre l'acier et pour d'autres opérations nécessitant des températures également élevées sont souvent fabriqués en graphite. Ce corps, en raison de sa structure lamellaire, possède une certaine plasticité semblable à celle de l'argile qui facilite le façonnage des objets. On mêle toujours au graphite, une certaine quantité d'ar-

gilé pour augmenter à froid la solidité des objets moulés et
surtout pour fournir aux températures élevées un fondant,
capable de produire à l'extérieur du creuset un vernis pro-
tecteur contre l'oxydation du graphite. Il faut proportion-
ner la fusibilité du mélange argileux ajouté, à la température
à laquelle le creuset doit travailler ; si celle-ci ne suffisait
pas à fondre l'agglomérant du graphite et lui permettait de
garder l'état solide en formant ainsi, après combustion du
carbone, une masse très poreuse, le graphite brûlerait rapidement dans toute l'épaisseur et le creuset serait bientôt
détruit.

Charbons électriques.-

Cette infusibilité du carbone est avant tout utilisée dans
tous les fours électriques pour la production des très hautes
températures : les fours à arc comme ceux de Moissan, de
Héroult, les fours à résistance comme ceux de Tammann,
de Girod, ou les fours à résistance granulaire, à kryptol
par exemple..

La non-volatilité du carbone est utilisée dans les lampes
à incandescence où le filament chauffé à 1.800°, dans une
enceinte où la pression est inférieure à 1/50 de millimètre
de mercure, résiste pendant des centaines d'heures. Il faut
nécessairement qu'à cette température de 1.800°, la tension
de vapeur du carbone soit bien inférieure à 1/100 de millimètre de mercure.

A première vue, on pourrait juger préférable de laisser
dans l'ampoule un gaz à la pression atmosphérique, sans
action sur le carbone bien entendu, comme l'azote, de
façon à ralentir la vaporisation du carbone et permettre
d'élever davantage la température du filament, ce qui augmente beaucoup le rendement lumineux. La raison principale pour laquelle on fait le vide dans les ampoules est la
suivante: la chaleur cédée à l'extérieur par le filament, c'est-

à-dire l'énergie calorifique dépensée, se décompose en deux parties essentiellement distinctes: la chaleur et la lumière rayonnées, seules utilisées pour l'éclairage, et la chaleur cédée par convection au gaz en contact avec le filament; cette seconde est de beaucoup la plus importante et constitue une perte sèche. On la fait disparaître à peu près complètement en réalisant un vide avancé. Une expérience très simple donne la démonstration de ces deux modes de consommation de l'énergie dans les lampes électriques. Si on vient à percer avec un diamant l'enveloppe d'une lampe à incandescence, de façon à y faire rentrer l'air, on voit aussitôt le filament s'éteindre en quelque sorte; sa température tombe de 1.800° à 600° ou 700°.

État naturel et préparation du diamant.

Le diamant existe à l'état naturel, mais les conditions de son gisement sont assez mystérieuses. On le rencontre au Brésil, aux Indes et à Bornéo, dans le lit des rivières ou dans des alluvions provenant de la désagrégation de roches variées. On n'a jamais encore réussi à le trouver en place dans les roches primitives où il a dû se former.

Au Cap, une partie des gisements sont également constitués par des alluvions de rivière. Mais les gisements les plus importants ont une allure toute spéciale, très différente des précédents. Les couches superposées des terrains sédimentaires sont en certains points traversées par d'immenses cheminées verticales, ayant jusqu'à 200 mètres de diamètre et remplies d'une brèche serpentineuse, au milieu de laquelle on trouve le diamant associé à de nombreux minéraux. D'après sa structure même, cette roche est certainement constituée par des débris de roches antérieures, agglomérés en une masse compacte. Ce n'est pas une roche primitive, formée sur place par un processus chimique. Le diamant a dû être charrié là avec les autres minéraux qui l'accompagnent, et son origine première est dans ce cas aussi mystérieuse que celle des diamants d'alluvions.

On a trouvé enfin, d'une façon tout à fait exceptionnelle, de petits diamants dans des météorites. On appelle météorites des masses solides tombées sur la terre, de l'espace où elles se meuvent isolément, comme de petites planètes, jusqu'au jour où elles sont arrêtées par un obstacle, par une plus grosse planète

De nombreux chimistes ont tenté de reproduire le diamant par des procédés variés, sans y arriver jamais d'une façon certaine. Moissan a plus particulièrement étudié le refroidissement brusque de la fonte, saturée de carbone à une température élevée par chauffage au four électrique.

Les diamants ne sont jamais complètement purs ; ils laissent toujours après leur combustion de petites quantités de cendres, mais en proportions très faibles. Dans les diamants les plus purs, les plus transparents, cette proportion est de 0,1 à 0,2 p. 100 seulement, elle s'élève au fur et à mesure que les diamants sont plus colorés ; elle peut atteindre et dépasser 5 p. 100 dans les carbonados noirs. Voici l'analyse de la cendre d'un carbonado dans lequel la proportion totale de cendres était 4,8 p. 100 :

$$
\begin{array}{ll}
SiO^2. & 33,1 \\
Fe^2O^3 & 53,3 \\
CaO. & \underline{13,2} \\
& 99,6
\end{array}
$$

Si l'on retrouve après combustion ces matières à l'état oxydé, rien ne prouve que leur état primitif dans le diamant fut le même. On ne sait pas davantage si ces matières sont seulement interposées mécaniquement, ou à l'état de solution solide dans le carbone.

Valeur du diamant.

Le prix des diamants est très élevé en raison de leur rareté. Il est de plus extrêmement variable par unité de poids
suivant la transparence, le poids et la taille du diamant.
Les chiffres suivants donneront une idée de ces variations.
Le diamant brut à la mine vaut en moyenne 3o francs le
carat ou 15o francs le gramme. Le carat est une vieille
unité employée seulement aujourd'hui dans le commerce
des diamants. Sous le même nom son poids varie un peu
d'un pays à l'autre, de o gr. 2o59 en France à o gr. 1922 au
Brésil. La Commission internationale des poids et mesures
vient de décider qu'à l'avenir dans tous les pays adhérents
au système métrique le carat serait exactement de o gr. 2.

Les diamants taillés ont naturellement une valeur bien
plus considérable, puisque pour la taille il a fallu perdre
une partie importante du poids du diamant. Un diamant
taillé de 1 gramme ou 5 carats vaut, suivant son eau, de
1.250 à 2.75o francs. Un diamant plus gros, de 2 gr. 5 par
exemple, vaut de 1.5oo à 6.ooo francs le gramme. Les
carbonados un peu gros et bons pour la fabrication des
outils valent 2oo francs le gramme. Le prix moyen de
15o.ooo francs le kilogramme, indiqué pour la valeur
moyenne des diamants en circulation dans le monde, comprend toutes les espèces de diamants, aussi bien les carbonados que les diamants taillés, ainsi que les éclats, poussières et tous déchets provenant de la taille.

État naturel et préparation du graphite.

Le graphite se trouve souvent en filons, que l'on exploite
parfois jusqu'à de grandes profondeurs, à 3oo mètres et plus
à Ceylan. Les principaux gisements exploités sont ceux de
Ceylan, de Bohême, d'Italie et de Sibérie.

On peut préparer le graphite au laboratoire par divers

procédés, soit par calcination d'une quelconque des autres
variétés du carbone, carbone amorphe, ou diamant à la température très élevée de l'arc électrique. Les extrémités des
charbons servant dans les fours électriques sont transfor-
mées en graphite sur une certaine longueur.

Par dissolution dans un métal, un carbure ou un sulfure
fondu, le carbone se sépare toujours à l'état de graphite;
celui de la fonte grise est un bon exemple de graphite ainsi
produit. La décomposition par la chaleur des composés du
carbone, et en particulier des carbures d'hydrogène, ne
donne le plus souvent que du carbone amorphe. Cependant
la décomposition du sulfure de carbone donne une certaine
quantité de graphite.

La dissociation par la chaleur de certains carbures se décomposant à très haute température, en abandonnant un
second élément plus volatil que le carbone, donne du graphite. Cette réaction est la base de la fabrication du graphite artificiel par un procédé dû à un ingénieur américain,
Acheson, l'inventeur du carborundum, ou siliciure de carbone SiC. Il avait remarqué que lorsque l'on poussait trop
loin le chauffage dans la fabrication du carborundum, ce
corps, bien que s'étant déjà formé à une température très
élevée, finissait par se décomposer en laissant une masse
poreuse de graphite. Le procédé industriel de préparation
du graphite consiste à chauffer de l'anthracite cendreux,
tenant de 10 à 20 p. 100 de cendres, dans un four semblable
à celui pour la fabrication du carborundum. En poussant
suffisamment le chauffage, tout le charbon est transformé
en graphite et en même temps toutes les cendres minérales
sont vaporisées de telle sorte que le graphite produit est
très pur et ne renferme au plus que quelques millièmes de
cendres, soit 100 fois moins que dans la matière initiale.

Les graphites naturels sont au contraire assez cendreux,
ils renferment de 5 à 30 p. 100 de cendres. Pour purifier ces

graphites au laboratoire, on procède à des attaques successives à la potasse et à l'acide fluorhydrique.

Préparation et composition du carbone amorphe.

Le carbone amorphe, coke, charbon de bois, charbon de cornue, noir de fumée, noir d'acétylène, est presque toujours obtenu par la décomposition pyrogénée de matières organiques. Il renferme naturellement toutes les cendres existant primitivement dans la matière soumise à la calcination. Le coke provenant de la carbonisation de la houille renferme de 10 à 20 p. 100 de cendres; le charbon de bois, de 4 à 8 p. 100; le charbon de sucre, le noir de fumée, quelques millièmes seulement.

Le charbon amorphe retient habituellement en outre une certaine quantité des gaz : hydrogène, oxygène et azote existant dans la matière première. Le noir de fumée, par exemple, provenant de la combustion incomplète de l'huile, possède après chauffage dans le vide à 600° pour chasser l'eau hygrométrique, la composition suivante :

Carbone . . . . 92,8 p. 100
Hydrogène . . . . 1,03 —
Oxygène . . . . 6 » —
Cendres . . . . 0,2 —

Pour obtenir le carbone amorphe pur, c'est-à-dire exempt d'hydrogène et de cendres, il faut le chauffer au rouge blanc dans un courant de chlore, en choisissant de préférence les variétés naturellement les plus divisées.

PROPRIÉTÉS CHIMIQUES

L'action des différents réactifs sur les différentes variétés de carbone est, en général, la même; il n'y a le plus

souvent de différence que dans les températures auxquelles
les réactions commencent, ou, ce qui revient au même, dans
la vitesse avec laquelle elles se produisent à une température donnée.

Oxyde graphitique.

Il n'y a jusqu'ici qu'une réaction connue, donnant des
résultats nettement différents avec les différentes variétés de
carbone, c'est l'action du mélange d'acide nitrique fumant
et de chlorate de potasse. Le diamant n'est pas attaqué, le
graphite est transformé en un corps jaune appelé oxyde
graphitique et le carbone amorphe est transformé en produits gazeux ou solubles dans l'eau. Cette réaction du graphite, découverte par Brodie, a été étudiée par Berthelot et
Moissan. Elle sert exclusivement aujourd'hui de base à la
distinction des trois variétés allotropiques du carbone.

Pour cette réaction, on prend de l'acide nitrique fumant
récemment distillé, du chlorate de potasse parfaitement dé-
séché ; on fait un mélange de 20 centimètres cubes d'acide
nitrique fumant, 0,6 gr. de graphite finement pulvérisé et
l'on ajoute peu à peu 3 grammes de chlorate de potasse. On
doit obtenir ainsi un mélange liquide jaune sans aucun des-
gagement gazeux. On laisse la température se relever une
fois le mélange fait jusqu'à la température ambiante, puis
l'on échauffe très lentement au bain-marie pour arriver au
bout de huit heures à la température de 60° que l'on ne doit
pas dépasser ; on maintient alors cette température pendant
quatre heures. Si on dépassait cette température, ou même
si on y arrivait trop rapidement, on provoquerait une explosion ; cette expérience demande donc à être faite avec beaucoup de précautions. Quand elle est convenablement conduite, elle donne parfois du premier coup, une poudre d'un
jaune vif. Si la matière reste encore verdâtre, c'est que l'attaque est incomplète ; il faut décanter le liquide et recom-

mencer avec un nouveau mélange frais. Quand le graphite
n'est pas assez fin, ou l'acide nitrique pas assez concentré,
il faut parfois jusqu'à dix attaques consécutives avant
d'avoir l'oxyde graphitique jaune.

La composition de cet oxyde graphitique n'est pas exactement connue. Brodie avait donné la formule $C^{11}H^5O^9$.
Berthelot a trouvé des compositions un peu variables suivant le graphite employé; la plupart des variétés, cependant,
donneraient un oxyde de formule : $C^{11}H^2O^6$,

Carbone	62,6
Hydrogène	1,4
Oxygène	36,0

Cette formule ne diffère guère d'ailleurs de celle de Brodie
que par une certaine quantité d'eau, et la dessiccation complète de ce corps est assez difficile C'est un corps acide se
combinant à la baryte, la formule moléculaire donnée plus
haut correspondant à la fixation d'une molécule de baryte.

L'oxyde graphitique possède une propriété curieuse découverte par Brodie : chauffée entre 200 et 300°, il déflagre
et se transforme en une poudre noire extrêmement volumineuse dite acide pyrographitique, auquel on attribue
parfois la composition : $C^{22}H^2O^4$. En fait, ce corps ressemble
beaucoup au noir de fumée ordinaire comme aspect et
comme composition chimique. Aucun fait précis n'autorise
à en faire une espèce chimique définie différente du carbone amorphe.

Oxydation.

Les corps oxydants, autres que le mélange chloraté, ne
diffèrent, dans leur action sur les diverses variétés du carbone, que par la vitesse plus ou moins grande de cette
action. L'oxygène donne avec les trois variétés de carbone

ae l'acide carbonique ; c'est par cette réaction que Lavoisier
a pu établir l'identité chimique du diamant avec le charbon
ordinaire. En échauffant progressivement du carbone dans
un courant d'oxygène, on constate, à partir d'une certaine
température, une combustion lente reconnaissable au
trouble produit dans l'eau de baryte par le courant gazeux.
A une température plus élevée, la combustion vive du carbone se produit. La vitesse plus grande de la réaction se
manifeste par une élévation brusque de la température portant le carbone à l'incandescence. Les températures de
combustion lente et rapide des différentes variétés de carbone ont été évaluées ainsi par Moissan :

Variétés	Lent	Rapide
Diamant.	750	800
Graphite.	650	700
Charbon de bois : . . .	50 à 100	350 à 450

Ces températures, bien entendu, ne sont pas rigoureusement définies, elles varient avec la finesse de la matière
employée, la rapidité du courant gazeux, etc. Le mélange
d'acide sulfurique concentré et d'acide chromique attaque
à chaud toutes les variétés de carbone, y compris le diamant
avec formation d'acide carbonique, mais la vitesse de réaction est extrêmement différente d'une variété à l'autre. Cette
méthode d'attaque est utilisée pour le dosage du carbone
dans les graphites naturels et surtout pour le dosage du
carbone total dans les analyses de fonte et d'acier.

Graphite foisonnant.

L'acide nitrique et l'eau régale sont sans action sur le
diamant, ils oxydent partiellement le carbone amorphe
en donnant de l'acide carbonique et des matières brunes solubles. Ces acides semblent, à première vue, être sans action
sur le graphite, mais en reprenant du graphite traité à

chaud par l'acide nitrique fumant, le désséchant et le chauffant ensuite à 170°, on observe, avec certaines variétés de ce
corps, un gonflement énorme ; toutes les parcelles de la matière se boursouflent, le volume apparent total arrive à
tripler, et même parfois à quintupler ; ces graphites sont
dits *foisonnants* ; parmi les graphites naturels, celui de
Ceylan, celui de certaines pegmatites d'Amérique rentrent
dans cette catégorie ; parmi les graphites artificiels, celui
qui a cristallisé dans le platine fondu, ou encore celui que
l'on retire de certaines fontes de fer trempées. L'explication
de ce phénomène n'est pas connue d'une façon certaine ; la
proportion de matières volatiles dégagées pendant le foi-
sonnement est très faible, sinon nulle ; elle n'atteint pas
0,5 p. 100 en poids et doit provenir en partie de parcelles
de graphite entraînées par les gaz chauds. En tout cas, le
graphite foisonné ne diffère par aucune de ses propriétés
du graphite ordinaire.

Action du fluor.

La combustion vive des diverses variétés de carbone
dans le fluor se manifeste à des températures très variables
qui sont, d'après les mesures de Moissan :

Diamant	700°
Graphite	500°
Carbone amorphe	15°

Acétylène.

L'hydrogène reste sans action sur le carbone, au moins
jusque vers 1.000° à 1.200°.

Aux températures plus élevées, dans l'arc électrique,
l'hydrogène se combine au carbone en donnant de l'acétylène.

Berthelot a, pour la première fois, réalisé la synthèse de

ce corps en faisant passer de l'hydrogène sur l'arc électrique jaillissant en vase clos, entre deux pointes de charbon. Il obtenait un mélange renfermant environ 6 p. 100 d'acétylène. Des expériences plus récentes ont permis d'obtenir la même réaction en dehors de l'arc électrique, en faisant passer un courant d'hydrogène sur du charbon chauffé entre 1.200 et 1.500°. Les quantités d'acétylène obtenues alors varient de 1 à 3 p. 100 du volume total d'hydrogène employé.

Synthèse organique.

Cette expérience sur la synthèse de l'acétylène a eu un très grand retentissement, elle a été le point de départ des travaux de Berthélot sur la synthèse organique. On admettait à cette époque que les composés organiques pouvaient seulement être obtenus sous l'influence de la vie; nos réactions de laboratoire permettaient bien de transformer les matières organiques les unes dans les autres, mais pas de créer de toutes pièces une première matière organique, en partant d'éléments exclusivement minéraux. La synthèse de l'acétylène a renversé cette ancienne théorie. Une fois ce corps obtenu, en partant de deux éléments minéraux : le graphite et l'hydrogène, Berthélot a combiné par l'action de la chaleur son nouveau gaz à l'hydrogène, pour obtenir l'éthylène, puis il a hydraté l'éthylène en passant par l'acide sulfovinique pour faire de l'alcool, et enfin l'oxydation sur la mousse de platine de l'alcool lui a donné l'acide acétique ; l'oxydation directe de l'acétylène au moyen du permanganate de potasse, l'acide oxalique ; enfin, la condensation par la chaleur de l'acétylène donne la benzine, le styrolène, etc. Ayant ainsi obtenu, entre autres, ces deux corps fondamentaux, l'alcool éthylique et la benzine, il pouvait, de proche en proche, et par des réactions déjà connues, préparer tous les composés de la série grasse et de la série benzénique.

Action directrice de la vie.

Cette découverte a amené une véritable révolution dans
la philosophie chimique : la vie n'est pas, comme on l'avait
cru jusque-là, un des facteurs essentiels de la production de
telle ou telle réaction chimique. Toutes les réactions, sans
aucune exception, sont régies par les mêmes lois ; il n'y a
pas de différence fondamentale dans le processus des réactions chimiques s'accomplissant dans les fioles des laboratoires, ou dans l'organisme des êtres vivants. La vie exerce
simplement une action *directrice;* un couple de corps en
présence peut, en général, donner lieu à un certain nombre
de réactions différentes, mais qui tendent toujours vers le
même état final. Elles peuvent cependant y arriver par des
chemins différents et s'arrêter à des étapes intermédiaires.
La vie choisit le chemin à suivre et règle les arrêts mo-
mentanés ; elle agit comme l'agriculteur qui, ayant une
source au sommet de son champ, choisit le chemin par
lequel il la laisse descendre, l'utilise au passage pour irriguer
ses terres et même l'arrête momentanément dans des réservoirs ; mais ce n'est pas lui qui crée la pesanteur, la
tendance de l'eau à descendre est indépendante de son action.

Une matière organique, le sucre par exemple, tend en
présence de l'oxygène de l'air à former avec lui de l'acide
carbonique et de l'eau ; ni la vie, ni aucun de nos procédés
de laboratoire ne peuvent modifier cette tendance, mais ils
peuvent, les uns et les autres, en diriger la réalisation.
Nous pouvons à volonté brûler directement le sucre dans la
bombe calorimétrique pour faire de l'eau et de l'acide carbonique, ou dédoubler au préalable le sucre en alcool et
acide carbonique, puis déshydrogéner l'alcool pour former
de l'aldéhyde, oxyder l'aldéhyde pour former de l'acide acétique, et enfin brûler définitivement ce dernier et arriver
ainsi au même état final que dans la combustion directe du

sucre. De même dans les êtres vivants le sucre arrive finalement à l'état d'acide carbonique et d'eau qui sont expulsés pendant la respiration, mais dans l'intervalle, sous l'influence des phénomènes vitaux, le sucre s'est acheminé vers son état final, en s'arrêtant à des états intermédiaires indispensables au fonctionnement et à l'entretien de l'organisme.

Stabilité à chaud des composés endothermiques.

Cette synthèse de l'acétylène dans l'arc électrique a eu encore une seconde répercussion très importante sur la philosophie chimique, en contribuant à faire accepter une des lois les plus essentielles de la mécanique chimique, qu'un examen incomplet des faits avait conduit certains chimistes à contester, comme contraire à l'observation.

Parmi les expériences de laboratoire les plus simples à réaliser, et par suite les plus connues, figurent la décomposition des corps par la chaleur : décomposition des matières organiques, décomposition des hydrates salins, décomposition des sels d'acides volatils. Par une induction très légitime, tant que l'expérience ne l'avait pas mise en défaut, on avait depuis longtemps conclu que pour tous les corps sans exception, la décomposition des corps, la dissociation devenait de plus en plus complète à mesure que la température s'élevait davantage.

Plus récemment, les raisonnements absolument rigoureux de la mécanique chimique avaient conduit à cette conclusion d'une nature différente : la décomposition des corps par l'élévation de la température croît quand elle est accompagnée d'une absorption de chaleur, c'est le cas de la grande majorité des réactions chimiques. Elle décroît au contraire quand la décomposition du corps est accompagnée d'un dégagement de chaleur. Beaucoup de chimistes élevés dans les anciennes doctrines se refusaient à admettre cette seconde conséquence.

Les exemples de corps formés avec absorption de chaleur, c'est-à-dire endothermiques et se décomposant, par suite, avec dégagement de chaleur sont relativement peu nombreux. L'acétylène en est un des exemples les plus nets, sa décomposition rapportée à une molécule, 26 grammes, dégage 51 calories. L'acétylène est instable à la température ordinaire, c'est un corps explosif : l'emploi de l'acétylène liquéfié a entraîné de terribles accidents et sa fabrication est complètement interdite aujourd'hui. L'acétylène gazeux détone également, d'autant plus facilement et d'autant plus violemment que sa pression initiale est plus forte ; on n'a pas réussi d'une façon certaine à le faire détoner sous la pression atmosphérique, peut-être simplement pour n'avoir pas opéré sur des récipients d'assez grande capacité. Mais on peut sous la pression de 1,3 atmosphère obtenir sa décomposition explosive dans des récipients de 4 litres ; sous la pression de 3 atmosphères dans un tube de 2 centimètres de diamètre, malgré le refroidissement considérable amené par le voisinage des parois ; enfin sous la pression initiale de 10 atmosphères la détonation se propage dans la masse gazeuse avec la vitesse énorme de 1.500 mètres par seconde. Ce corps se décomposant avec dégagement de chaleur et explosion à la température ordinaire se produit au contraire en quantités notables à la température de 3.500° ; il doit vraisemblablement être très stable à la température du soleil, vers 7.000°.

Ce n'est pas là un exemple unique, un accident très grave arrivé autrefois à Henri Sainte-Claire-Deville, qui avait paru d'abord inexplicable, a été occasionné par un phénomène semblable. Il préparait de l'acide hyperruthénique en faisant passer de l'oxygène au rouge sur le ruthénium, métal de la famille du platine, et condensait dans un mélange réfrigérant l'oxyde formé, corps liquide assez volatil à la température ordinaire. Une certaine quantité de cet acide liquide, qui avait cependant été préparé à la température du rouge, fit explosion dans son mélange réfrigérant, en blessant les opérateurs ; la stabilité de ce corps croît donc aussi avec la température.

Nous aurons à diverses reprises l'occasion de citer d'autres exemples non moins intéressants de la même loi, de montrer que dans tous les phénomènes d'équilibre chimique, sans aucune exception, le déplacement de l'état d'équilibre par une élévation de température se fait dans le sens de la réaction chimique correspondant à une absorption de chaleur. La dissociation de l'oxyde de carbone en charbon et acide carbonique diminue quand la température s'élève, la solubilité des sels croît ou décroît avec l'élévation de température suivant que la dissolution du sel absorbe ou dégage de la chaleur. C'est là l'explication de certaines particularités relatives à la solubilité du sulfate de soude anhydre, du sulfate de thorium dont la solubilité décroissante a paru longtemps aux chimistes un phénomène inexplicable.

CINQUIÉME LEÇON

COMBUSTIBLES

Le carbone est l'élément essentiel des combustibles que nous employons à des usages si variés : chauffage de nos fours industriels et de nos habitations, production de force motrice par l'intermédiaire des machines à vapeur, réduction des oxydes métalliques pour l'extraction des métaux.

En nous limitant aux combustibles solides, les plus importants en raison des quantités énormes consommées, et en laissant de côté les *pétroles*, dont l'étude appartient plutôt à la chimie organique, on divise les combustibles en deux grandes catégories :

Combustibles naturels : bois, tourbe, lignite, houille et anthracite que nous employons sous l'état où nous les trouvons dans la nature.

Combustibles artificiels : charbon de bois et coke obtenus

par la calcination des combustibles naturels que l'on débarrasse ainsi de produits volatils nuisibles dans certaines
opérations industrielles.

COMBUSTIBLES NATURELS

Les combustibles naturels ne sont pas composés de carbone pur, ni même de carbone rendu impur par mélange
avec d'autres matières, ce sont de véritables combinaisons
chimiques ou plus exactement des mélanges de plusieurs
combinaisons chimiques renfermant toujours de l'hydrogène et de l'oxygène en proportion notable, de petites
quantités d'azote et des proportions variables de matières
minérales, restant après la combustion sous forme de cendres.

Composition du bois.

Le bois ou partie ligneuse des arbres est constitué par
des fibres, longues cellules accolées, composées principalement par une matière chimique définie : la cellulose, dont
la formule est un multiple de

$$C^6 H^{10} O^5.$$

On prend généralement $(C^6 H^{10} O^5)^{n'} = C^{24} H^{40} O^{20}$ en raison
des combinaisons qu'elle forme avec l'acide azotique.

On l'appelle souvent un hydrate de carbone, parce que
l'on peut décomposer arithmétiquement sa formule en carbone et eau :

$$6\,C + 5\,H^2 O$$

mais cette expression n'est pas heureuse, elle peut donner
lieu à une équivoque, en faisant penser aux hydrates salins
dont la propriété essentielle est de pouvoir perdre et repren-

dre ensuite avec la plus grande facilité leur eau de combinaison ; ce n'est aucunement le cas de la cellulose, le charbon de bois ne peut plus se rehydrater.

Ces cellules ligneuses renferment dans l'état vivant un
liquide : la sève constituée par une dissolution aqueuse
diluée de diverses matières minérales et organiques, enfin
elles sont soudées entre elles par une matière agglutinante
souvent azotée.

La composition moyenne du bois desséché et celle de la
cellulose sont les suivantes :

	Bois desséché.	Cellulose.
Carbone	5o p. 100	44,4
Hydrogène	6 —	6,2
Oxygène.	43 —	49,4
Azote	1 —	»

Sève du bois.

A l'état vivant, le bois renferme une grande quantité
d'eau constituant la sève; une fois le bois coupé, cette eau
se dégage peu à peu par évaporation à l'air, beaucoup plus
rapidement quand le bois est écorcé ; sa proportion totale
au début est voisine de 5o p. 100, elle ne peut pas être
chassée complètement à la température ordinaire, et dans
un lieu sec, même après une dessiccation prolongée pendant plusieurs années, il en reste une proportion de 15 à
20 p. 100. Pour chasser la totalité de l'eau, il faut élever
la température du bois jusqu'à 150°. Au delà le bois continue encore à perdre de l'eau, mais c'est alors l'eau de
combinaison qui commence à être chassée. Le bois, complètement débarrassé par la chaleur des dernières proportions d'eau retenues hygrométriquement, constitue une
masse très poreuse, qui reprend très rapidement l'humidité
au contact de l'air. La quantité ainsi reprise peut s'élever
à 5 p. 100 pendant les trois premiers jours et continuer à

croître, jusque vers une limite de 15 p. 100 environ, identique à celle à laquelle s'était arrêtée la dessiccation première du bois à l'air.

Porosité et densité du bois sec.

Par suite de l'évaporation de la sève d'une part, et, d'autre part, de la rigidité des fibres qui s'oppose à tout retrait d'ensemble, le bois devient poreux en se desséchant.

Cette porosité du bois lui donne une densité apparente très faible et lui permet de flotter sur l'eau bien que la densité de la cellulose compacte soit de 1,5. La porosité, et par suite, la densité apparente des divers bois, pris à l'état sec, est très variable suivant la nature des essences.

Densité apparente de bois secs.

Noyer dur.	1,0
Hêtre, chêne	0,8
Cèdre	0,55
Peuplier	0,4

Le buis très compact a toujours une densité supérieure à celle de l'eau, il coule au fond ; le chêne a une densité un peu plus faible que celle de l'eau, quoique peu différente ; le sapin et le peuplier, bois légers et tendres, ont une densité bien inférieure à celle de l'eau et flottent facilement ; mais quand on laisse le bois, quelque léger qu'il soit, pendant longtemps au contact de l'eau, l'air contenu dans les pores est peu à peu expulsé et remplacé par l'eau, et alors tous les bois coulent à fond. Autrefois, lorsqu'on alimentait Paris de bois de chauffage amené des forêts du Morvan par flottage sur la Seine, une grande quantité de bois coulait ainsi pendant le transport, et le fond de la Seine était tapissé de bûches.

On utilise cette porosité du bois pour injecter dans les vides des matières susceptibles d'en améliorer certaines qualités, par exemple des antiseptiques comme l'huile de goudron, la solution de sulfate de cuivre, qui l'empêchent de pourrir à l'humidité ; ces traitements sont particulièrement employés pour la conservation des traverses de chemins de fer, des poteaux télégraphiques. D'autre part, en y faisant pénétrer à chaud des corps fondus, durcissant au refroidissement, on en augmente considérablement la solidité. Le soufre convient à cet usage.

Cendres du bois.

Le bois renferme toujours des matières minérales, qui restent après la combustion et constituent les cendres. Les cendres du bois sont essentiellement basiques, elles renferment en moyenne 10 à 15 p. 100 de potasse, 30 à 60 p. 100 de chaux, 10 p. 100 environ de silice, 5 à 10 p. 100 d'acide phosphorique, 25 à 35 p. 100 de Co^2 et en outre de petites quantités d'oxyde de fer, 0,1 à 1,5, d'oxyde de maganèse, 1 à 5 p. 100, et de sulfates alcalins 2 à 5 p. 100. Grâce à leur forte teneur en chaux, les cendres de bois sont peu fusibles, c'est une qualité très utile au point de vue du chauffage; nous verrons, à propos de la houille, combien la fusibilité des cendres et la formation des mâchefers est une source de graves difficultés dans les appareils de chauffage.

Les cendres de bois ont une certaine valeur marchande en raison de la présence du carbonate de potasse et de l'acide phosphorique, deux corps très utiles à la végétation comme engrais minéraux ; enfin le carbonate de potasse des cendres de bois est employé depuis bien longtemps à la campagne pour faire les lessives. Il servait également autrefois, avant la découverte des procédés de fabrication de la soude artificielle, à la fabrication du verre.

La proportion totale de cendres renfermées en moyenne dans le bois avec son écorce est comprise entre 1 et 2 p. 100, mais dans le ligneux proprement dit, elle n'atteint jamais

1 p. 100, tandis que dans les écorces elle peut dépasser 3 p. 100 ; dans les feuilles sèches, la proportion plus condérable encore peut s'élever à 7 p. 100.

Pouvoir calorifique et valeur marchande du bois.

Le pouvoir calorifique du bois sec est de 4.700 calories, les mesures étant faites à volume constant, l'eau formée étant ramenée à l'état liquide.

Le poids du mètre cube de bûches en tas, ce que l'on appelle le stère, varie de 250 à 300 kilogrammes, suivant la dureté des bois. Le volume des vides entre les bûches est de 45 p. 100. Le prix du stère pris abattu sur place en forêt est de 5 à 10 francs, soit 15 à 30 francs la tonne.

Tourbe.

La tourbe est un combustible très médiocre constitué par l'accumulation, à la surface du sol, des débris de plantes d'ordre inférieur se développant dans des terrains marécageux. Son épaisseur augmente d'année en année, la végétation reprenant chaque printemps sur l'accumulation des plantes mortes des années précédentes. Cette épaisseur peut atteindre plusieurs mètres quand on n'arrête pas la végétation. Dans les pays où l'on se sert de ce combustible, on l'exploite lorsque l'épaisseur a atteint de 0,50 m. à 1 mètre. Il faut ensuite attendre un certain nombre d'années que la tourbe se soit reproduite avant d'en recommencer une nouvelle exploitation. Le Pas-de-Calais et le Jura sont les deux régions de la France où la tourbe est la plus abondante, elle y sert principalement au chauffage domestique des familles pauvres, chacun exploitant son combustible à proximité de sa demeure.

COMBUSTIBLES MINÉRAUX

Les lignites, les houilles et les anthracites sont de beaucoup les plus importants des combustibles industriels, leur abondance dans la nature, leur bas prix de revient, 10 à 20 francs la tonne, pris en gros sur le carreau de la mine, les font employer sur une très grande échelle, aussi bien pour le chauffage domestique que pour les opérations industrielles. On trouve ces combustibles enfouis dans le sol en couches plus ou moins épaisses, au milieu de terrains d'âges géologiques très différents. Leur composition varie dans des limites assez étendues. A chaque composition correspondent des propriétés plus ou moins convenables pour tel ou tel usage. Le tableau suivant résume la classification généralement admise pour les diverses variétés de ces combustibles.

	C.	H.	O + Az	PC	MATIÈRES volatiles.	ÉTAT DU COKE
					P. 100	
Lignite............	70 à 75	5,5	15 à 25	6.000	50	Non aggloméré.
H. maigre à longue flamme (ch. à vapeur)............	80 à 84	5,5	12 à 10	8.200	35 à 40	A peine fritté.
H. grasse à longue flamme (ch. à gaz)	84 à 88	5	9 à 10	8.600	30 à 35	Aggloméré.
H. grasse à courte flamme (ch. à coke)	86 à 90	5 à 4,5	7 à 5,5	8.700	16 à 23	do
H. maigre à courte flamme (ch. à poêle)	90 à 93	4,5 à 3,5	5,5 à 4,5	8.600	6 à 14	A peine fritté.
Anthracite...........	95	2	3	8.200	3	Non aggloméré.

Matières volatiles.

Les différents usages de chacune de ces catégories de houille sont déterminés principalement par la proportion des matières volatiles, d'une part, utiles ou nuisibles suivant les cas, et d'autre part, par le pouvoir agglomérant, c'est-à-dire la propriété qu'ont certaines houilles de se souder en une masse compacte quand on les soumet à une température suffisamment élevée.

Avec une forte proportion de matières volatiles, la houille donne des flammes longues, favorables pour les chauffages qui doivent être effectués à une certaine distance du foyer, en particulier dans les fours à réverbère, les chaudières à vapeur. Par contre, les houilles les plus pauvres en matières volatiles, seront employées de préfé-rence dans les poêles d'appartement, dans les fours à cuve, parce que les matières volatiles se dégageant vers le haut des appareils, c'est-à-dire loin de l'arrivée d'air qui se fait par le bas, distilleraient en pure perte sans être brûlées ; de plus, la production des goudrons serait une cause d'encras-sement, nuisible au fonctionnement de ces appareils.

Pouvoir agglomérant des houilles.

Le pouvoir agglomérant des houilles est une qualité pré-cieuse pour un grand nombre d'opérations, elle permet aux parties fines de s'agglomérer en masse compacte, facile à maintenir sur les grilles et à brûler, tandis que les poussiers maigres forment une couche imperméable à l'air et incombustible, et lorsqu'on les agite, passent à travers les barreaux des grilles et vont se perdre avec les cendres. Cette propriété agglomérante est mise à profit dans la fabrication du coke.

L'agglomération des houilles sous l'action de la chaleur résulte d'un ramollissement qui se produit vers la tempé-rature de 350 à 400°, la même pour toutes les variétés de houille, le degré de ramollissement obtenu variant seul de l'une à l'autre. Il est très vraisemblable que toutes les houilles sont constituées, par des mélanges d'un certain nombre de combinaisons chimiques, dont la proportion varierait seule d'une variété à l'autre. L'une de ces combi-

naisons serait un corps fusible à température assez élevée;
il serait très intéressant d'en connaître la nature exacte,
mais on ne connaît jusqu'ici aucune des combinaisons
entrant dans la constitution des houilles ; cette question,
malgré son intérêt considérable, ne semble pas avoir été
jusqu'ici l'objet de recherches bien suivies.

Lignites.

Les lignites sont séparées des houilles parce qu'ils donnent
encore, de même que le bois, les matières ligneuses,
une certaine quantité d'acide acétique à la distillation. Ils
sont d'une couleur plus brune que les houilles, ils renferment souvent une forte proportion de soufre, 3 p. 100
et parfois plus, qui paraît être engagée en combinaison avec
la matière organique et pas avec le fer à l'état de pyrite,
comme dans la houille. Ce soufre est très nuisible par
l'acide sulfurique, résultant de sa combustion, qui corrode
les objets métalliques, tels que les tuyaux de cheminées,
chaudières à vapeur.

Oxydabilité des houilles.

Les houilles, chauffées à une température suffisamment
élevée, dans l'air, se combinent à son oxygène, brûlent en
donnant de l'acide carbonique et de l'eau ; il se dégage en
même temps une quantité considérable de chaleur qui
élève la température du combustible et le rend incandescent; c'est là le phénomène de la combustion vive. Mais,
de plus, certaines houilles ont la propriété d'absorber
l'oxygène dès la température ordinaire, plus rapidement encore à 100°, en donnant lieu à des phénomènes chimiques
complexes peu étudiés jusqu'ici, mais qui présentent une
importance extrême au point de vue industriel.

Cette oxydation spontanée donne lieu à la fois à un dégagement d'acide carbonique et de vapeur d'eau et à une fixation simultanée, plus importante encore, d'oxygène sur la houille solide, de telle sorte que, au moins au début, celle-ci augmente de poids, bien qu'une certaine partie de la matière se soit en même temps transformée en produits gazeux. Dans des chauffages à 100° sur certains poussiers de charbon, on a observé, après vingt-quatre heures, des augmentations de poids allant à 10 p. 100, mais cette augmentation atteint bientôt un maximum, et ensuite le poids diminue, par la continuation de la combustion lente. On cite des exemples de poussiers de charbon qui, abandonnés à la température ordinaire, en couche mince, sur une assiette en porcelaine, avaient, au bout de six mois, perdu la moitié de leur poids.

Cette fixation d'oxygène par la houille a été, au début, l'origine d'erreurs graves dans la détermination de leur composition chimique. Dans les premières analyses faites par Regnault, les échantillons avaient été séchés à l'étuve pendant vingt-quatre heures pour enlever l'eau hygrométrique, l'oxydation simultanée de la houille faussait complètement : en premier lieu, la détermination de l'eau hygrométrique, et plus encore, en second lieu, celle de la teneur en oxygène. Certaines houilles, tenant, d'après Regnault, de 16 à 18 p. 100 d'oxygène, n'en renferment en réalité que 10 à 12 à l'état naturel, avant oxydation. Avec de la houille pulvérisée assez fin, on est arrivé, par chauffage à 100° en couches minces, à tripler en vingt-quatre heures la proportion d'oxygène initial, au moins pour certaines variétés particulières de houille.

Cette fixation d'oxygène modifie d'une façon nuisible certaines propriétés des houilles ; dans la fabrication du gaz, par exemple, on admet que la houille tout venant, c'est-à-dire renfermant du gros et du fin, telle qu'elle sort de la mine, s'altère suffisamment, après un mois de séjour à l'air, pour que le gaz fabriqué avec cette houille ait un pouvoir éclairant.de 2 p. 100 inférieur à celui du gaz fabriqué avec de la houille fraîche. De même dans la fabrication du coke, les houilles conservées à l'air pendant un certain temps donnent un coke moins dur, moins bien aggloméré. Ce dernier fait conduit à penser que le composé oxydable existant dans la houille est précisément la matière fusible à 350°, dont le ramollissement permet l'agglomération de la houille.

Cette oxydation est la cause des incendies spontanés dans les mines, les dépôts de charbon, les soutes de navires.

Une réaction chimique très simple permet de reconnaître la houille oxydée ; chauffée dans une solution bouillante de potasse, elle laisse dissoudre une certaine quantité de matière qui colore la dissolution en brun et même en noir, tandis que la houille fraîche, dans les mêmes conditions, ne communique aucune coloration à la solution de potasse.

Cendres.

La houille renferme toujours une proportion assez importante de cendres, ce sont des matières schisteuses, argiles plus ou moins impures, qui sont réparties de façon très irrégulière dans la couche de charbon, tantôt en minces lamelles visibles à l'œil nu, tantôt à l'état de dissémination dans toute la masse.

On ne trouve guère de houille renfermant moins de 5 p. 100 de cendres et on en emploie, au moins en France, tenant jusqu'à 25 p. 100. Il n'y a pas en réalité, dans un gisement de houille, de teneur limite supérieure en cendres; on trouve, en effet, tous les intermédiaires entre le charbon à peu près pur et le schiste argileux complètement exempt de matières combustibles, c'est-à-dire refermant 100 p. 100 de cendres, mais les parties trop cendreuses ne trouvent pas d'acquéreur et on les laisse dans la mine comme stériles. La limite jusqu'à laquelle on peut vendre le combustible dépend de la richesse moyenne des gisements du pays. En France, par exemple, les teneurs en cendres acceptées sont environ deux fois plus élevées qu'en Angleterre, parce que nos couches de houille sont beaucoup moins belles et beaucoup moins pures.

On peut réduire, d'une façon notable, la proportion des cendres par différents procédés : par le triage à la main, pour les gros morceaux que l'on fait circuler au moyen d'une toile sans fin devant des trieurs, femmes ou enfants, qui enlèvent à la main les morceaux de schiste et les morceaux de charbon trop barrés par ces schistes. Pour les matières plus fines, depuis la grosseur d'un œuf jusqu'au poussier, la séparation se fait par des procédés mécaniques, au moyen de courants d'eau qui séparent la houille et le schiste d'après leur différence de densité. La séparation est d'autant plus parfaite que les grains sont plus fins, au moins jusqu'à une certaine limite ; aussi, quand cette finesse n'a pas d'inconvénient, comme pour la fabrication du coke où des agglomérés, on broye le charbon avant de l'envoyer au lavoir.

Fusibilité des cendres.

La proportion plus ou moins considérable des cendres n'est pas le seul point à prendre en considération, leur degré de fusibilité a une importance au moins aussi grande. Cette fusibilité donne lieu à la formation de mâchefers, qui encrassent et arrêtent le fonctionnement des foyers; c'est là la cause des plus grandes difficultés que l'on rencontre dans la combustion du charbon de terre pour les applications industrielles. Le schiste pur ou silicate d'alumine serait très peu fusible, il fond à peu près comme le platine, vers 1.800°, mais il est toujours mêlé d'oxyde de fer, de carbonate de chaux et de minéraux alcalins comme le mica, qui arrivent à former des mélanges extrêmement fusibles, fondant

jusque vers 1.100°. Pour la majeure partie des houilles, le
point de fusion des cendres est compris entre 1.200 et 1.400°.
Un point de fusion supérieur à 1.500° augmente notablement
la valeur des houilles. On recherche les combustibles à
cendres peu fusibles pour les locomotives des trains rapides,
pour les torpilleurs, pour certains fours industriels demandant une marche très régulière, comme les fours à porcelaine. Les fabricants de Limoges ont parfois, dans ce but,
fait venir jusqu'au centre de la France, et par suite à grands
frais, des houilles d'Angleterre.

La température théorique de combustion du charbon dans
l'air, avec formation d'acide carbonique, est voisine de
2.000°. A cette température toutes les cendres de houilles
sont complètement fondues; il semblerait donc que la plus ou
moins grande fusibilité de ces cendres ne présente pas grand
intérêt; en réalité, la température théorique de combustion
du charbon n'est atteinte dans aucun foyer, à cause des
échanges de chaleur qui se font, soit avec l'extérieur, soit
même, ce dont on ne se rend pas toujours compte, entre les
diverses tranches horizontales de la masse de charbon en
combustion. La température s'uniformise ainsi dans le foyer,
en diminuant par suite la température maxima de la zone
la plus chaude. Ces phénomènes de diffusion de la chaleur
dépendent, avant tout, de la rapidité de la combustion; dans
les poêles d'appartement, brûlant seulement quelques kilogrammes par mètre carré et par heure, la température n'atteint en aucun point celle de la fusion des cendres et il ne se
forme jamais de mâchefer. Dans les foyers de locomotives,
brûlant de 400 à 500 kilogrammes de charbon par mètre
carré et par heure, les cendres fondent toujours, au moins
partiellement, même avec les cendres les moins fusibles.
Dans les gazogènes, dont la section horizontale a souvent
plusieurs mètres carrés et dans lesquels l'épaisseur du combustible réduit au minimum les pertes de chaleur extérieures,
on a reconnu une relation très nette, entre la fusibilité des

cendres et l'allure à laquelle on peut conduire l'appareil.
Avec des cendres fondant à 1.300°, on peut marcher régulièrement à raison de 50 kilogrammes par mètre carré et par
heure, mais l'on ne peut guère dépasser cette allure sans
bloquer bientôt le gazogène par les mâchefers.

Origine des combustibles.

Les combustibles minéraux, lignite, houille, anthracite,
bien que se trouvant aujourd'hui enterrés dans le sol à de
très grandes profondeurs, proviennent cependant d'anciens
végétaux qui ont vécu à la surface de la terre, aux périodes
géologiques. Il est difficile aujourd'hui de reconnaître dans
la houille une apparence quelconque d'organisation végétale et l'on n'est pas fixé sur la nature des plantes qui lui
ont donné naissance. Les détritus végétaux, empilés en
masse et comprimés ensuite par les terrains supérieurs, se
sont changés, au cours de leurs transformations chimiques
successives, en une masse compacte sans aucune organisation végétale apparente ; mais dans les couches de schistes
intercalées entre les couches de houille, qui semblent être
les témoins d'anciens dépôts vaseux, on trouve de nombreuses plantes dont le tronc, les feuillages, moulés dans la
terre, ont conservé leur forme première. Cela ne prouve
pas cependant que la houille ait été formée par les mêmes
végétaux. Si en effet certains dépôts de tourbe des Vosges,
présentant actuellement plusieurs mètres d'épaisseur, ve-
naient à être enfouis de même dans le sol, on ne pourrait
bientôt plus distinguer aucune des brindilles très fines dont
elles sont composées, mais on retrouverait sans difficulté
quelques-uns des troncs de sapins qui poussent aujourd'hui
au milieu de la tourbe, sans présenter cependant avec elle
aucun rapport.

Transformation chimique de la cellulose en houille.

Les transformations chimiques ayant donné naissance à
la houille ne sont pas connues dans leurs détails et ne peuvent pas l'être actuellement puisque la constitution chimique
même de la houille n'est pas connue ; on peut cependant se
rendre compte que ces transformations, comme tous les
changements se produisant sous nos yeux dans le monde,
tendent à ramener chaque corps vers son état le plus stable.
C'est un cas particulier de la loi universelle de dégradation
de l'énergie. Tous les jours les montagnes se désagrègent
sous l'action de la pluie, du vent, de la gelée et les produits
de leur désagrégation entraînés par les eaux vont combler
le fond des mers. L'état le plus stable pour les corps pesants
correspond en effet au niveau le plus bas, de même dans les
phénomènes chimiques, quand plusieurs corps sont en
présence, certains états de combinaisons correspondent au
plus grand degré de stabilité, les autres états de combinaisons tendent à se transformer pour retourner vers cet état
le plus stable.

La houille est composée de carbone, d'hydrogène, d'oxygène et d'azote. D'après l'état de nos connaissances, encore
très incomplètes sur cette question, l'état le plus stable doit
correspondre à la formation du corps :

$$CO^2, \ CH^4, \ Az^2, \ C$$

La cellulose, dans ses décompositions progressives produites, soit sous l'action des ferments aussitôt après la mort
de végétaux, soit par un mécanisme purement chimique,
postérieurement à leur enfouissement dans le sol, tend bien à
se rapprocher des états de combinaison ci-dessus indiqués.

La houille est bien plus riche en carbone que la cellulose, l'anthracite en renferme 95 p. 100 et diffère bien peu
par suite du carbone libre.

Le grisou.

Le dégagement du méthane et de l'azote s'observe dès les premières fermentations du bois, pourvu qu'elles s'opèrent à l'abri de l'air. Le gaz des marais produit par la putréfaction des matières végétales sous l'eau est formé par un mélange de ces deux gaz. Leur dégagement continue d'ailleurs à se produire pendant un temps très prolongé, postérieurement même à l'enfouissement de ces matières à de grandes profondeurs dans le sol. Si l'épaisseur des terrains n'est pas trop considérable, ces gaz se dégagent à travers jusque dans l'atmosphère et l'on ne peut plus reconnaître aujourd'hui leur formation ancienne, mais quand cette épaisseur de terrain devient suffisante et dépasse 3oo à 4oo mètres, une partie notable de ces gaz reste emprisonnée sous des pressions énormes, dans les pores de la houille et des roches encaissantes. Le dégagement de ces gaz pendant l'exploitation des mines de houille est une source de danger très grave, ils occasionnent ces terribles explosions de grisou, capables d'amener en quelques secondes la mort de plusieurs centaines d'ouvriers.

On a cherché à mesurer la pression sous laquelle le grisou était ainsi emprisonné dans la houille. On fait pour cela, aussi rapidement que possible, un trou de sondage profond dans le charbon et on le bouche hermétiquement en y fixant un manomètre ; on a dans certains cas observé ainsi des pressions de 3o atmosphères. La pression originelle doit être infiniment plus forte, car la porosité du terrain, qui permet le dégagement du grisou dans les mines, amène nécessairement une chute de pression.

Il arrive parfois, quand l'exploitation est conduite assez activement, et que d'autre part le charbon est friable, le grisou abondant, que la houille fait à un certain moment explosion sous l'action de la pression des gaz condensés dans la masse, elle se pulvérise en même temps qu'il se produit un violent dégagement de grisou. Cela a été le cas du célèbre accident de l'Agrape, survenu il y a une vingtaine d'années en Belgique. Les torrents de gaz dégagés à la suite de la pulvérisation du charbon sont venus s'allumer à l'orifice du puits de la mine en donnant une flamme de 5o mètres de hauteur qui brûla pendant plusieurs heures.

Le grisou est un mélange de méthane, d'azote et d'acide carbonique. Le premier de ces gaz est de beaucoup le plus important, il forme généralement des 2/3 au 9/10 du mélange ; vient ensuite l'azote ; l'acide carbonique est généralement en proportion assez faible.

Dégagements spontanés d'acide carbonique.

Dans certaines mines cependant, dans le département du Gard entre autres, on observe des dégagements considérables d'acide carbonique provenant de la houille, occasionnant parfois la pulvérisation, avec explosion, de la masse de charbon, comme le grisou.

Plus d'une fois des ouvriers ont été ainsi asphyxiés. Il se pourrait que ces dégagements d'acide carbonique soient plus fréquents qu'on ne le suppose habituellement ; mais il est plus difficile de s'en assurer, parce que bien d'autres causes contribuent en même temps à augmenter la teneur en acide carbonique de l'atmosphère des mines : la respiration des hommes et des animaux, et surtout la combustion lente de la houille. Il n'est pas rare de trouver dans l'air sortant d'une mine 2 p. 100 d'acide carbonique, c'est-à-dire 5o fois plus que dans l'air entrant. Les volumes d'air traversant une mine sont généralement considérables, atteignent fréquemment 5o mètres cubes par seconde, une proportion de 2 p. 100 d'acide carbonique correspondant à une production de 1 mètre cube par seconde ou en nombres ronds de 100.000 mètres cubes par 24 heures, ce qui est un chiffre considérable.

Origine de la puissance calorifique des combustibles.

Un fait digne d'être remarqué est que l'énergie existant
à l'état disponible dans les combustibles et utilisée par nous
pour produire de la chaleur, du travail ou de l'électricité, a
pour origine exclusive l'énergie calorifique solaire. C'est la
haute température de cet astre, 7.000°, ou plus exactement
l'excès de cette température sur celle de la terre qui provoque le rayonnement solaire, origine de toute végétation.
La radiation solaire tombant sur la matière verte des
feuilles, la chlorophylle, y provoque la décomposition de
l'acide carbonique contenu dans l'air en carbone et oxygène. Ce carbone à l'état naissant s'engage dans certaines
combinaisons chimiques, il se transforme progressivement
pour arriver à former finalement la cellulose. De telle sorte
que les deux termes extrêmes de la réaction provoquée par
la radiation solaire, dont les intermédiaires nous échappent
d'ailleurs, peuvent être écrits :

$$6CO_2 + 5H_2O = C^6H^{10}O^5 + 6O_2$$

L'acide carbonique de l'air n'aurait pu nous fournir aucune énergie ; c'est un corps mort, arrivé à son état le plus
stable et incapable de se transformer par lui-même. Ses
deux éléments au contraire, dissociés par la radiation solaire,
tendent à se combiner pour retourner à leur état stable et
en le faisant, ils nous fournissent la chaleur que nous
transformons au moyen de nos machines en travail et en
électricité.

Le bois, la houille et tous les combustibles naturels fonc-
tionnent comme de véritables accumulateurs, emmagasi-
nant, pour un temps indéterminé et réglable à nos souhaits,
une partie de l'énergie calorifique que le soleil verse sans
arrêter sur la terre.

Énergie solaire.

La quantité totale de chaleur, tombée par rayonnement sur la terre par mètre carré et par an, est de 2.100.000 calories. La quantité de carbone fixée dans le même temps par mètre carré de surface en pleine végétation est, comme nous l'avons dit plus haut, de 100 grammes, dont la combustion peut dégager 800 calories, soit 0,04 p. 100 de la quantité versée par le soleil.

La transformation de la totalité de la chaleur rayonnée en énergie mécanique, qui est théoriquement possible en raison de la température élevée de la surface solaire, donnerait par mètre carré et par seconde 24 kilogrammètres, soit 1/3 de cheval.

De nombreuses tentatives, sans aucun résultat pratique jusqu'ici, ont été faites pour recueillir avec des machines l'énergie solaire. La machine à vapeur de M. Mouchot coûte extrêmement cher pour recueillir une fraction infinitésimale de la puissance rayonnée, moins de 1 p. 100. Les actinomètres électriques qui transforment en électricité l'énergie solaire, ont un rendement pratiquement nul. Il faut cependant espérer que l'on arrivera à résoudre ce problème de l'utilisation directe de la puissance solaire avant l'épuisement des mines de houille. On ne peut guère cependant espérer arriver à un rendement bien supérieur à 1 p. 100, de telle sorte que pour obtenir un cheval il faudrait des appareils couvrant une surface de 300 mètres carrés et par suite pour alimenter une usine consommant 10.000 chevaux, une surface de 3 kilomètres carrés. On n'entrevoit pas aujourd'hui le moyen de construire à des prix acceptables des machines d'un semblable développement, et longtemps encore sans doute nous en serons réduits à nous contenter des accumulateurs naturels de la puissance solaire : chutes d'eau et végétaux.

Si un jour la houille venait à nous manquer, on serait

sans doute conduit à commencer par améliorer ces transformateurs naturels, multiplier les barrages sur les montagnes et activer la végétation des forêts par des cultures intensives, comme on en emploie pour la production des céréales. Avec la production actuelle moyenne des forêts et le rendement de nos machines à vapeur, il faut la production de 10 hectares de forêts pour entretenir d'une façon continue une machine de un cheval.

En supposant le niveau moyen de la France élevé de 5o mètres au-dessus de la mer et une chute moyenne de pluie de 1 mètre, il faudrait, avec le rendement de nos machines hydrauliques, 5 hectares pour un cheval.

COMBUSTIBLES ARTIFICIELS

Les combustibles naturels ne présentent pas toutes les qualités désirables pour certaines applications et l'on a parfois avantage à leur faire subir certaines transformations avant de les employer.

Les deux principales transformations sont :

La carbonisation ayant pour objet de chasser les matières volatiles du bois ou de la houille, par une calcination effectuée à l'abri de l'air ; les produits obtenus sont *le charbon de bois et le coke* ;

La gazéification consistant à obtenir, au moyen d'une combustion incomplète des combustibles solides naturels, un mélange gazeux combustible renfermant généralement de l'oxyde de carbone, de l'hydrogène et aussi de petites quantités de carbures d'hydrogène résultant de la distillation de ces combustibles.

Nous laisserons pour le moment de côté la production des combustibles gazeux sur laquelle nous reviendrons dans une prochaine leçon à l'occasion de l'oxyde de carbone ; nous ne parlerons ici que de la carbonisation.

Carbonisation.

La carbonisation préalable des combustibles, c'est-à-dire l'enlèvement des matières volatiles, peut être rendue avantageuse et même parfois nécessaire dans certaines circonstances spéciales. Le bois, par exemple, renferme les 3/4 de son poids de matières volatiles, dont le pouvoir calorifique est très faible par rapport à celui du charbon de bois restant. La distillation préalable du bois, pour une faible diminution du pouvoir calorifique, amène une économie considérable dans les frais de transport, puisqu'elle réduit au 1/4 le poids de matière à transporter. Elle fournit un combustible brûlant sans fumée, ce qui était fort apprécié pour les usages domestiques, quand on n'avait pas pour faire la cuisine les fourneaux perfectionnés employés aujourd'hui. Enfin dans la fabrication de la fonte au haut fourneau, la distillation du bois à la partie supérieure du four aurait amené un refroidissement important, nuisible à la bonne marche de l'opération.

La fabrication de la fonte ne se fait plus aujourd'hui avec le charbon de bois, combustible beaucoup trop coûteux, mais avec le *coke*, produit de la distillation de la houille. Il n'est pas seulement nuisible, mais il est impossible d'employer la houille au haut fourneau sans carbonisation préalable. La houille grasse par son ramollissement collerait, en un seul bloc, toute la charge de l'appareil et en empêcherait la descente. De la houille maigre et menue, d'autre part, comme se trouve la majeure partie du charbon extrait des mines, obstruerait complètement le four par sa trop grande finesse et s'opposerait à la circulation des gaz.

Charbon de bois.

Sous l'action de la chaleur, le bois commence à se décomposer au-dessous de 200°; à 300°, il a déjà perdu 50 p. 100

de son poids et donne ce que l'on appelle les charbons roux, renfermant 4 p. 100 d'hydrogène, matière très combustible, employée dans la fabrication des poudres de guerre ordinaires. Il renferme 73 p. 100 de carbone, au lieu de 50 que renfermait la cellulose; à 400°, le charbon devient noir et renferme 80 p. 100 de carbone. Il ne perd qu'au blanc la totalité de ses matières volatiles et arrive alors à renfermer 95 p. 100 de carbone, le reste étant des cendres minérales. Son pouvoir calorifique, abstraction faite des cendres, est alors de 8.080 calories.

Le charbon industriel renferme 8 p. 100 d'eau, 4 p. 100 de cendres, 8 p. 100 de matières volatiles, son pouvoir calorifique est d'environ 7.000 calories.

Le charbon de bois est très léger et son poids au mètre cube varie, suivant les essences, de 140 kilogrammes pour le charbon de sapin à 245 kilogrammes pour le charbon de chêne.

Fabrication.

La fabrication du charbon de bois se fait généralement en meules à l'air libre, par un procédé rudimentaire, remontant sans doute aux premiers hommes. Cette fabrication comporte une série de tours de main très délicats, pour arriver à régler les entrées d'air, soit par des ouvertures, soit par le sol poreux, soit par la couverture du tas, de façon à chauffer uniformément la masse en brûlant le moins possible de charbon et utilisant dans une certaine mesure la combustion des matières volatiles dégagées. Les dimensions des meules sont extrêmement variables, leur volume peut varier de 20 à 200 mètres cubes, la durée de la cuisson varie de 15 à 30 jours ; le rendement en charbon n'est que de 15 à 20 p. 100 du bois employé, tandis que dans la calcination en vase clos on obtiendrait de 25 à 30. On a cherché des procédés plus perfectionnés de fabrication, par exemple la cuisson dans des chambres en maçonnerie réfractaire. Depuis quelque temps on essaye au Canada un procédé de carbonisation utilisant un appareil de chauffage, dont l'emploi se répand actuellement dans un très grand nombre d'industries, c'est le procédé dit du *tunnel*. Le four est constitué par un long tunnel fermé à ses extrémités par des portes et chauffé extérieurement, dans sa partie centrale, par la combustion d'une partie des gaz provenant de la distillation du bois. On introduit le bois dans ce tunnel sur des wagons, portant une plate-forme en matériaux réfractaires sous laquelle se trouvent le châssis métallique et les roues. Cette disposition permet de recueillir les gaz, les goudrons et l'acide acétique provenant de la distillation du bois, de séparer ceux de ces produits volatils qui ont une valeur marchande et de brûler le reste pour le chauffage du four. La difficulté que présente l'emploi de ces fours est d'arriver à protéger contre l'action de la chaleur la partie inférieure des wagonnets : roues et châssis. On y arrive en isolant la partie métallique au moyen de la plate-forme réfractaire, que l'on fait joindre à frottement doux contre les parois du tunnel, ou d'une façon plus hermétique encore au moyen d'une lame de tôle placée à la partie inférieure et glissant dans une rainure fixe remplie de sable. On emploie en outre une circulation d'air froid sous cette plate-forme pour refroidir les parties métalliques.

Coke.

La fabrication du coke repose sur la propriété de certaines houilles de se ramollir vers 350° et de se transformer en une matière compacte ; on arrive ainsi à transformer des menus et des poussiers, impossibles à brûler à cause de leur finesse, en gros blocs de coke. Il n'est pas nécessaire, cependant, de faire subir à ces masses un concassage parce que la contraction accompagnant la distillation donne lieu à des fentes, qui divisent la matière en morceaux prismatiques, dont le poids varie en général entre 1 et 10 kilo-grammes. Il est important, pour l'usage au haut fourneau, d'avoir non seulement un coke en gros morceaux, mais encore un coke très dur. Du coke tendre s'écraserait par petits morceaux sous le poids considérable de la charge, la hauteur de celle-ci atteignant et dépassant 20 mètres, mais surtout le coke tendre est plus facilement attaqué dans le sommet du haut fourneau par l'acide carbonique, avec formation d'oxyde de carbone, ce qui entraîne en pure perte une consommation supplémentaire de combustible.

Pour la fabrication du coke, on choisit, parmi les diverses houilles grasses ou collantes, celles qui renferment le moins de matières volatiles parce qu'elles donnent naturellement un plus fort rendement en coke. Ce sont en général des houilles à 20 p. 100 de matières volatiles. Il y aurait intérêt à employer des houilles plus pauvres encore en matières volatiles, si elles n'étaient pas trop maigres, pour donner un coke suffisamment aggloméré.

Un grand progrès a été réalisé récemment dans ce sens, en comprimant avec des machines le charbon pulvérulent avant de l'introduire dans les fours de carbonisation. Cette compression réduit le volume apparent de la masse, et par suite augmente le nombre de contact des grains entre eux, de telle façon qu'à ramollissement égal, la masse obtenue est plus dure.

On fait actuellement des études dans une direction un peu différente, consistant à ajouter à la houille des matières très fusibles et donnant, par leur calcination, un charbon très dur; le sucre, par exemple, remplit à merveille ces deux conditions, mais son prix, bien entendu, est trop élevé pour que l'on puisse songer à l'utiliser. Le problème poursuivi consiste à trouver des matières à bon marché possédant les mêmes qualités.

Fours à coke.

La carbonisation de la houille se fait toujours dans des
fours de petites dimensions ayant au plus quelques
mètres cubes de capacité. Le type de four le plus ancien
et dont l'usage n'a pas encore complètement disparu est
celui des fours à boulanger; ces fours hémisphériques sont
remplis à mi-hauteur, une légère admission d'air au-dessus
du combustible brûle les gaz provenant de la distillation,
échauffe ainsi la voûte du four qui réverbère sa chaleur vers le combustible et celui-ci s'échauffe peu à peu
dans toute la masse par conductibilité. La température nécessaire pour produire une carbonisation, non pas tout à
fait complète, mais suffisante de la houille, est de 800 à 900°.
Pour une épaisseur de charbon variant de 50 centimètres
à 1 mètre, la durée de la cuisson doit être de 2 à 4 jours.

On emploie généralement aujourd'hui des fours beaucoup plus perfectionnés dans lesquels la combustion des
matières volatiles se fait non plus à l'intérieur du four,
mais dans une double paroi creuse entourant le four (fig. 12).
On lui donne souvent la forme d'une cornue rectangulaire
de 10 mètres de longueur, 50 centimètres d'épaisseur
et 1 m. 50 de hauteur (fig. 13); cette cornue est disposée horizontalement et présente des portes aux deux extrémités, de
façon à permettre le déchargement rapide au moyen d'une
machine qui vient pousser dehors d'un seul coup le gâteau de
coke incandescent; dans les anciens fours à boulanger, les
ouvriers devaient tirer le charbon avec des crochets ce qui
constitue un travail très long et pénible.

Chaleurs perdues des fours à coke.

La quantité de matières volatiles combustibles fournies
par la distillation de la houille est bien supérieure à celle
dont on a besoin pour fournir la chaleur nécessaire à la

Fig. 12. — *Four Appolt.*

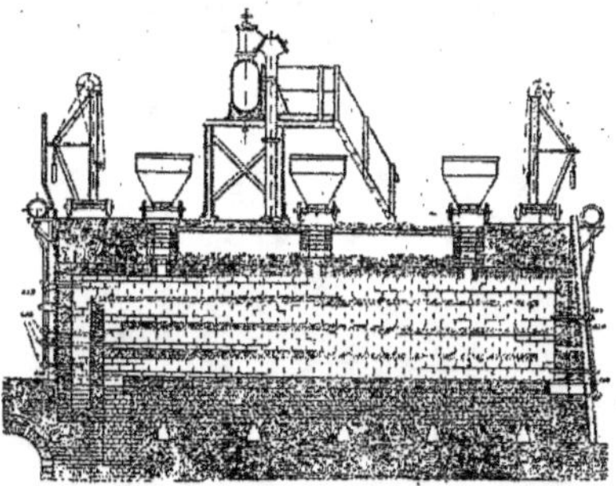

Fig. 13. — *Four Belge* : Coupe par les passages de flammes dans la double paroi de la cornue.

carbonisation ; on réglait autrefois le chauffage en admettant une quantité d'air insuffisante pour la combustion de ces matières volatiles et on laissait l'excédent brûler à l'air libre à la sortie des cheminées en donnant de grandes flammes, qui la nuit signalaient de très loin l'emplacement des fours à coke. On a, dans ces derniers temps, réalisé un progrès considérable dans la fabrication du coke en utilisant cet excédent de combustible ; au lieu de laisser les matières volatiles se rendre directement dans les carneaux où elles doivent brûler, on les envoie d'abord dans des appareils de refroidissement et de condensation analogues à ceux des usines à gaz où l'on recueille les goudrons, le benzol, les eaux ammoniacales, produits ayant une valeur marchande notable ; le gaz seul est renvoyé au four à coke pour le chauffage et seulement dans la proportion strictement nécessaire pour la distillation de la houille. L'excédent est employé dans les usines au même usage que le gaz d'éclairage ordinaire et en particulier surtout pour actionner les moteurs à gaz. La moitié du gaz peut ainsi être distraite du chauffage des fours, et fournir 5o chevaux par four de 5 tonnes.

CHAUFFAGE. — POUVOIR ABSORBANT. — ALLOTROPIE

Utilisation des combustibles. — Chauffage. — Température de combustion. — Rendement calorifique. — Récupération de la chaleur. — Prix de revient de la chaleur.
Pouvoir absorbant du charbon de bois. — Porosité. — Condensation superficielle. — Condensation par les précipités chimiques. — Condensation par le charbon de bois. — Application de la condensation par le charbon de bois. — Chaleur de condensation. — Activité chimique de gaz condensés. — Absorption des corps dissous.
Allotropie. — Caractères de l'allotropie. — Transformations allotropiques. — Observation des points de transformation. — Réversibilité des transformations allotropiques.

UTILISATION DES COMBUSTIBLES

Chauffage.

Au point de vue des industries chimiques, l'application la plus importante des combustibles est celle du chauffage. Pour obtenir par l'action de la chaleur un résultat déterminé, la fusion de l'acier, par exemple, il faut deux conditions essentiellement différentes : une *quantité de chaleur* et une *température suffisantes.* L'acier fond à 1.500°. Une quantité de chaleur, quelle que grande qu'elle soit, disponible seulement à 1.000°, ne serait d'aucun usage. Il est donc très important, au point de vue des applications, de savoir déterminer la température qu'un combustible peut donner en brûlant. Cette détermination directe est très difficile, pour ne pas dire impossible, car les températures normales de combustion du charbon et des gaz carbonés sont en général voisines de 2.000°, température à laquelle la plupart de nos procédés de mesure se trouvent en défaut ; mais il est possible de calculer cette température en partant de la chaleur latente de réaction chimique et de la chaleur d'échauffement des gaz, pourvu que l'on connaisse au préalable cette dernière jusqu'aux températures élevées. On ne peut pas la mesurer, il est vrai, pour les raisons données plus haut, mais on peut l'évaluer par extrapolation avec un degré de précision suffisant. On écrit, d'après le principe de conservation de l'énergie :

Chaleur de réaction $=$ chaleur de refroidissement des gaz.

D'après les déterminations faites jusqu'ici, la chaleur d'échauffement des gaz à pression constante entre la température $T_0 = t^0 + 273$ et $T = t + 273$ est donnée par les formules suivantes : pour un vol. mol. 22,32 litres.

$$Az^2, O^2, H^2, CO \qquad Q = 6,5 \; \frac{T - T_0}{1000} + 0,6 \; \frac{T^2 - T_0^2}{(1000)^2}$$

$$H^2O \qquad Q = 6,5 \; \frac{T - T_0}{1000} + 2,9 \; \frac{T^2 - T_0^2}{(1000)^2}$$

$$CO^2 \qquad Q = 6,5 \; \frac{T - T_0}{1000} + 3,7 \; \frac{T^2 - T_0^2}{(1000)^2}$$

Températures de combustion.

On trouve, en appliquant cette formule, les valeurs suivantes pour les températures de combustion avec l'air dans les proportions théoriques :

C pour CO^2	2.040
C pour CO	1.280
CO	2.100
H^2	1.970

CH^4 pour CO^2 . . . . 1.850
CH^4 pour CO. . . . . : . . 1.525 .
C^2H^2 pour CO^2 . . . . 2.420
C^2H^2 pour CO 2.100
$CO + 1/6\ H^2 + 10/6\ Az^2$ . . . . 1.550.
Gaz de gazogène ord. 1.350

En réalité, dans la pratique, on n'arrive jamais à effectuer la combustion avec exactement la quantité d'air théoriquement nécessaire ; la température baisse quand il y a excès d'air, parce que la masse des fumées qui reçoit la chaleur se trouve augmentée, ou, quand il y a défaut d'air, parce qu'une partie du corps combustible n'a pas brûlé ou a brûlé incomplètement en donnant de l'oxyde de carbone. Voici quelques chiffres relatifs au carbone :

Combustion complète. . . . . 2.040°
5 p. 100 O dans les fumées. 1.950
5 p. 100 CO — 1.930

On peut au contraire augmenter notablement la température de combustion en chauffant au préalable l'air servant à la combustion ou l'air et le corps combustible, quand c'est un gaz. Voici quelques exemples des températures ainsi obtenues :

Gaz de gazogène ordinaire et air froids . . . . . 1.350°
    —   à 1.000" . . . . . 2.150°

Rendement calorifique.

La connaissance de ces températures de combustion permet de se rendre compte, d'une façon très nette, du degré d'utilisation de la chaleur dans différents appareils industriels. Comparons, par exemple, un four à fondre l'acier, un four à distiller la houille et une chaudière à vapeur chauffée directement par un foyer au coke. La température nécessaire dans le premier four est de 1.700°, la température dans le second est de 1.000° et dans le troisième, de 200°. Les fumées sortent nécessairement du four à sa température pour se rendre dans la cheminée et emportent, sans utilisation, une fraction importante de la chaleur du combustible. Dans un four à acier, la quantité de chaleur laissée dans le four est celle que les fumées abandonnent quand leur température s'abaisse de 2.000° à 1.700°. Si les chaleurs spécifiques des fumées étaient constantes, cela représenterait le 15 p. 100 seulement de la chaleur totale du combustible. En réalité, cela en représente à peu près 25 p. 100 parce qu'aux températures élevées les chaleurs spécifiques sont, d'après les formules données plus haut, beaucoup plus fortes. Dans le four à distiller la houille, la chaleur utilisée est de 50 p. 100 et dans la chaudière, de 90 p. 100.

Pratiquement il n'est pas possible de fondre l'acier avec la flamme d'un foyer au charbon. Les proportions variables d'air, tantôt en excès, tantôt en défaut, qui traversent la grille, abaissent notablement la température de combustion ; de plus, les pertes par rayonnement absorbent la majeure partie, sinon la totalité, de la chaleur cédée au four et il ne reste plus rien pour la fusion de l'acier.

Récupération de la chaleur.

Un des progrès les plus importants réalisés dans le chauffage est celui de la régénération de la chaleur découvert par William Siemens. W. Siemens était un savant, un membre de la Société Royale de Londres; il avait beaucoup étudié la thermo-dynamique et cherché à réaliser des machines à air chaud, théoriquement parfaites d'après les principes de Sadi-Carnot, c'est-à-dire dont toutes les opérations fussent rigoureusement réversibles. Il avait dans ce but combiné des récupérateurs de la chaleur perdue des fumées, permettant de faire toujours les échanges de cha-

leur entre des corps à des températures peu différentes l'une
de l'autre, ce qui est une des conditions essentielles de la
réversibilité. Au point de vue industriel, son invention échoua
complètement parce que, dans sa machine, les métaux ne
pouvaient résister aux températures élevées produites.

Il eut alors l'idée d'appliquer le même principe au chauffage des fours : le succès fut complet, les métaux réfractaires
entrant dans la construction des fours étant capables de
supporter des températures très élevées.

Le principe de la récupération dans le chauffage est le
suivant : Supposons que dans un four à acier noús chauf-
fions l'air et le charbon vers 5oo° avant de les brûler, au
moyen de la consommation d'une certaine quantité de
combustible supplémentaire. La température de combustion
augmentera d'environ 3oo°. Par suite, l'écart avec la température du four à acier sera doublé et la quantité de chaleur
utilisable dans le four sera également doublée. Si nous
tenons compte, d'autre part, de la perte de chaleur par
rayonnement qui prend dans les deux cas une même quantité de chaleur, nous voyons que la quantité de chaleur disponible pour la fusion proprement dite sera bien plus que
doublée, peut-être décuplée. Ce résultat sera obtenu par une
dépense supplémentaire de combustible ne représentant
guère que le cinquième de la quantité primitivement con-
sommée. Le bénéfice sera donc très considérable. Mais on
peut, et c'est ce qu'a fait Siemens, employer pour ce chauffage
préalable de l'air et du combustible les chaleurs perdues des
fumées, ce qui supprime même toute dépense supplémentaire de combustible.

Ce perfectionnement a permis de fondre sans aucune difficulté l'acier en grandes masses, ce qui était pratiquement
impossible auparavant. Le chauffage de l'air dans le haut
fourneau a réduit, au tiers de sa valeur primitive, la dépense
de combustible nécessaire pour obtenir une tonne de fonte.

Prix de revient de la chaleur.

On a signalé précédemment que le choix de tel ou tel mode opératoire, aussi bien dans les laboratoires que dans l'industrie, se réduisait finalement à une question de prix de revient. Cette affirmation peut sembler inexacte quand on compare le prix de revient de l'unité de quantité de chaleur fournie par les différents procédés de chauffage aujourd'hui employés parallèlement : les combustibles solides, le gaz d'éclairage, l'électricité, l'aluminothermie. Pour se rendre compte de la raison d'être du choix de tel ou tel procédé, il faut tenir compte de cette question capitale de l'utilisation plus ou moins complète de la chaleur. L'aluminothermie, le four électrique permettent d'obtenir des températures impossibles à atteindre avec les combustibles usuels, ils fournissent de la chaleur utilisable au-dessus de 2.000°, ce que ne pourrait faire du charbon brûlant à l'air. Ils sont donc plus avantageux pour ce cas particulier, c'est-à-dire plus économiques.

Le tableau suivant donne une idée approchée du prix de 1.000 calories obtenues par des procédés de chauffage différents.

NATURE	UNITÉ	CHALEUR par unité.	PRIX de l'unité.	PRIX des 1000 calories	OBSERVATIONS
Houille à 12 p. 100 cendres. .	Tonne	7.500.000	15 fr.	0,2 cent.	Carreau de la mine.
			30 —	0,4 —	Industries éloignées.
			60 —	0,8 —	Chauffage domestique.
Électricité : . .	Kw.	860	2 cent.	2.3 —	Montagnes.
			5 —	5,8 —	Grande industrie.
			50 —	58,0 —	Villes.
Gaz d'éclairage.	M³	5.600	20 —	3.6 —	Paris.
Alumino-thermie . .					
Al	5 fr. le kgr.	54 gr.	} 185 cal.	190 cent.	
Fe²O³	0.5 —	160 —			

Pour un chauffage discontinu, le gaz sera plus économique que le charbon, parce que on peut l'allumer et l'éteindre instantanément. Pour une fusion à température élevée, l'aluminothermie pourra être plus économique parce que donnant sa chaleur dans un temps très court, elle annule l'influence du refroidissement. On l'emploie avec avantage dans l'industrie pour la soudure des rails, la réparation de grosses pièces de machine. L'électricité a l'avantage de n'emporter au dehors aucune partie de la chaleur, comme les fumées avec le charbon, la gangue fondue avec l'aluminothermie.

POUVOIR ABSORBANT DU CHARBON DE BOIS

Porosité.

Le charbon de bois et certaines autres variétés du carbone amorphe présentent des propriétés de condensation et d'absorption intéressantes à signaler. Elles sont indépendantes de la nature chimique du carbone et dépendent seulement d'un certain état physique, de la porosité. Nous avons déjà eu l'occasion de signaler l'énergie avec laquelle le bois sec condense la vapeur d'eau contenue dans l'air, même non saturé de vapeur. Il en prend ainsi jusqu'à 15 p. 100 de son poids, sous une tension qui n'est guère que la moitié de celle de l'eau liquide à la même température. Cette propriété appartient à tous les corps poreux ou très finement divisés.

Condensation superficielle.

L'explication de ce fait se rattache à une ancienne expérience de Regnault. Ce savant a montré qu'une couche d'eau très mince, d'une épaisseur comparable à celle des bulles de savon, c'est-à-dire de l'ordre du 10 millième de millimètre, possède, quand elle est appliquée sur une lame de verre, une tension de vapeur moindre qu'une masse d'eau plus épaisse, en contact avec le même corps solide, ou qu'une lame mince d'eau complètement libre ; le voisinage du corps solide diminue la tension de vapeur. Dans un milieu gazeux, renfermant de la vapeur d'eau à une tension déterminée, il se produit à la surface de tout corps solide une certaine condensation de vapeur, jusqu'au moment où la tension maxima de cette eau devient égale à celle de la vapeur contenue dans le gaz. La relation entre la tension de la vapeur et l'épaisseur de la couche d'eau dépend de la nature du corps solide ; ceux qui provoquent un plus fort abaissement de la tension de vapeur sont dits hygroscopiques. Le verre est précisément dans ce cas, et c'est là une cause de difficulté sérieuse dans les pesées de ballons en verre renfermant des gaz..

Le poids ainsi condensé sur une surface unie est en général difficilement appréciable ; une couche d'eau de 1/10 millième de millimètre d'épaisseur, condensée sur une lame de verre de 1 millimètre d'épaisseur, n'augmenterait son poids que de 1/30 millième, quantité à peine mesurable. Si au contraire la feuille de verre était très mince et n'avait que 1 millième de millimètre d'épaisseur, la même couche d'eau augmenterait son poids de 1/30, c'est-à-dire donnerait lieu à un phénomène très facilement observable. Les corps poreux sont précisément constitués par des épaisseurs très faibles de matières solides, le plus souvent inférieures à 1 millième de millimètre, et présentent par suite un développement énorme de surfaces libres. Le poids d'eau condensée par un corps poreux comme le bois dépend de la nature chimique de la cellulose, du développement de la surface des fibres et enfin de l'état hygrométrique de l'air. Ce qui se passe pour la vapeur d'eau, se produit également pour les autres vapeurs, et aussi, mais à un degré moindre, pour les gaz permanents.

Condensation par les précipités chimiques.

Cette condensation des vapeurs et des gaz dans les corps pulvérulents s'observe très facilement avec certains précipités chimiques calcinés, la silice, l'alumine, par exemple. Si on abandonne ces corps à l'air froid du laboratoire avant de les peser, ils éprouvent, par la condensation de la vapeur d'eau, une augmentation de poids très notable (25 p. 100 à la longue pour l'alumine) qui fausse totalement les expériences. Les condensations de gaz sont plus difficiles à observer parce qu'il est difficile de ne pas laisser les corps au contact de l'air pour les peser; elles doivent cependant exister d'une façon certaine et, très probablement, elles jouent un rôle relativement important dans les incertitudes que comportent aujourd'hui encore les déterminations des poids atomiques.

Condensation par le charbon de bois.

Le charbon de bois est plus poreux encore que le bois. Indépendamment des vides existant à l'intérieur des cellules ou entre elles, les parois des cellules en se décomposant donnent naissance à des pores plus fins encore. Les bois les plus durs, les plus compacts, le buis par exemple, et plus encore l'enveloppe de la noix de coco, ont les pores les plus fins. En raison de cette porosité très grande, le charbon de bois, et surtout le charbon de bois dur, possède un pouvoir condensant considérable pour les gaz et les vapeurs. On définit ce pouvoir condensant par le volume de gaz qu'absorbe l'unité de volume du charbon. Mais, on prend tantôt le volume du charbon compact, abstraction faite des vides, tantôt le volume apparent, y compris les vides. Il est indispensable de bien spécifier comment on prend le volume du charbon, car, d'une définition à l'autre, la mesure numérique du pouvoir condensant peut varier du simple au triple.

Pour observer facilement cette condensation des gaz par le charbon, on procède de la façon suivante : Du charbon, chauffé au rouge, pour en expulser autant que possible tous les gaz condensés, est brusquement refroidi en le plongeant dans le mercure. Quand il est froid, on le fait passer, sans le ramener à l'air, dans une éprouvette remplie du gaz que l'on se propose d'étudier. Voici quelques chiffres observés à la température ordinaire et sous la pression atmosphérique, rapportés à 1 centimètre cube de charbon compact, c'est-à-dire à 1,57 gr. Le charbon était du charbon de noix de coco.

AzH^3	HCl	SO^2	Az^2O	CO^2	O	CO	Az	Arg.	H	Hél.
178	165	165	99	97	35	26	19	14	4,5	2

On voit, à la simple inspection de ce tableau, que les gaz se condensent en quantité d'autant plus grande que leur point de liquéfaction, sous la pression atmosphérique, est moins éloignée de la température ordinaire. Quand on élève la température, et que l'on s'écarte par suite du point de liquéfaction, la quantité de gaz condensé diminue rapidement. Pour un grand nombre de gaz, elle est environ 5 fois moindre à 100° qu'à 0°. Aux très basses températures, à — 185°, c'est-à-dire au point d'ébullition de l'air liquide, les quantités de gaz condensé sont de 8 à 12 fois plus grandes qu'à 0°. L'hélium seul est encore faiblement condensé, le volume absorbé n'est que de 15, tandis que pour l'hydrogène il est déjà de 135 et de 230 pour l'oxygène.

Applications de la condensation par le charbon de bois.

Le professeur Dewar a fait un certain nombre d'applications assez curieuses de la condensation des gaz dans le charbon à la température de l'air liquide.

1º Pour obtenir un vide parfait dans les lampes à incandescence, il introduit une petite quantité de charbon dans un réservoir soudé à l'extérieur de la lampe, et il fait le vide à la température ordinaire par un procédé rapide quelconque, puis il ferme l'ampoule, renfermant encore des gaz et de la vapeur d'eau à une pression de quelques millimètres de mercure, c'est-à-dire 100 fois plus grande encore que celle admissible dans une lampe à incandescence bien réglée. Il plonge, alors, le petit réservoir renfermant le charbon dans l'air liquide : la condensation des gaz et vapeurs produit un vide parfait et l'on sépare le réservoir de l'ampoule de la lampe, en fondant au chalumeau le tube capillaire qui les réunit.

2º On peut, par la condensation directe de l'air dans le charbon aux basses températures, obtenir rapidement de l'air fortement enrichi en oxygène et même en répétant plusieurs fois l'expérience, on arriverait à avoir de l'oxygène presque pur. En saturant d'air à la température de l'air liquide un poids donné de charbon, on obtiendra, en raison de la condensation plus grande de l'oxygène, un air notablement enrichi d'oxygène, lorsqu'on laissera le charbon revenir à la température ordinaire. En recueillant successivement les gaz dégagés au fur et à mesure que la température s'élève, on trouve les teneurs en oxygène suivantes :

```
1er litre.  .  .  .  .  .  18,5 p. 100 d'oxygène
3e   —  .  .  .  .  .  .  53        —
6e   — .  .  .  .  .  .  84        —
```

3º L'emploi du charbon de bois aux basses températures fournit un des meilleurs procédés pour séparer l'hélium

des autres gaz auxquels il peut être mélangé, particulièrement de l'argon, que l'on ne peut pas éliminer par des réactions chimiques. En mettant un mélange de ces deux gaz
au contact de charbon refroidi à — 180°, la quantité d'hélium
absorbée est très faible, tandis que la majeure partie de l'argon, et les traces des autres gaz ayant échappé à l'action des
réactifs chimiques, sont condensées sur le charbon.

Chaleur de condensation.

La condensation de si grands volumes de gaz, dans le
volume si faible laissé libre par les pores du charbon, fait
naturellement penser à une liquéfaction possible des gaz.
Les mesures des chaleurs de condensation, faites pour
vérifier cette hypothèse, ont montré que 'es chaleurs de
condensation étaient notablement supéric es aux chaleurs
de liquéfaction. Avec l'hydrogène, par exemple, Dewar a
trouvé, pour l'hydrogène, une chaleur de condensation
égale à six fois sa chaleur de liquéfaction.

Il résulte de cet écart entre la chaleur de condensation et
la chaleur de liquéfaction que l'imbibition d'un corps
poreux par un corps liquide doit dégager de la chaleur. Il
faut, en effet, d'après le principe de conservation de l'énergie, que la somme des quantités des chaleurs de liquéfaction
et d'imbibition soit égale à la chaleur de condensation. Les
expériences ont complètement vérifié l'exactitude de cette
prévision. Voici quelques résultats relatifs à l'imbibition,
par divers liquides, d'une poudre de quartz très finement
pulvérisée dont la grosseur moyenne des grains était de
5 millièmes de millimètre. Ces chiffres se rapportent à
1 gramme de quartz :

Eau . . . . 14 cal. gr.
Pyridine . . . . 12 —
Nitro-benzine. . . . . 11 —
Toluène. . . . . 8 —
Benzine. . . . . 4 —

Avec des poudres d'un diamètre deux fois plus grand, la quantité de chaleur serait moitié moindre. On a calculé d'après ces chiffres, que la chaleur d'humectation du quartz par l'eau était de 0,00105 calorie gramme par centimètre carré à la température de 7°.

Les nombres ci-dessus montrent que la chaleur d'imbibition, et par suite la diminution correspondante des tensions de vapeur, dépendent de la nature du corps solide, mais il est difficile de le vérifier, parce qu'on ne peut pas à coup sûr amener différents corps à présenter la même surface totale. Voici quelques chiffres, non comparables entre eux, bien entendu, relatifs à l'humectation, par l'eau, de 1 gramme de différents corps :

Amidon desséché. . . . . 22 calories
Charbon de bois . . . . 7 —
Alumine calcinée. . . . . 2 —

Activité chimique des gaz condensés.

Les gaz ainsi condensés dans les corps poreux ont une aptitude plus grande à entrer en réaction chimique; on connaît l'action catalytique de la mousse de platine. Elle provoque, dès la température ordinaire, la combinaison de l'hydrogène et de l'oxygène, ou encore celle de l'acide sulfureux et de l'oxygène à une température de plusieurs centaines de degrés inférieure à celle où cette réaction se produirait, en l'absence de corps poreux. Cette propriété est le point de départ de la fabrication de l'acide sulfurique de synthèse.

Le charbon de bois se comporte d'une façon analogue, quoique moins énergique peut-être. L'oxygène condensé dans le charbon se combine peu à peu à ce dernier, pour former de l'acide carbonique, de telle sorte que, lorsqu'on extrait, par le vide, les gaz condensés dans du charbon de bois laissé longtemps à l'air, on ne recueille que de l'azote et de l'acide carbonique.

L'oxygène condensé dans le charbon est, avant qu'il ait eu le temps de réagir sur ce dernier, un oxydant énergique pour d'autres matières oxydables. Le charbon platiné, obtenu en calcinant du charbon de bois imprégné d'une solution de chlorure de platine, possède cette propriété, à un plus haut degré encore. Enfin certaines variétés de charbon possèdent cette propriété d'une façon plus marquée que le charbon de bois ordinaire, par exemple le noir, obtenu par la calcination de certaines matières animales, ou encore le charbon provenant de la calcination de l'hydro-cellulose, ou cellulose hydratée sous l'action de l'acide chlorhydrique. Comme exemple de réactions oxydantes semblables, on peut citer les suivantes : Du charbon de bois saturé d'hydrogène sulfuré et brusquement porté dans l'oxygène prend feu, par suite de la combustion de l'hydrogène sulfuré.

Une solution alcoolique incolore de leucaniline bouillie avec du noir animal, au contact de l'air, est oxydée en : rosaniline d'une couleur rouge foncé.

La désinfection des matières odorantes par le charbon tient à la même cause.

On peut enfin réaliser au contact du charbon de bois des combinaisons avec le chlore, comme on le fait avec l'oxygène; l'hydrogène commence, dès la température ordinaire, à se combiner au chlore pour donner de l'acide chlorhydrique. L'oxyde de carbone, dans les mêmes conditions, donne l'oxychlorure de carbone; cette propriété est utilisée pour la préparation industrielle de ce dernier corps.

Absorption des corps dissous.

Le charbon divisé enlève un certain nombre de corps à leur dissolution, par exemple l'hydrate de chaux, l'acétate de plomb. Un grand nombre de matières organiques, en particulier les matières colorantes, comme la teinture de tournesol, le vin, sont décolorées, par agitation avec du charbon divisé ; l'absorption paraît dans ce cas être compliquée de phénomènes d'oxydation qui détruisent une partie de la matière colorante.

Les différentes variétés de charbon ont des pouvoirs absorbants très différents ; les charbons d'origine animale, provenant de la calcination de l'albumine, du sang, possèdent le pouvoir absorbant le plus considérable. Ces charbons, d'ailleurs, sont loin d'être purs ; ils renferment toujours au moins 7 p. 100 d'azote ; on s'est demandé parfois, si cet azote ne jouait pas un certain rôle dans la fixation des matières colorantes.

Cette propriété absorbante du charbon animal a reçu des applications très importantes, notamment dans la sucrerie où on l'emploie pour décolorer des jus sucrés, ce qui permet d'obtenir ensuite par cristallisation du sucre blanc. Le charbon employé pour cet usage, dit noir animal, est obtenu par la calcination des os, mélange de gélatine et de phosphate de chaux ; c'est un charbon très divisé, qui est disséminé au milieu d'une matière minérale très poreuse. Avant calcination les os renferment :

    Matières volatiles et combustibles 30
    Phosphates de chaux. 70

après calcination en vase clos pour décomposer la gélatine, on obtient le noir, renfermant 10 de carbone et 90 de phosphate. Pour employer ce noir, on le concasse en petits grains et on le dispose dans de grands tubes verticaux en fer de

3 mètres à 15 mètres de hauteur à travers lesquels circulent
les jus sucrés.

Ce noir perd ses propriétés absorbantes et s'épuise par
l'usage. On consomme, ainsi, une tonne de noir pour une
tonne de sucre produit, mais on peut régénérer le noir,
par une nouvelle calcination, qui détruit les matières organiques absorbées, de sorte que le même noir peut servir à
un grand nombre d'opérations successives, avant d'être
complètement mis hors de service. Pour apprécier les qualités absorbantes d'un noir neuf, on utilise souvent sa
capacité d'absorption pour la chaux en dissolution ; elle est
sensiblement proportionnelle au pouvoir décolorant.

ALLOTROPIE

Caractères de l'allotropie.

L'allotropie du carbone, c'est-à-dire l'existence de trois
états présentant, à la même pression et à la même température, des propriétés nettement différentes, est un cas particulier, mais extraordinairement net, d'un fait tout à fait
général, tellement fréquent même que les corps, pour lesquels nous ne connaissons pas plusieurs états allotropiques,
sont aujourd'hui une exception.

Parmi les exemples d'allotropie les plus connus, on peut
citer celle du phosphore dont les variétés rouge et blanche
ont des propriétés aussi différentes l'une de l'autre que le
carbone amorphe et le diamant, ou bien encore les deux
variétés cristallisées du carbonate de chaux, aragonite et calcite, dont les différences de densité et de forme cristalline,
quoique moins importantes que pour les corps précédents,
suffisent cependant pour caractériser deux états différents.
Les deux variétés de l'oxyde de plomb, le massicot jaune
et la litharge rouge ou encore l'iodure de mercure rouge et

l'iodure jaune sont des exemples analogues. Parmi les composés de la chimie organique, les exemples d'allotropie sont extrêmement nombreux : la benzine et l'acétylène, si différentes par leurs propriétés, ont exactement la même composition chimique.

Nous avons systématiquement employé ici le mot d'*allotropie*, conformément à son étymologie dans le sens d'*état différent*, réunissant ainsi sous un même mot un ensemble de faits présentant le caractère commun de la coexistence de propriétés différentes avec une même composition chimique. Ce n'est cependant pas l'usage habituel de donner au mot allotropie une signification aussi générale. Berzélius, l'auteur de ce nom, l'avait appliqué seulement aux corps simples et bien des chimistes respectent encore cette tradition. C'est une habitude assez générale d'employer des expressions variées pour exprimer la même idée, telles que polymorphisme, dimorphisme, mots qui ne visent que la différence des propriétés cristallographiques, polymérie, isomérie, métamérie, expressions se rapportant à la composition d'un même volume moléculaire des corps pris à l'état gazeux et ne pouvant s'appliquer, par suite, qu'aux composés de la chimie organique. Beaucoup d'autres expressions encore ont été proposées, mais il semble préférable d'en conserver une, assez générale pour embrasser tous les cas distincts, sans se restreindre à la considération de certaines circonstances particulières telles que la forme cristalline, la densité de vapeur, etc.

Transformations allotropiques.

Il n'est pas toujours possible d'observer à la température ordinaire les différents états d'un même corps quand certains d'entre eux sont instables à cette température. Il suffit qu'on puisse observer à une température quelconque le même corps avec des propriétés différentes pour que l'on soit en droit d'affirmer l'existence de plusieurs états allotropiques. Nous ne pouvons pas davantage observer l'eau liquide à — 10° ni la glace solide à + 10°. Nous ne pouvons le faire qu'au voisinage de 0°; cela suffit cependant pour nous permettre d'affirmer l'existence de deux états différents de l'eau, qui peuvent, d'ailleurs, d'après la définition générale donnée plus haut, être considérés comme deux états allotropiques de ce corps.

L'iodure d'argent présente deux variétés allotropiques. On peut, à la température de 146°, l'avoir sous la forme cubique et sous la forme hexagonale avec des densités très différentes. De même pour un grand nombre d'autres corps, la boracite, par exemple, ou chloroborate de magnésium qui, à la température de 265°, peut exister soit en cristaux cubiques isotropes, soit en cristaux orthorhombiques possédant une double réfraction énergique. Pour l'azotate d'ammoniaque, on peut observer entre 0 et 100° trois variétés allotropiques distinctes.

Observation des points de transformation.

Pour reconnaître l'existence des différents états allotropiques d'un corps dont les variétés ne peuvent pas coexister dans un grand intervalle de températures, on emploie la méthode expérimentale suivante: on échauffe progressivement le corps en mesurant la variation de ses propriétés en fonction de la température. Tant que le corps conserve le même état, toutes ses propriétés varient d'une façon continue avec la température, au moment du passage d'un état allotropique à l'autre, la différence de propriétés se manifeste par une discontinuité dans la loi de variation des propriétés du corps. Ces propriétés pourront être telle ou telle propriété physique, la densité, les propriétés optiques, la conductibilité électrique, etc. Suivant les cas, les changements de telle ou telle propriété sont plus accentués ou d'une mesure plus acile et par suite se prêtent mieux à l'observation.

Pour certains corps il est parfois possible de deviner, dès la température ordinaire, l'existence d'autres états allotropiques stables seulement à des températures différentes, grâce à l'examen de certaines propriétés, qui dépendent, dans une certaine mesure, des états antérieurs par lesquels le corps est passé. Ainsi, la boracite, cubique à une température élevée, reste cubique à la température ordinaire, au moins quant à sa forme extérieure, mais lorsqu'on examine une lame mince au microscope polarisant, on constate l'existence de plages jouissant d'une double réfraction énergique orientée de façons différentes, dont le degré de symétrie est en discordance complète avec la forme géométrique extérieure du cristal. Cette opposition entre la symétrie interne et la symétrie externe suffirait pour faire prévoir l'existence des deux états allotropiques de la boracite, même si l'on n'avait jamais eu l'occasion de l'observer à température élevée sous sa forme complètement cubique. Certains grenats naturels, comme nous l'avons déjà indiqué plus haut, présentent une structure se rapprochant de celle de la boracite et démontrant l'allotropie de ce corps. Les cristaux ont extérieurement la forme de dodécaèdres rhomboïdaux appartenant au système cubique, tandis que l'examen optique d'une lame coupée transversalement dans l'un de ses cristaux montre qu'ils sont formés de six pyramides orthorhombiques ayant leur sommet au centre du cristal et pour base une de ses faces extérieures.

Réversibilité des transformations allotropiques.

En général, les différentes variétés allotropiques d'un corps peuvent se transformer l'une dans l'autre plus ou moins facilement. Pour quelques corps cependant on ne sait encore effectuer la transformation que dans une seule direction : le carbone amorphe et le diamant fortement chauffés passent à l'état de graphite, qui est par suite la variété stable aux températures élevées, mais on ne sait pas ramener le graphite à l'état de diamant ou de carbone amorphe. De même l'aragonite, par chauffage à 350°, se transforme rapidement en calcite, de même encore l'acétylène en benzine, mais les transformations inverses ne sont pas possibles.

Dans d'autres cas, il est possible d'effectuer à volonté, par des procédés opératoires convenables plus ou moins compliqués, la transformation dans un sens ou dans l'autre. Ainsi en chauffant longtemps le phosphore blanc en vase clos, on le transforme en phosphore rouge et ensuite on peut ramener ce dernier à l'état de phosphore blanc en le chauffant plus fortement sous la pression atmosphérique, de façon à le vaporiser, et en condensant les vapeurs par un refroidissement rapide. De même l'iodure rouge de mercure, chauffé au-dessus de 150° et refroidi rapidement, devient jaune ; ce même iodure jaune frotté énergiquement, ou même abandonné à lui-même pendant un temps suffisamment long, redevient rouge. Les deux variétés de l'oxyde de plomb, jaune et rouge, peuvent de la même façon passer de l'une à l'autre.

Mais le plus souvent ces transformations de sens contraires se font avec une plus grande facilité et ne dépendent que de la température, chacune des variétés n'étant stable que dans un intervalle déterminé de température. C'est le cas de l'iodure d'argent qui devient cubique dès qu'il a été chauffé au-dessus de 146° et redevient hexagonal aussitôt qu'il a été refroidi au-dessous de cette température. Des exemples semblables, quoique très nombreux, ont passé longtemps inaperçus parce que, en raison de l'existence d'une seule forme du corps stable à la température ordinaire, on ignorait l'existence de la seconde et l'on n'avait pu, par suite, étudier ses conditions de transformation.

La différence entre les deux transformations inverses de l'iodure de mercure et de l'iodure d'argent est souvent exprimée par l'emploi de deux mots différents ; on dit que

la première est *renversable*, la température de transformation à l'échauffement et celle de la transformation inverse
au refroidissement n'étant pas les mêmes. Dans le second
cas, on dit qu'elle est *réversible*, parce que les deux transformations inverses se font en montant ou en descendant
exactement à la même température. En réalité la différence
entre ces deux phénomènes est beaucoup moins grande
qu'on ne l'avait cru tout d'abord. La plupart des réactions
renversables deviennent réversibles, quand on attend un
temps suffisamment long ou quand on se met dans certaines conditions convenables, sur lesquelles nous aurons
lieu de revenir ultérieurement. La preuve en a été donnée
d'une façon très nette par Van't Hoff dans le cas du soufre.
On savait depuis longtemps que les transformations des
deux variétés dites octaédriques et prismatiques étaient renversables. Le soufre prismatique obtenu par fusion et refroidissement, se transforme, au bout de quelques jours à
la température ordinaire, en soufre octaédrique. Gernez
remarqua que, par un refroidissement ou un échauffement
suffisamment lents, on pouvait obtenir les deux transformations inverses à des températures ne différant que de 2°.
Enfin, M. Reicher, par une méthode très élégante, démontra
l'existence d'une température de transformation rigoureusement réversible correspondant à 95°,4. Il employa pour
cela la méthode du dilatomètre qui a servi depuis pour
l'étude d'un grand nombre d'autres transformations allotropiques. Dans un gros thermomètre contenant un liquide sans action sur le soufre, l'acide sulfurique mono-
hydraté, par exemple, on introduit un mélange des deux
variétés allotropiques du soufre récemment préparées par
les moyens connus ; on chauffe l'appareil dans un bain à
température rigoureusement invariable et l'on suit les
déplacements de la colonne d'acide sulfurique dans le tube
capillaire. On constate qu'à toutes les températures inférieures à 95°,4, le niveau de la colonne s'élève, ce qui indique

une transformation de la variété du soufre la plus dense dans la variété la moins dense, c'est-à-dire de soufre prismatique en soufre octaédrique, et à toutes les températures supérieures le phénomène inverse. La transformation est donc bien réversible, mais à quelques dixièmes de degré près du point de transformation ; celle-ci est tellement lente qu'il lui faudrait des mois pour s'achever complètement.

On admet généralement, par raison d'analogie, que pour toutes les transformations allotropiques des corps, il existe un point semblable de transformation réversible. Seulement pour quelques corps, nous n'avons pas encore réussi à en faire la détermination précise. Quelques indices nous permettent de supposer que, pour le phosphore, ce point de transformation doit être voisin de 600° ; pour le carbonate de chaux, pour les diverses variétés du carbone, au contraire, nous ne savons encore absolument rien. Il en est de même pour un grand nombre des composés de la chimie organique. Dans ce cas particulier, une complication résulte de ce que tous les composés organiques étant détruits par la chaleur, les points de transformation qui existeraient aux températures élevées, comme celui du phosphore, par exemple, seraient complètement inaccessibles.

L'existence, dans tous les cas, d'un point de transformation réversible n'est pas, il faut bien le dire, rigoureusement démontré. Certaines particularités relatives aux variétés du carbonate de chaux, aux variétés du bichromate de rubidium et d'un certain nombre d'autres corps semblent indiquer que, lorsque la chaleur de transformation d'une variété dans l'autre est nulle ou même simplement très petite, le point de transformation peut être rejeté dans l'échelle des températures vers l'infini, c'est-à-dire ne pas exister expérimentalement.

Une comparaison donnera une idée de l'hypothèse ainsi formulée, celle de deux canaux pour l'écoulement de l'eau tracés à flanc de coteau. Si les directions sont quelconques, les canaux se rencontreront en général, plus ou moins loin, suivant les cas, de la position de l'observateur, quelquefois hors de sa vue. Dans le cas particulier où les deux canaux seraient horizontaux ou tout au moins parallèles, ils ne se rencontreraient jamais.

On a développé ici cette notion de la réversibilité à l'occasion des changements d'états allotropiques, mais elle se manifeste également dans tous les autres changements chimiques. La dissolution à saturation, la dissociation sont aussi des phénomènes réversibles. La considération en chimie, de cette notion qui était depuis longtemps familière aux physiciens, a amené dans cette science une véritable révolution. C'est la base de toute la mécanique chimique ; nous y reviendrons plus longuement dans une prochaine leçon.

CARBURES MÉTALLIQUES

Classification. — Cémentite. — Carbures des métaux alliés au fer. — Carbures décomposant l'eau. — Carbure de calcium. — Préparation de l'acétylène. — Cyanamide de calcium. — Prix de revient du carbure de calcium. — Carbures des terres rares. — Carbure d'aluminium. — Carborundum. — Carbure de bore.

Classification.

Le carbone donne, avec un grand nombre de métaux et quelques métalloïdes, des carbures définis, généralement peu fusibles ; la plupart ne sont connus que depuis les travaux de Moissan, qui en a préparé un grand nombre au four électrique. Certains d'entre eux présentent des propriétés intéressantes au point de vue industriel ; on peut, en se plaçant à ce point de vue, les diviser en trois groupes :

Les carbures de fer, et des métaux qui lui sont le plus souvent alliés : manganèse, chrome, tungstène, etc.; ils forment un des éléments constitutifs essentiels des fontes et des aciers, sur les propriétés desquels ils exercent une grande influence ;

Les carbures décomposables par l'eau, et en particulier le carbure de calcium qui sert à la préparation de l'acétylène ;

Les carbures très durs, comme le carbure de silicium ou carborundum servant de matière abrasive.

Nous passerons rapidement en revue les plus intéressants

des carbures de chacun de ces groupes, en signalant en passant leurs applications industrielles.

Cémentite.

Le carbure de fer Fe^3C, généralement connu sous le nom de cémentite, a la composition :

$$
\begin{array}{ll}
\text{Carbone} & 6,67 \\
\text{Fer} & 93,33
\end{array}
$$

Sa densité est de 7,07. Il forme l'élément principal des fontes blanches ; ses cristaux lamellaires sont facilement clivables. Et cette propriété donne l'explication de la fragilité des fontes blanches. Attaqués par les acides concentrés, ils laissent un résidu d'hydrate de carbone, en même temps, il se forme des carbures d'hydrogène gazeux ou liquides. Ce corps est formé à partir de ses éléments avec absorption de chaleur. On ne peut pas préparer directement la cémentite par fusion du fer et du carbone parce que c'est un corps instable aux températures élevées. A son point de fusion, 1.250°, il se dédouble en graphite et en fer fondu tenant en dissolution 4,5 p. 100 de carbone. C'est le même phénomène que celui de la fusion du sulfate de soude hydraté. A 32°, ce sel fond en laissant cristalliser du sulfate anhydre et donnant une dissolution renfermant une moindre proportion de sulfate que le sel cristallisé primitif, $SONa^2$, 10 H^2O.

On retire la cémentite des fontes et aciers, où elle existe en petits cristaux lamellaires, par une attaque ménagée aux acides, de façon à dissoudre le fer libre et à laisser insoluble le carbure, beaucoup moins altérable. Ces fontes et aciers ont été préparés, d'ailleurs, par la combinaison directe du fer et du carbone. Ce procédé de préparation d'un corps essentiellement instable est analogue à celui qui nous a servi précédemment à préparer l'iodure jaune de mercure par refroidissement de sa solution alcoolique. C'est un cas particulier d'une méthode très générale reposant sur ce fait, que des deux états d'un corps ou d'un système de corps inégalement stables, le moins stable est toujours le plus soluble, et a toujours aussi la plus forte tension de vapeur ; c'est là une conséquence rigoureuse et nécessaire des principes fondamentaux de la mécanique chimique.

En saturant à 60° l'alcool avec l'iodure rouge de mercure, on obtient une solution dont la concentration correspond à la solubilité du corps à cette température. Au refroidissement, l'iodure rouge devrait cristalliser progressivement, pour permettre le retour de la solution à la concentration normale correspondant à la température finale. Mais en raison de la lenteur de cette cristallisation on peut, par un refroidissement suffisamment rapide, éviter cette cristallisation et conserver à la dissolution sa concentration primitive, c'est-à-dire une concentration bien supérieure à celle de la solubilité de l'iodure rouge à la température actuelle plus basse. Cette concentration pourra même se trouver supérieure à la solubilité d'iodure jaune à la même température, qui est plus grande que celle de l'iodure rouge, puisqu'il est moins stable et celui-ci pourra alors cristalliser. C'est en effet ainsi que les choses se passent dans le cas de l'iodure de mercure ou, plus facilement encore, dans le cas de l'oxyde de plomb dissous dans les lessives alcalines.

En théorie, ce procédé pour obtenir le passage d'un état stable à un état instable de la matière est toujours possible, mais il n'est pratiquement réalisable que lorsque la vitesse de cristallisation de la variété stable est lente, sans quoi la cri llisation de cette variété se reproduirait, au fur et à mesure du refroidissement, sans que jamais la concentration relative à la solubilité de la variété instable puisse être atteinte.

Pour le carbone, les choses se passent de la même façon. A chaque température, le graphite libre a une solubilité déterminée dans le fer fondu, c'est-à-dire que si l'on main-

tient à température constante un excès de graphite en présence du métal, celui-ci prend en solution une quantité de
carbone déterminée pour chaque température. Le carbure
de fer ou cémentite, Fe^3C, corps instable qui tend, à toute
température, à se dédoubler en fer et graphite, a une solubilité plus grande que le graphite, c'est-à-dire qu'à une même
température, le métal fondu au contact de la cémentite ren-
fermera plus de carbone en solution qu'il n'en prendrait
au contact du graphite libre.

En refroidissant assez rapidement une solution, saturée à
chaud, de graphite dans la fonte, on pourra, dans certaines
conditions, ne pas avoir de cristallisation de graphite, et
atteindre ainsi la courbe de solubilité de la cémentite qui
pourra alors cristalliser. Si l'on chauffe à 1.150° du fer dans
un creuset de charbon, on obtient un métal fondu saturé
de carbone, en refermant environ 4,3 p. 100. Par un refroidissement même pas très rapide, pouvant durer quelques
minutes, on obtiendra une cristallisation abondante de
cémentite. La masse ainsi obtenue constitue la fonte blanche;
en l'attaquant par un acide faible, ou mieux par une solution d'acide chlorhydrique gazeux dans l'alcool absolu, on
isole des masses de cémentite. On l'obtient à un état de
pureté plus grand en partant d'acier cémenté à 1,8 p. 100.

On devrait, par ce procédé du refroidissement rapide, en
partant de fontes saturées de carbone à haute température
et renfermant la proportion voulue de carbone, 6,7 p. 100,
obtenir la cémentite massive. Il n'en est rien : on obtient
seulement une fonte renfermant à la fois du graphite et de
la cémentite. L'explication de ce fait est la suivante :

La vitesse des phénomènes chimiques, et en particulier celle
de cristallisation, croît très rapidement avec la température.

La fonte, saturée de carbone au four électrique, laisse
d'abord, même avec un refroidissement très rapide, cristalliser du graphite ; puis, quand la température est suffisamment abaissée, la cémentite recommence à cristalliser.

Carbure des métaux alliés au fer.

Le carbure de *manganèse*, Mn^3C, est, contrairement à la cémentite, très stable à chaud et facile à préparer dans un four de fusion ordinaire. Il suffit de chauffer, aux environs de 1.400°, un mélange d'un des oxydes du manganèse avec du carbone. Sa chaleur de formation à partir des éléments est de $+$ 10,4 cal.; sa densité est de 6,89; il est lentement attaqué par l'eau, en dégageant un mélange à volumes égaux de méthane et d'hydrogène

$$Mn^3C + 3\ H^2O = 3\ MnO, H^2O + CH^4 + H^2$$

les acides l'attaquent très facilement.

Le *chrome* donne avec le carbone deux carbures :

Cr^3C^2, Densité $= 6,47$. Carbone 13,3 p. 100.
CCr^4, Densité $= 6,75$. Carbone 5,45 p. 100.

Ces carbures sont très difficilement attaquables par les acides. Ils forment, avec la cémentite, des combinaisons ou peut-être des mélanges à proportions variables. On a signalé la combinaison $Fe^3C, 3Cr^3C^2$ dont la composition, cependant, n'est pas établie encore avec certitude. On rencontre, en tout cas, ces combinaisons ou solutions solides en cristaux très brillants dans les géodes des fontes riches en chrome. La teneur en carbone des fontes chromées est beaucoup plus élevée que celle des fontes de fer; cette teneur tend, en effet, à se rapprocher de 13,3 à mesure que la teneur en chrome s'élève, tandis que, dans les fontes de fer pures, elle reste toujours notablement inférieure à 5 p. 100.

Le *molybdène* et le *tungstène* donnent des carbures que l'on rencontre, soit seuls, soit combinés aux carbures de fer, dans les fontes et aciers spéciaux servant aujourd'hui à la fabrication des aciers à outils, dits aciers rapides ; Moissan a obtenu, au four électrique, les carbures suivants :

Mo^2C, Densité $= 8,9$. Carbone 5,9 p. 100.
Tu^2C, Densité $= 16,06$. Carbone 3,16 p. 100.

Williams signale le carbure TuC et les combinaisons :

$$Fe^3C, TuC \quad et \quad Fe^3C, Mo^2C.$$

On commence à employer le vanadium dans la fabrication des aciers de qualité supérieure, mais en quantité très faible ne dépassant jamais 1/2 p. 100. Dans ces conditions, le carbure de vanadium ne peut pas s'isoler en présence d'un excès de fer, Moissan l'a obtenu au four électrique :

VaC, Densité $= 5,36$. Carbone 19 p. 100.

Carbures décomposant l'eau.

Les carbures alcalins et alcalino-terreux répondent à la formule C^2Na^2 et C^2Ca. Ce sont des corps incolores et transparents, quand ils sont purs, se décomposant très rapidement au contact de l'eau en donnant de l'acétylène

$$C^2Li^2 + 2\ H^2O = 2\ LiHO + C^2H^2.$$
$$C^2Ca + 2\ H^2O = CaO, H^2O + C^2H^2.$$

Ces carbures sont formés à partir de leurs éléments, tantôt avec absorption, tantôt avec dégagement de chaleur. Voici les chaleurs de formation de quelques-uns d'entre eux, comptées à partir du carbone diamant :

$$C^2 + Na^2 = C^2Na^2 - 9,8\ cal.$$
$$C^2 + Li^2 = C^2Li^2 + 11,3\ cal.$$
$$C^2 + Ca = C^2Ca - 7,25\ cal.$$

Ces carbures se dissocient sous l'action de la chaleur, le métal distille et il reste un résidu de graphite. La température nécessaire varie dans de très grandes limites d'un carbure à un autre : le carbure de calcium ne se dissocie qu'aux plus hautes températures produites dans le four électrique, le carbure de lithium, aux températures ordinaires du four électrique, et les carbures alcalins, à des températures bien inférieures. Il résulte de cette inégale stabilité, que le carbure de calcium se prépare facilement au four électrique; la réaction commence à se produire dès le point de fusion du carbure, vers 1.700°; mais elle ne devient réellement rapide qu'à la température de fusion de la chaux.

Les carbures de lithium et de baryum peuvent encore se préparer au four électrique, mais plus difficilement. On doit arrêter le chauffage quand le dégagement tumultueux d'oxyde de carbone cesse et que l'on voit apparaître les premières vapeurs métalliques. Il est impossible, au contraire, de préparer au four électrique les carbures des métaux alcalins proprement dits, trop facilement dissociables. On prépare le carbure de sodium en faisant passer de l'acétylène sur le sodium à une température supérieure à 200° :

$$C^3H^2 + Na^2 = C^2Na^2 + H^2$$

à une plus basse température, on obtiendrait l'acétylène monosodé C^2HNa qui se dissocie vers 200° et ne peut pas, par conséquent, se produire aux températures plus élevées :

$$2\ C^2HNa = C^2H^2 + C^2Na^2$$

Carbure de calcium.

Le carbure de calcium, densité = 2,22, découvert par Moissan, a été le point de départ d'une industrie importante; on le prépare au four électrique à une électrode, ou four Héroult, qui fut imaginé par cet ingénieur pour la fabrication de l'aluminium (fig. 14).

Les matières premières employées dans cette fabrication sont de la chaux et de l'anthracite aussi purs que possible, on exige que la proportion des impuretés ne dépasse pas

dans les deux cas 5 p. 100 ; le charbon de bois, beaucoup plus
pur, serait préférable à l'anthracite, mais son prix trop élevé
empêche de l'employer. La charge est composée de trois
parties de chaux pour deux de charbon.

Les impuretés des matières premières se retrouvent dans
le carbure fabriqué, à des états différents et très inégalement nuisibles ; parmi ces impuretés, les unes sont inertes
et n'ont d'autre inconvénient que de réduire la teneur réelle
en carbure de la matière brute. Ce sont le graphite C, le
carborundum SiC et le siliciure de fer $SiFe^2$; d'autres, tels que
les azotures, siliciures, phosphures et sulfures de calcium,
ont le grand inconvénient de se
décomposer par l'eau et de donner des produits gazeux, AzH^3,
PhH^3, SiH^4, H^2S, qui peuvent
souiller l'acétylène. En fait, le
siliciure de calcium et le sulfure
de calcium n'éprouvent pas de
décomposition appréciable pendant le temps très court nécessaire pour la décomposition du
carbure de calcium. L'azoture de
calcium se décompose immédiatement, mais la majeure partie de
l'ammoniac produit reste en dissolution dans l'eau ; sa présence
dans l'acétylène n'a d'ailleurs

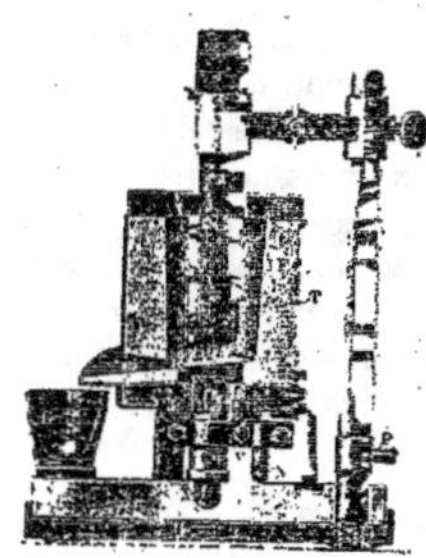

Fig. 14.

pas de grands inconvénients. De toutes ces impuretés,
l'hydrogène phosphoré est de beaucoup le plus nuisible. Ce
gaz se produit rapidement, se dégage en totalité avec l'acétylène et sa combustion donne finalement de l'acide phosphorique, corps déliquescent et très acide, qui détruit
rapidement tous les objets métalliques ou les matières
cellulosiques sur lesquelles il vient se condenser. Il produit,
en outre, dans les becs à acétylène, un encrassement très

rapide en agglomérant, sur l'orifice même par où se fait le dégagement du gaz, une certaine quantité de carbone pulvérulent, provenant de la combustion incomplète. On est obligé, dans toutes les applications du carbure de calcium à la fabrication de l'acétylène, de purifier ce dernier gaz de l'hydrogène phosphoré. On emploie généralement une matière appelée *épurite* qui consiste en silice d'infusoires (tripoli), imprégnée d'acide chromique.

Préparation de l'acétylène.

Des propriétés chimiques du carbure de calcium, la plus importante se rattache à son extrême oxydabilité. C'est un réducteur puissant, l'oxygène se fixe d'abord sur le calcium et ensuite sur le carbone s'il est en excès suffisant. S'il n'est pas en excès, le carbone à l'état naissant peut se combiner avec les corps ou groupes de corps primitivement combinés à l'oxygène, c'est là le principe de la préparation de l'acétylène. Le calcium s'empare de l'oxygène de l'eau, dont l'hydrogène se combine en même temps au carbone :

$$C^2Ca + 2\,H^2O = CaOH^2O + C^2H^2.$$

La réaction est extrêmement vive, dégage une très grande quantité de chaleur, et sa réalisation industrielle est assez délicate, en raison même de la violence avec laquelle elle se produit. Si on laisse la température s'élever à 100°, l'acétylène se polymérise, en donnant des carbures plus ou moins condensés, solides, de couleur jaune, et le rendement en gaz diminue beaucoup. Si, en même temps, la pression s'élève à l'intérieur de l'appareil, par suite de l'insuffisance des orifices d'écoulement offerts au gaz, celui-ci peut détoner spontanément.

Lorsque l'on veut obtenir avec le carbure de calcium un dégagement lent et continu, comme cela peut être nécessaire

au laboratoire, on peut employer divers artifices : par
exemple, faire arriver l'eau goutte à goutte au moyen d'une
mèche sur le carbure ou, plus simplement encore, remplacer
l'eau pure par un mélange d'eau, d'alcool et de glycérine,
dont l'action est beaucoup plus lente et diminue à mesure
qu'on augmente les proportions d'alcool et de glycérine. Le
mélange dans les proportions suivantes donne de bons résultats.

$$
\begin{array}{ll}
\text{Eau} & 68 \\
\text{Alcool} & 16 \\
\text{Glycérine} & 16 \\
\end{array}
$$

On a proposé d'employer le carbure de calcium en métallurgie; mais son prix de revient trop élevé s'y oppose.

Cyanamide de calcium.

Sa grande aptitude à entrer en réaction chimique a donné
lieu à quelques applications intéressantes qui semblent
devoir se développer encore. Une des plus remarquables est
la fixation de l'azote.

La consommation considérable de cyanure de potassium
faite pour l'extraction de l'or aux mines du Transvaal, a
donné un grand intérêt à tous les procédés de préparation
des cyanures. Le professeur Frank et le docteur Caro ont
cherché à les préparer en fixant l'azote sur les carbures
métalliques, l'opération réussit très bien avec le carbure de
baryum :

$$C^2Ba + Az^2 = Ba\,(CAz)^2.$$

En essayant, au contraire, la même réaction avec le carbure de calcium, on obtient un autre composé, la cyanamide,
différent du cyanure par un atome de carbone en moins.
Sur le carbure pur la réaction est encore nulle à 1.200°, mais
avec le carbure impur du commerce, additionné de $CaCl^2$,
la réaction commence dès 700° :

$$C^2Ca + Az^2 = CaCAz^2 + C.$$

Ce mélange, fondu avec des alcalis, redonne du cyanure en fixant le deuxième atome de carbone.

Une propriété intéressante de ce corps est de réagir sur l'eau chauffée sous pression, suivant la réaction :

$$CaCAz^2 + 3 H^2O = CO^3Ca + 2 AzH^3.$$

On réalise donc ainsi la synthèse de l'ammoniaque à partir de l'azote atmosphérique. L'existence de cette réaction conduisit le fils de l'inventeur, le docteur Frank, à supposer que la cyanamide brute pourrait être employée directement comme fertilisant. D'après les expériences faites, le corps à 20 p. 100 d'azote serait rigoureusement équivalent au sulfate d'ammonium à même teneur en azote. On arriverait par ce procédé à fixer, pour un cheval vapeur an, 300 kilogrammes d'azote, c'est-à-dire la quantité renfermée dans 2.000 kilogrammes de nitrate de soude du Chili, ou 1.600 kilogrammes de sulfate d'ammonium. On a proposé d'autres applications de cette même matière ; elle serait employée dans la synthèse de l'indigo artificiel et de différentes autres matières organiques.

Enfin on a essayé son application à la cémentation des aciers, sur lesquels elle agirait moins énergiquement que les cyanures.

Les autres corps simples : le chlore, le fluor, agissent très énergiquement sur le carbure de calcium ; on peut, dans le cas du chlore, donner à l'expérience une forme assez saisissante en laissant tomber de petits fragments de carbure de calcium dans de l'eau froide saturée de chlore, les bulles qui se dégagent prennent immédiatement feu.

Prix de revient du carbure de calcium.

Le prix de revient du carbure de calcium peut approximativement être évalué d'après les bases suivantes : Un four de 250 kilowatts produit journellement 1.000 kilogrammes de carbure. On consomme par tonne de carbure de 5o à 100 kilogrammes d'électrodes valant 40 francs les 100 kilogrammes :

Énergie électrique	100 francs.
Électrodes	5o —
Matières premières	3o —
Divers	20 —
Total.	200 francs.

Le prix de vente est actuellement de 3oo francs, prix très élevé, motivé par les brevets qui protègent encore cette fabrication.

La production mondiale doit se rapprocher aujourd'hui de 100.000 tonnes.

Carbures des terres rares.

Les carbures des terres rares, de même composition que les carbures alcalino-terreux, C^2Ce, C^2La, C^2Yt, C^2Th, se décomposent également au contact de l'eau, mais donnent un mélange gazeux complexe dans lequel l'acétylène ne représente que la moitié ou les deux tiers, le reste étant constitué par du méthane, de l'éthylène et de l'hydrogène.

Le carbure d'uranium C^3Ur^2 ($D = 11,28$) est lentement attaqué par l'eau, en donnant des carbures liquides et gazeux, les deux tiers de son carbone passant dans les carbures liquides, et un tiers dans les carbures gazeux, mélanges d'hydrogène, de méthane et d'éthylène. On a voulu expliquer la formation des pétroles naturels par l'action de l'eau, sur des carbures métalliques semblables, s'exerçant dans la profondeur du sol. Cette hypothèse est trop aléatoire pour qu'il y ait lieu de s'y arrêter. On ignore les conditions de formation des pétroles, comme aussi bien du reste celles de presque toutes les roches de l'écorce terrestre.

Carbure d'aluminium.

Parmi les carbures décomposant l'eau, un des plus curieux
et dont l'existence était le moins prévue est le carbure d'aluminium découvert par Moissan C^3Al^4 (D = 2,36). On l'obtient en chauffant à une température élevée au four élec-

Fig. 15. — Four Acheson. Vue extérieure.

trique de l'aluminium et du charbon. La réaction n'est
jamais complète, la masse reste imprégnée de globules d'aluminium ; on se débarrasse de ceux-ci par une attaque rapide
à l'acide chlorhydrique concentré qui laisse la majeure
partie du carbure d'aluminium inattaqué ; cette séparation
est possible grâce à cette particularité, que l'aluminium est

d'autant plus rapidement attaqué et le carbure d'autant
moins rapidement que l'acide chlorhydrique est plus concentré.

Ce carbure se décompose lentement au contact de l'eau,
en donnant du méthane pur ; il faut une dizaine de jours
pour la réaction complète. C'est aujourd'hui le procédé le
plus simple pour obtenir ce gaz qu'il était autrefois presque

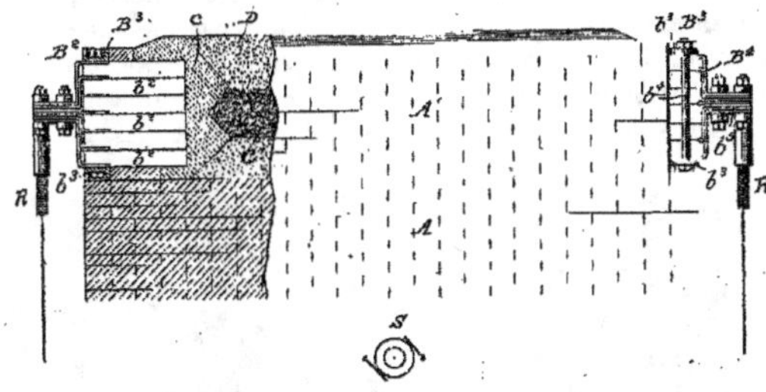

Fig. 16.

impossible d'obtenir à l'état de pureté dans les laboratoires,
le procédé classique à l'acétate donnant toujours une
grande quantité de carbures étrangers.

Carborundum.

Certains carbures possèdent une dureté considérable ; l'un
d'eux, le carborundum ou carbure de silicium, découvert
par Acheson, est aujourd'hui fabriqué industriellement sur
une assez grande échelle ; il a pour formule SiC, sa densité
est 3,12. Il renferme 3o p. 100 de son poids de carbone. Il
se présente en cristaux hexagonaux transparents et incolores, quand la matière est bien pure, mais généralement
colorés en bleu ou en vert par la présence du fer ; les cris-

taux impurs un peu épais semblent noirs et opaques. On prépare industriellement ce corps dans le four électrique présentant une disposition toute spéciale (fig. 15, 16 et 17). Une grande chambre en brique, de 4 à 5 mètres de long et 1 mètre de large, est remplie d'un mélange de charbon et de silice. Au centre et suivant son axe, on dispose un noyau constitué par des fragments de charbon conducteurs de l'électricité. On fait passer à travers cette âme en charbon un courant extrêmement intense pour chauffer le mélange qui l'entoure. La réaction commence au point de fusion de la silice vers 1.800°, elle prend son maximum d'activité vers 2.000°; mais si la température s'élève trop, arrive au-dessus

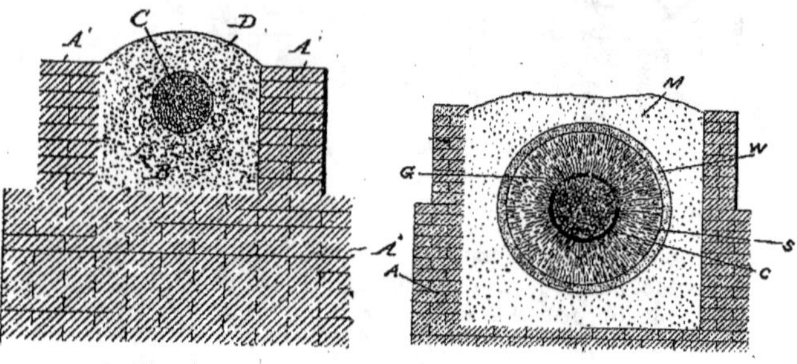

Fig. 17.   Fig. 18.

de 2.200°, le carborundum formé se dissocie et le silicium distille en laissant un résidu de graphite. On prolonge ainsi le chauffage pendant un certain temps et l'on arrête l'opération. On désagrège la masse après refroidissement, et si l'opération a été bien conduite, on trouve autour du noyau de charbon, les zones concentriques suivantes (fig. 18): parfois une petite couche de graphite provenant de la dissociation du carborundum, il est préférable de l'éviter car sa formation correspond à une dépense inutile d'énergie électrique ; ensuite la masse principale de carborundum cristallisé, puis une masse verdâtre pulvérulente, considérée tantôt comme du carborundum impur, tantôt comme un composé chimique distinct, le silexicon $SiCO$, qui sert aux mêmes usages que le carborundum, mais a une valeur moindre, enfin une masse extérieure de silice et de charbon qui n'a pas réagi et sera repassée dans une opération ultérieure.

Les propriétés les plus intéressantes du carborundum sont sa dureté, son infusibilité et son inoxydabilité.

Sa dureté est égale à celle du corindon pur, supérieure à celle de l'émeri ordinaire, il sert concurremment aux mêmes usages que ce corps. Sa forme lamellaire présente cependant un inconvénient assez grave, elle rend plus difficile le classement par grosseur, qui se fait pour toutes ces matières abrasives au moyen d'une mise en suspension dans l'eau ; de très grosses lamelles arrivent flotter avec des matières beaucoup plus fines et donneront ensuite à l'emploi de grosses rayures.

Le carborundum paraît infusible à toute température, y compris celle de l'arc électrique, il s'y dissocie avant de fondre. Il constitue pour ce motif un excellent produit réfractaire. Son prix élevé, 1 franc le kilogramme, est seul un obstacle à la généralisation de son emploi. On s'en sert généralement sous forme d'enduit à l'intérieur des fours ou creusets, non seulement dans les laboratoires, mais même dans l'industrie. L'épaisseur de ces enduits varie en général de 1 à 2 millimètres, jusqu'à 1 centimètre. On agglomère pour cet usage le carborundum avec de l'argile et du silicate de soude.

```
Carborundum Nᵒ 20  . . . . . . . . . . . 70
Argile. . . . . . . . . . . . . . . . . . 15
Silicate à 52° B . . . . . . . . . . . . . 8
Eau . . . . . . . . . . . . . . . . . . . 7
```

Il est complètement inattaquable par l'oxygène jusqu'à la

température de 1.000° et ne s'oxyde encore que très lentement à des températures beaucoup plus élevées ; il est inattaquable par les mélanges oxydants, acide nitrique et acide fluorhydrique ou acide nitrique et chlorate de potasse ; il est, au contraire, attaqué au rouge par les carbonates alcalins, qui provoquent son oxydation et même par la chaux à des températures suffisamment élevées. Il se dissout aux températures du four électrique, dans le carbure de calcium qui en renferme toujours de petites quantités, et dans le silicium fondu brut qui en renferme parfois jusqu'à 3o p. 100 de son poids.

Le fer et l'acier fondu le dissolvent en le décomposant avec formation de carbure et de siliciure de fer. On a proposé de l'appliquer dans la fabrication des aciers au silicium.

Le carbure de titane CTi, découvert par Moissan, a une dureté analogue ; le zirconium donne également un carbure de même formule, ZrC.

Carbure de bore.

Le bore, d'après les recherches de Joly, donne un carbure d'une composition toute spéciale, Bo^{12}C, sans aucune analogie de composition avec aucun autre des carbures connus. Sa dureté serait égale à celle du diamant, il pourrait servir à le tailler.

D'après Moissan, on l'obtient facilement en beaux cristaux en opérant en présence d'un métal capable de le dissoudre. Le cuivre donne les meilleurs résultats. On fond un mélange de 10 parties de cuivre et de 1 partie du mélange de 66 de bore et 12 de carbone. On sépare les cristaux par des attaques successives à l'acide azotique, puis au mélange d'acide azotique et de chlorate de potasse. C'est un corps de densité 2,51. Le chlore l'attaque au-dessous de 100° en laissant un résidu de charbon poreux. Il commence partiellement à s'oxyder à la même température.

HUITIÉME LEÇON

ACIDE CARBONIQUE

Densité. — Dosage dans les fumées. — Liquéfaction. — Applications de
l'acide carbonique liquide. — Solubilité. — Loi de Henry. — Préparation.
— Dissociation. - Loi d'isodissociation. — Application aux explosifs. —
Loi de l'action de Masse. — Loi complète de l'équilibre dans les systèmes gazeux. — Résultats relatifs à l'acide carbonique.

Densité.

L'acide carbonique, $CO^2 = 44$, est un gaz environ une
fois et demie aussi lourd que l'air. On peut facilement calculer le poids du litre, ou poids spécifique, en partant de
son poids moléculaire, 44 grammes. Tous les poids moléculaires sont rapportés par définition à 22 l. 32 (mesurés à
la température de 0° et sous la pression de 760 millimètres).
Cela donne pour le poids du litre 44 22,32 = 1 gr. 971;
l'expérience directe a donné : 1,9652.

Au lieu du poids du litre, on définit souvent la densité
d'un gaz par le rapport du poids d'un certain volume de gaz
au poids d'un égal volume d'un autre gaz pris comme
terme de comparaison : en France, c'est l'air qui sert de
terme de comparaison : le litre en pèse à 0° et 760 millimètres, 1 gr. 293. En divisant par ce nombre le poids du
litre d'acide carbonique donné plus haut nous aurons :

> Densité observée 1,520
> Densité théorique. 1,524

En Angleterre, on prend généralement comme terme de comparaison l'hydrogène. Pour calculer la densité par rapport à ce gaz, le plus simple est de remarquer que le poids moléculaire de l'hydrogène, c'est-à-dire de 22 l. 32 est de 2 grammes, il suffit donc de diviser par 2 le poids moléculaire de l'acide carbonique, rapporté par définition au même volume ; on obtient ainsi pour sa densité par rapport à l'hydrogène le nombre 22.

Il est important de connaître cet usage des chimistes anglais pour éviter à l'occasion des confusions regrettables. Au moment de la découverte par Ramsay des nouveaux gaz de l'atmosphère, on a reproduit, dans diverses publications françaises, les densités données pour ces gaz par l'auteur de leur découverte, sans indiquer qu'elles étaient rapportées à l'hydrogène.

Cette densité de l'acide carbonique fait que, dans les points où ce gaz se dégage spontanément, il se rassemble au voisinage du sol. La grotte du chien, près du lac d'Agnano, dans le voisinage de Naples, en donne un exemple bien connu. Il s'y dégage constamment, comme cela a souvent lieu dans le voisinage des volcans, de petites quantités d'acide carbonique, insuffisantes, cependant, pour contaminer tout l'air de la grotte, mais suffisantes pour former une nappe de ce gaz à la surface du sol. Les hommes peuvent vivre sans inconvénient dans ce milieu parce qu'ils ont la tête dans l'air ordinaire, tandis qu'un chien est rapidement asphyxié ; une bougie brûle facilement à la hauteur de la tête de l'homme, mais s'éteint immédiatement quand on l'abaisse vers le sol.

Pour le même motif, l'acide carbonique se réunit très facilement au fond des puits, soit qu'il provienne de dégagements du sol, ou d'oxydation des matières organiques ; de fréquents cas d'asphyxie se sont ainsi produits sur des ouvriers travaillant au fond des puits. Il suffit de prendre la précaution de descendre une bougie jusqu'au fond avec

une ficelle et de s'assurer qu'elle brûle librement pour
éviter d'une façon certaine tout danger du fait de l'acide
carbonique ; ce caractère, par contre, n'aurait aucune valeur
dans le cas d'une atmosphère rendue asphyxiante par la
présence d'hydrogène sulfuré, comme cela a lieu dans les
fosses d'aisances, où il se dégage à la fois de l'acide carbonique et des composés sulfurés.

Dosage dans les fumées.

Cette grande densité de l'acide carbonique a été utilisée
pour doser rapidement l'acide carbonique contenu dans les
fumées. Pour obtenir un bon chauffage par la combustion
du charbon, il faut brûler ce corps sans excès d'oxygène, ni
formation d'oxyde de carbone ; lorsque cette condition est
remplie, la proportion d'acide carbonique et par suite la
densité des fumées a sa valeur maxima. De nombreux dispositifs ont été imaginés pour effectuer simplement cette
mesure de densité. Tantôt on suspend aux deux bras d'une
balance des cylindres en laiton creux et hermétiquement
fermés d'un volume de 1 à 2 litres, plongeant, l'un dans
l'air ordinaire, l'autre dans la fumée préalablement refroidie
à la température de l'air. La combustion normale du charbon pur dans l'air donnerait une fumée renfermant 20 p. 100
d'acide carbonique ; comme la densité de l'acide carbonique
est une fois et demie celle de l'air, la perte de poids d'un corps
serait de 10 p. 100 plus élevée dans cette fumée que dans l'air,
soit 0 gr. 129 pour un volume de 1 litre. Si l'on veut par
ce procédé faire le dosage de l'acide carbonique avec une
exactitude correspondant à 1 p. 100 du volume de l'air, il
faut que l'erreur sur les pesées soit inférieure à 6 milligrammes, ce qui n'exige pas une balance bien sensible.

On peut encore mettre en communication, avec les deux
branches d'un manomètre très sensible, deux tubes verticaux de 1 à 2 mètres de hauteur remplis, l'un d'air, l'autre

de la fumée à étudier et plongés dans une enveloppe d'eau, pour assurer l'égalité de température. On mesure la différence de poids de ces deux colonnes par la dénivellation d'un manomètre.

Ou bien encore, on mesure comparativement les pressions nécessaires pour faire écouler dans le même temps, à travers un même orifice, un même volume d'air et de fumée.

Ces diverses méthodes, théoriquement très simples, sont un peu compliquées dans la pratique par la présence des poussières et des cendres entraînées par les fumées, qui viennent rapidement encrasser les appareils et fausser leurs indications.

Liquéfaction.

L'acide carbonique peut être liquéfié par compression ou par refroidissement. La liquéfaction de l'acide carbonique que l'on emmagasine ensuite, pour le transporter, dans des réservoirs en fer, est aujourd'hui l'objet d'une industrie importante. Le tableau suivant donne ses tensions de vapeur à diverses températures.

Température	Pression en atmosphères
— 125°	0,007
— 79°	1,00
— 56°,7	5,1 point de fusion
0°	34,25
10°	44,35
20°	56,30
31°,4	73,00 point critique.

Le liquide, de densité 0,83, n'est pas miscible à l'eau, mais est soluble dans l'alcool, l'éther et l'huile.

Un point important à remarquer, dans ce tableau, est qu'au point de fusion, la tension de vapeur de l'acide carbonique est déjà de 5 atmosphères, de telle sorte qu'il est impossible de conserver, à aucune température sous la pression atmosphérique, l'acide carbonique à l'état liquide. Quand on amène brusquement à la pression atmosphérique l'acide carbonique des récipients, il s'évapore et sa température s'abaisse par le fait du refroidissement dû à l'évaporation (5 Cal.-kil. à 0° pour l'évaporation d'une molécule de CO_2), jusqu'à ce que la température de la masse non encore évaporée soit assez basse pour que sa tension maxima soit de 1 atmosphère, ce qui correspond à la température de —79°, température à laquelle l'acide carbonique est depuis longtemps solide. Quand on ouvre à l'air un récipient d'acide carbonique en mettant le robinet en bas, de façon à lancer par la pression le liquide au dehors, on voit se former une abondante neige d'acide carbonique solide, représentant en poids un tiers environ de l'acide carbonique dégagé. On peut recueillir cette neige en projetant le jet dans une enveloppe formée par une étoffe, qui permet le dégagement au dehors de l'acide carbonique et fonctionne à la façon d'un filtre en arrêtant la neige solide. Si, au contraire, on ouvre le récipient en mettant le robinet en haut, il se dégage seulement de l'acide carbonique gazeux et le liquide à l'intérieur de la bouteille se refroidit de plus en plus et finirait par se congeler.

Applications de l'acide carbonique liquide.

La principale application industrielle de l'acide carbonique liquide se rapporte au commerce de la bière et des boissons gazeuses ; dans tous les cafés, aujourd'hui, les tonneaux de bière conservés au frais à la cave sont mis en communication avec des réservoirs d'acide carbonique liquide par l'intermédiaire d'un détendeur réduisant la pression à une valeur convenable ; l'acide carbonique gazeux en contact avec la surface liquide de la bière dans le tonneau la maintient saturée d'acide carbonique et empêche toute entrée d'air ; de plus la pression disponible est utilisée pour faire remonter la bière jusqu'au robinet où on la prend sur le comptoir.

Dans bien des endroits l'eau de Seltz, c'est-à-dire l'eau saturée d'acide carbonique, est préparée au moyen de l'acide carbonique liquide ; cela est plus économique, en dehors des usines importantes, que d'installer une fabrique d'acide carbonique et des machines de compression pour sa dissolution dans l'eau.

Dans les laboratoires, l'acide carbonique liquide est employé surtout pour la production des basses températures, en utilisant l'absorption de chaleur résultant de son évaporation sous la pression atmosphérique. Sa solidification pendant cette évaporation est cependant une cause de complication assez grande pour cet usage. L'acide sulfureux, l'ammoniaque, le chlorure de méthyle qui conservent l'état liquide sous la pression atmosphérique seraient d'un emploi infiniment plus commode, n'était leur prix de revient plus élevé et l'inconvénient des vapeurs nuisibles qu'ils dégagent dans l'atmosphère. Il suffit, en effet, de verser ces liquides dans un vase ouvert à l'air ; ils bouillonnent tranquillement jusqu'au moment où leur température s'est abaissée au point d'ébullition normal sous la pression atmosphérique ; on plonge alors dans le liquide les corps que l'on veut refroidir. Pour l'acide carbonique on recueille d'abord la neige dans un linge ; mais cette neige, très mauvaise conductrice de la chaleur, ne pourrait servir à refroidir rapidement d'autres corps ; on doit la dissoudre dans un liquide ne se solidifiant qu'à très basse température, l'éther ordinaire ou l'alcool, dont les points de solidification sont respectivement à — 117° et à — 112°.

Pour des expériences un peu suivies, et comportant une installation spéciale, on a plus d'avantage à dégager directement l'acide carbonique liquide dans un vase rempli d'alcool. Un tube flexible fixé à la bouteille amène l'acide carbonique liquide jusqu'à un robinet à pointeau immergé dans l'alcool, on laisse l'acide carbonique se dégager dans l'alcool où on le fait passer à travers un serpentin pour l'évacuer au dehors. On ne peut pas, bien entendu, obtenir ainsi des températures inférieures à celles de solidification de l'acide carbonique liquide soit — 56°, parce qu'alors le robinet et le tube d'amenée se boucheraient.

Solubilité.

L'acide carbonique est notablement soluble dans l'eau, beaucoup plus que l'azote et l'oxygène. Sous la pression atmosphérique, à la température de 15°, 1 litre d'eau dissout exactement 1 litre d'acide carbonique, tandis qu'à la même température il ne dissout que 18 cm³ d'azote et 35 cm³ d'oxygène; d'une façon générale, les gaz sont d'autant plus solubles dans l'eau qu'ils sont plus facilement liquéfiables.

La solubilité de l'acide carbonique dans l'eau varie avec la température, comme le montrent les chiffres suivants:

Température	Volume de gaz
0°	1,71
10°	1,19
20°	0,88
30°	0,66
40°	0,53
50°	0,44
60°	0,36

L'acide carbonique est également soluble dans les autres liquides, l'alcool à 0° en dissout 4,3 volumes et à 20°, 2,9 volumes.

Moins soluble dans le mélange d'eau et d'alcool. Il est soluble dans le caoutchouc, et en raison de cette solubilité se diffuse assez rapidement à travers. Les tubes en caoutchouc que l'on emploie dans les laboratoires pour la circulation des gaz ne doivent pas être considérés comme imperméables pour l'acide carbonique. Une expérience très

simple permet de mettre en évidence cette diffusion de
l'acide carbonique : un petit ballon rouge en caoutchouc,
semblable à ceux des enfants, est rempli d'air ou d'hydrogène et placé dans une atmosphère d'acide carbonique, il
gonfle bientôt, comme l'on peut s'en assurer facilement, en
nouant autour un fil suivant un grand cercle ; ce fil forme
bientôt un sillon, montrant que la rentrée de l'acide carbonique à l'intérieur du ballon a été beaucoup plus rapide
que l'expulsion du gaz intérieur, expulsion qui tend cependant toujours à se produire en raison de l'excès de pression.
C'est là une propriété qu'il est impossible de négliger quand
on veut faire des analyses organiques de précision : il faut
remplacer les tubes de caoutchouc par des tubes de plomb ;
dans les analyses de précision moyenne, il faut au moins
éviter toute longueur inutile des tubes en caoutchouc.

Loi de Henry.

La solubilité de l'acide carbonique, comme celle de tous
les gaz qui ne contractent pas de combinaison très stable
avec l'eau, tels que HCl, par exemple, croît sensiblement
proportionnellement à la pression, c'est-à-dire que 1 litre
d'eau sous une pression de 2 atmosphères dissout 2 litres
d'acide carbonique. Mesuré au contraire sous la pression
où se fait la dissolution, ce volume est indépendant de la
pression, puisque, d'après la loi de Mariotte, la densité d'un
gaz croît proportionnellement à sa pression. Cette loi de la
solubilité des gaz est connue sous le nom de *loi de Henry*,
du nom du physicien anglais qui l'a découverte. Cette loi
se vérifie dans un assez grand intervalle de pression, pour
les gaz peu solubles, jusqu'à 20 atmosphères au moins, mais
cesserait d'être exacte aux dépressions supérieures à 100 atmosphères. Pour l'acide carbonique les écarts sont plus considérables. Sous 10 atmosphères, ils atteignent déjà 10 p. 100,
la solubilité à 15° est de 9,1 l. au lieu de 10 litres. Pour

l'ammoniac, gaz très soluble, l'écart dans les mêmes conditions est de 50 p. 100. Quand la pression passe de 100 millimètres à 1.000 millimètres de mercure, c'est-à-dire varie de 1 à 10, le poids d'ammoniac, dissous à 0° dans 100 grammes d'eau, passe de 28 grammes à 112,6 gr., c'est-à-dire varie dans le rapport de 1 à 4,5 au lieu de 1 à 10.

La loi de solubilité des gaz de Henry s'applique non seulement aux gaz isolés, mais aux mélanges de gaz. Chacun d'eux se dissout proportionnellement à sa pression partielle, comme s'il était seul. L'air est composé de 4 volumes d'azote pour 1 volume d'oxygène, c'est-à-dire que la pression partielle du premier de ces gaz est de 0,8 atmosphère et celle du second de 0,2 atmosphère. Les volumes de ces gaz, dissous par un litre d'eau agitée au contact de l'air, seront donc :

Azote = 0,8. 18 = 14,4 centimètres cubes
Oxygène = 0,2. 35 = 7 centimètres cubes.

En chassant ces gaz de l'eau par ébullition, on recueillera donc un mélange gazeux renfermant 33 p. 100 d'oxygène, c'est-à-dire bien plus riche en oxygène que l'air ordinaire. On a cherché à utiliser cette propriété, mais jusqu'ici sans succès, pour préparer économiquement de l'air, enrichi en oxygène, en vue du chauffage dans les opérations industrielles.

Si l'on fait le même calcul pour l'acide carbonique existant dans l'air, dont la proportion est de 3/10.000[e] on trouve :

Acide carbonique = 0,0003. 1000 = 0,3 centimètre cube,

c'est-à-dire une quantité très faible.

L'analyse des eaux naturelles aérées vérifie très exactement les résultats de ce calcul en ce qui concerne l'oxygène et l'azote; mais on trouve en général un volume d'acide carbonique voisin de celui de l'azote, c'est-à-dire infiniment supérieur à celui calculé d'après la loi de Henry. Cet écart tient à la présence de. bicarbonate de chaux existant en dissolution dans les eaux naturelles. Ce sel se décompose à l'ébullition en dégageant la moitié de son acide carbonique. On reviendra sur cette question à l'occasion de l'étude des carbonates métalliques.

Préparation de l'acide carbonique.

On emploie des procédés différents pour préparer l'acide carbonique suivant l'usage auquel ce gaz est destiné. Quand il s'agit de la préparation intermittente et en petite quantité, comme dans les laboratoires et parfois dans la petite industrie des boissons gazeuses, on emploie de préférence la décomposition d'un carbonate, celui de chaux généralement, par les acides, parce que ce procédé nécessite les installations les moins coûteuses. Dans la grande industrie, au contraire, la sucrerie, par exemple, ou la fabrication de la soude par le procédé Solvay, on emploie la combustion du charbon, seule ou combinée à la cuisson du calcaire dans les fours à chaux.

Action de l'acide chlorhydrique sur le marbre. — On emploie à peu près exclusivement au laboratoire pour la préparation de l'acide. carbonique l'action de l'acide chlorhydrique dilué sur le marbre blanc. On se sert pour cet usage de l'appareil à double flacon de H. Sainte-Claire Dèville. Il faut avoir soin de placer au fond du flacon renfermant le marbre une matière inerte, du verre ou de la porcelaine cassée pour supporter le marbre et empêcher son contact avec l'acide lorsque la pression du gaz a refoulé ce dernier au bas du flacon. Il ne faudrait pas employer un corps poreux comme la brique pilée ou le coke, parce que l'acide monterait à travers ces corps en raison de leur porosité et viendrait attaquer le marbre. On emploie du marbre et non un calcaire quelconque parce que c'est la seule va-

riété qui soit compacte. Un calcaire poreux s'imprégnerait
d'acide jusqu'au centre des grains et l'attaque ne s'arrêterait
pas après le refoulement de l'acide par la pression du gaz.
Celui qui imprègne la pierre ne serait pas chassé et conti-
nuerait jusqu'à épuisement complet à attaquer le calcaire.

On emploie de l'acide étendu d'eau parce que la tension
en acide chlorhydrique des solutions de ce gaz devient à
peu près complètement nulle quand la solution est un peu
diluée. On évite ainsi d'avoir de l'acide carbonique souillé
d'acide chlorhydrique. L'acide sulfurique coûterait moins
cher et supprimerait toute crainte de volatilisation, en raison de sa fixité complète. On l'emploie du reste de préférence à l'acide chlorhydrique dans la fabrication des boissons gazeuses, là où l'on ne se sert pas d'acide carbonique
liquide. Il a l'inconvénient de donner un sulfate de chaux
insoluble qui enrobe les fragments de carbonate en arrêtant
l'action de l'acide. Il faut agiter constamment la masse par
des procédés mécaniques pour désagréger cette croûte et
remettre l'acide en contact avec le calcaire. Ces appareils
sont trop compliqués et trop coûteux pour le laboratoire
où l'on n'a généralement besoin que d'une production
intermittente de quelques litres d'acide carbonique chaque
fois. Dans une fabrication semi-industrielle où l'appareil
travaille d'une façon continue en produisant l'acide carbonique par mètres cubes, ces frais d'achat sont rapidement
amortis.

Fours à chaux. — On emploie comme source d'acide
carbonique, dans la grande industrie, les fumées des fours à
chaux renfermant de 3o à 35 p. 100 d'acide carbonique.
Dans les soudières et les sucreries, l'azote auquel l'acide
carbonique se trouve mêlé n'a pas d'action nuisible, il
ralentit seulement un peu l'absorption de l'acide carbonique
par les liquides sur lesquels il doit réagir. La chaux, obtenue
en même temps que l'acide carbonique, est utilisée dans ces
mêmes fabrications pour la régénération de l'ammoniac

dans la fabrication de la soude ou pour la défécation des jus sucrés dans les sucreries.

Combustion du charbon. — Lorsque l'on n'a pas l'utilisation de la chaux, il peut être plus avantageux de brûler simplement le charbon au contact de l'air. On utilise la chaleur dégagée en même temps à la production de la force motrice, dont on a besoin sur une plus ou moins grande échelle dans toutes les industries. Ce procédé a été employé par exemple dans la fabrication de l'acide carbonique liquide. Dans cette fabrication cependant, il est indispensable d'avoir de l'acide carbonique pur exempt de tout gaz étranger, dont la présence s'opposerait à la compression de l'acide carbonique. On peut arriver à extraire l'acide carbonique pur des fumées, au moyen d'un procédé très ingénieux reposant sur la dissociation des bicarbonates alcalins. Le carbonate de soude à basse température ou à forte pression absorbe l'acide carbonique pour former du bicarbonate que l'on peut ensuite décomposer par le vide ou par une élévation de température.

Acide carbonique naturel. — On trouve dans quelques pays des dégagements spontanés d'acide carbonique, sur les bords du Rhin, au voisinage de certaines sources d'eau minérale comme à Vichy. Certaines de ces sources de gaz en dégagent 50.000 mètres cubes par jour, sous une pression de 20 atmosphères, comme à Herste en Westphalie.

Dissociation.

L'acide carbonique chauffé à une température élevée se décompose en oxyde de carbone et oxygène, il se *dissocie*. Ce corps, si stable à la température ordinaire, se produisant même dans la combustion du charbon à des températures très élevées, peut cependant être détruit par une chaleur plus forte: c'est là un fait dont les chimistes pendant longtemps n'ont pas même soupçonné la possibilité. La découverte

par H. Sainte-Claire Deville de cette dissociation de l'acide
carbonique a eu une influence capitale sur l'orientation de
la chimie; il convient donc de s'y arrêter quelques instants.
Indépendamment de l'importance de cette découverte, les
méthodes expérimentales très élégantes qui ont permis de
constater la dissociation de l'acide carbonique méritent
pour elles-mêmes une étude détaillée.

La première expérience de H. Sainte-Claire Deville est
particulièrement remarquable et témoigne d'une audace
expérimentale peu commune. Ses chances de succès étaient
à priori très faibles et la difficulté de sa réalisation certainement très grande. Dans son idée, la combinaison de
l'oxyde de carbone et de l'oxygène dans la partie la plus
chaude du chalumeau à gaz tonnant devait être incomplète.
Pour démontrer cette hypothèse, il chercha à recueillir les
produits de la combustion dans la partie la plus chaude de
la flamme, en un point où des fils de platine fondaient instantanément en projetant des globules de métal. Il eut
recours dans ce but à un procédé expérimental très ingénieux dont il fit par la suite de nombreuses applications.

Il n'y a pas dans la nature de phénomènes instantanés,
de vitesses infinies, pas plus dans les phénomènes chimiques que dans les phénomènes mécaniques ; il est donc
possible, au moins en théorie, de refroidir assez rapidement
un mélange gazeux pris à une température très élevée pour
l'amener à la température ordinaire sans aucun changement dans son état chimique. Pour obtenir ce refroidissement brusque, Sainte-Claire Deville prit un tube en argent
à parois minces, traversé par un courant rapide d'eau froide
et percé d'un petit trou par lequel on pouvait, en plaçant
ce tube dans la partie la plus chaude de la flamme, aspirer
les gaz de cette flamme et les refroidir rapidement au contact de l'eau.

Pour obtenir l'aspiration avec une vitesse convenable, on
met le tube en communication, d'un côté avec un réservoir

placé à un niveau supérieur, tendant à envoyer de l'eau
sous pression dans le tube et de l'autre côté avec un tube
vertical descendant à un niveau inférieur, tendant au contraire à produire une aspiration. Des robinets, placés aux
deux extrémités du tube, permettaient, tout en laissant
passer un courant d'eau rapide, de régler à volonté la
pression au niveau de l'orifice de façon à aspirer le gaz en
quantité convenable.

Il est facile de se faire une idée de l'ordre de grandeur de
la vitesse du refroidissement : soit, par exemple, une dépres-

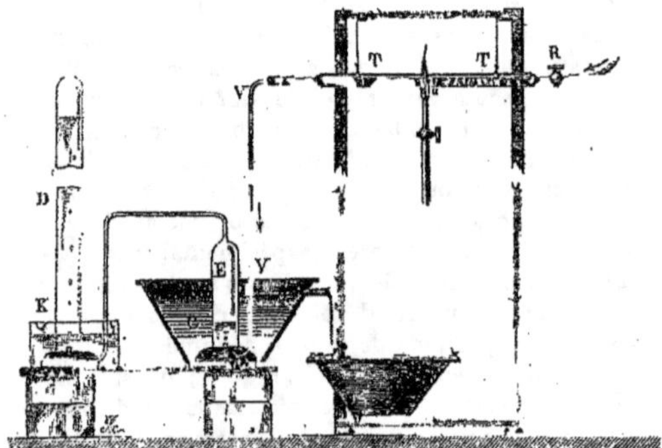

Fig. 19. — Appareil de H. Sainte-Claire Deville pour étudier la dissociation
de l'acide carbonique.

sion vers l'intérieur du tube de 100 millimètres d'eau ; la
vitesse d'entrée du gaz est donnée par la formule d'écoulement des gaz :

$$V = \sqrt{2gh}$$

dans laquelle h est la hauteur d'une colonne gazeuse prise

à la température de la flamme, c'est-à-dire à 3.000° environ
d'un poids égal à la colonne de 100 millimètres d'eau. Cette
hauteur serait de 1.300 mètres. On trouve ainsi pour la vitesse :

$$V = \sqrt{26.000} = 160 \text{ mètres par seconde.}$$

Le refroidissement est certainement complet avant que
les bulles aient parcouru un chemin de 1 millimètre de
long, c'est-à-dire en un temps inférieur à 1/160000me de
seconde.

Le gaz ainsi recueilli présentait la composition suivante :

    Acide carbonique   0,573
    Oxyde de carbone   0,286
    Oxygène   0,143

Par conséquent, l'acide carbonique était au tiers dissocié
à la température de la flamme.

Sainte-Claire Deville tenta la contre-partie de cette première expérience, en partant, non plus d'un mélange
d'oxyde de carbone et d'oxygène, mais bien d'acide carbonique tout formé qu'il chercha à décomposer par échauffement direct. Il ne put dépasser une température de 1.400°,
celle de fusion des tubes en porcelaine servant à ces expériences. Il faisait passer dans un tube rempli de fragments
de porcelaine, et chauffé à la plus haute température possible, un courant très lent d'acide carbonique. A la sortie,
le gaz renfermait quelques dix-millièmes de son volume
d'un mélange gazeux explosible, formé d'oxyde de carbone
et d'oxygène. Il y avait donc bien eu une légère dissociation de l'acide carbonique, mais le refroidissement était
trop lent pour que l'on pût espérer avoir conservé à la température ordinaire, la totalité des produits de la dissociation.

M. Wartenburg a repris cette seconde méthode expérimentale de Sainte-Claire Deville avec une modification très
simple qui en a considérablement augmenté la précision :

au lieu de prendre un simple tube de porcelaine cylindrique
et de le faire traverser par un courant lent d'acide carbonique, il prend un tube composé de deux parties, de diamètres inégaux, l'un ayant la largeur habituelle des tubes
en porcelaine, 30 millimètres, par exemple, et le second
capillaire, de 1 millimètre environ. De cette façon la vitesse du courant gazeux est mille fois plus grande dans
la partie étroite que dans la partie large ; le gaz chauffé dans
la partie large y séjourne assez longtemps pour y atteindre
son état normal de dissociation et se refroidit au contraire
rapidement dans la partie capillaire allant de la partie la
plus chaude à la partie froide extérieure.

M. Langmuir a appliqué la même méthode d'un refroidissement très rapide, en plaçant un fil très fin de platine
dans l'axe d'un long tube capillaire en verre et chauffant
ce fil par le courant électrique, à une température déterminée que l'on calculait d'après la variation de sa résistance électrique ; le gaz chauffé ainsi au contact du fil se
refroidissait ensuite brusquement au contact de la paroi
froide du tube de verre. On faisait circuler dans l'appareil
un courant lent d'acide carbonique et on recueillait le mélange tonnant dissocié après absorption de l'acide carbonique en excès.

Ces diverses expériences ont conduit aux valeurs suivantes pour la dissociation de l'acide carbonique :

Auteurs	Température	Dissociation
H. Sainte-Claire Deville	3000°	33 p. 100
Langmuir	1130°	0,014 —
Wartenburg	1125°	0,015 —
	1205°	0,033 —
Löwenstein	1550°	0,4 —

Difficulté des études sur la dissociation.

L'ensemble de ces recherches permet de conclure d'une façon certaine à la dissociation de l'acide carbonique aux températures élevées, mais les résultats numériques sont trop peu nombreux pour que l'on puisse en déduire, même d'une façon approchée, la loi de variation de cette dissociation en fonction de la température.

Chacune des expériences rappelées précédemment représente une somme considérable d'efforts et de temps dépensés, pour n'arriver qu'à un degré de précision assez faible, dans chacune des mesures. On ne peut donc guère espérer arriver d'ici longtemps, sinon même jamais, à résoudre ce problème par des méthodes purement expérimentales. Cette situation, d'ailleurs, n'est pas particulière à l'acide carbonique : l'étude des réactions se produisant aux températures élevées est toujours extrêmement difficile à cause du défaut de résistance des appareils à la chaleur et de la complication des manipulations. Aux basses températures, on rencontre, dans l'étude des phénomènes de dissociation, une difficulté d'une autre nature, mais qui n'est pas moins considérable, se rapportant à la lenteur extrême avec laquelle les phénomènes s'accomplissent. Dans certaines expériences de M. Berthelot sur l'éthérification, les réactions n'atteignaient leurs limites définitives qu'après un grand nombre d'années. Ces deux sortes de difficultés ont été la cause d'un retard considérable dans le progrès de nos connaissances relatives aux phénomènes de dissociation, pendant longtemps on a dû se limiter au côté purement qualitatif comme l'avait fait Sainte-Claire Deville dans ses premières recherches.

Un progrès énorme a pu être réalisé le jour, où l'on s'est aperçu, que certaines conséquences générales de la science de l'énergie pouvaient s'appliquer aux phénomènes chimiques. J'aurai occasion, dans des leçons prochaines, de vous indiquer la méthode qui a conduit à ces résultats importants, sans entrer, cependant, dans le détail des démonstrations, qui sont plutôt du domaine de certains cours spéciaux se rattachant à l'enseignement de la physique, de la thermodynamique générale et de la physico-chimie.

Je vous indiquerai seulement ici le résultat final, en ce qui concerne l'application de ces lois générales aux phénomènes chimiques.

Loi d'isodissociation.

La dissociation de l'acide carbonique est fonction à la fois de la température et de la pression ; pour des variations des températures de signe contraire, elle éprouve également des changements de sens opposé. Elle croît avec la température et décroît avec elle. De même pour la pression. Il doit donc être possible en combinant des changements simultanés de pression et de température, de grandeur et de sens déterminés, de réaliser toute une série successive de pressions et de températures pour lesquelles la dissociation de l'acide carbonique reste invariable. On démontre d'une façon rigoureuse, comme conséquence des principes de l'énergétique, que les variations simultanées de pression et de température, ne modifiant pas l'état d'équilibre, sont liées par la relation différentielle suivante :

$$\frac{425\,L\,dt}{T} + VdP = 0 \qquad (1)$$

dans laquelle les lettres ont la signification suivante :

P, pression en kilos par mètre carré ;

T, température absolue $= t + 273$;

L, chaleur latente de réaction à pression et température constantes exprimée en grandes calories, soit — 68 calories pour une molécule d'acide carbonique ;

V, le changement de volume amené par la réaction, s'effectuant également à pression et température constantes, et rapporté à la même quantité de matière que la chaleur latente de réaction L.

Pour une molécule d'acide carbonique, ce changement de volume est de une demi-molécule : $V = 0,0112$ m³.

Intégration de l'équation d'équilibre.

Pour les applications de cette formule entre un intervalle de pression et de température un peu considérable, il est nécessaire d'en faire l'intégration. Dans ce but, on fait d'abord intervenir la loi de Mariotte et de Gay-Lussac.

$$V = \frac{nRT}{P} \qquad (2)$$

En reportant dans l'équation (1) et divisant les deux termes par T, il vient :

$$425 \ \frac{Ldt}{T^2} + n \ R \ \frac{dP}{P} = 0 \qquad (3)$$

dans laquelle R, rapporté à un volume moléculaire, a pour valeur 0,84, n représente le nombre de molécules dont le volume a changé par l'effet de la réaction. Dans le cas de l'acide carbonique, sa valeur serait de 0,5.

Le second terme de cette équation est une différentielle exacte ; par suite aussi le premier.

On a, tout calcul fait :

$$500 \int_{T_0}^{T} \frac{Ldt}{T^2} + n \ Log \ \frac{P}{P_0} = \text{constante} \qquad (4)$$

L'intervention de la loi de Mariotte et de Gay-Lussac, qui est seulement approchée, enlève à la formule son caractère de rigueur absolue ; mais pratiquement, le degré d'approximation de la loi de Mariotte est tel, que les incertitudes, pouvant en résulter au sujet de la dissociation de l'acide carbonique, sont infiniment petites par rapport à celles que comportent les mesures expérimentales ; on peut donc s'en servir comme si elle était rigoureusement exacte.

Application aux explosifs.

Cette relation est encore incomplète ; elle ne permet pas de traiter dans son ensemble le problème de la dissociation de l'acide carbonique ; elle est cependant très intéressante par les renseignements précis qu'elle fournit sur ce qui se passe dans certaines conditions, où toute mesure serait absolument impossible. En voici un exemple : on s'est longtemps demandé si la dissociation de l'acide carbonique limitait la température de détonation des explosifs en vase clos, par suite aussi leur pression, c'est-à-dire leur effet utile. Dans le cas de la nitro-glycérine, par exemple, la température de détonation est voisine de 3.000°, c'est-à-dire la même que dans le chalumeau à oxyde de carbone et à oxygène, mais la pression atteint plusieurs dizaines de mille d'atmosphères Cette pression suffit-elle pour s'opposer à la dissociation qui, à la même température, est considérable sous la pression atmosphérique.

Le calcul précédent montre que dans la détonation de la nitro-glycérine en vase clos, la dissociation de l'acide carbonique est de l'ordre de grandeur de ce qu'elle est à 1.500° sous la pression atmosphérique, c'est-à-dire de quelques millièmes au plus : son influence sur l'effet utile des explosifs est donc entièrement négligeable. L'expérience directe eût été incapable de résoudre ce problème.

Cette formule, donnée ici à l'occasion de la dissociation de l'acide carbonique, est d'une application tout à fait générale. Elle fut découverte par Clapeyron dans le cas de la vaporisation de l'eau où elle donne la loi de variation de la pression en fonction de la température ; elle fut étendue plus tard par les deux frères Thomson à la fusion de la glace et

à tous les phénomènes similaires ; elle fut appliquée ensuite
par Peslin à la dissociation du carbonate de chaux; enfin
J.-W. Gibbs en a définitivement établi toute la généralité,
montrant qu'elle s'appliquait aux systèmes homogènes
comme aux systèmes hétérogènes, aux systèmes à tension
fixe, comme aux systèmes à tension variable.

Dans le cas des systèmes à tension fixe, c'est-à-dire dans
la fusion et la vaporisation des corps, dans la dissociation
de certains composés, comme le carbonate de chaux,
elle permet de calculer toutes les conditions d'équilibre
pourvu que l'on connaisse une seule d'entre elles, c'est-à-
dire les pressions et températures correspondant à un seul
état d'équilibre. Il n'en est pas de même dans les systèmes
homogènes. Toutes les pressions et températures déterminées par cette formule se rapportent à un seul et même état
d'équilibre, à un seul degré de dissociation, dont on est parti
pour déterminer la constante d'intégration. Pour chaque
composition nouvelle du système, chaque degré de dissociation, il faudrait une expérience nouvelle donnant un
couple conjugué de pression et de température.

Loi de l'action de masse.

Il existe une seconde loi qui permet, réunie à la première, de donner la solution complète du problème pour
les systèmes gazeux homogènes, mais elle n'a pas le même
caractère de rigueur. Indépendamment des principes de
l'énergétique, elle invoque en effet une loi approchée, dont
le degré d'exactitude semble notablement inférieur à celui de
la loi de Mariotte et de Gay-Lussac, *la loi de l'indépendance
des tensions de vapeur et de la présence de gaz étrangers.*
La tension de vapeur d'eau dans le vide est sensiblement la
même que dans l'air à la même température.

La loi de l'action de masse s'exprime par l'équation différentielle suivante :

$$n\,\frac{dp}{p} + n'\,\frac{dp'}{p'} - n''\,\frac{dp''}{p''} - \ldots = 0 \qquad (5)$$

$$\text{ou } \frac{p^n.\ p'^{n'}}{p''^{n''}..} = \text{constante} \qquad (6)$$

dans lesquelles p, p' p'' sont les pressions partielles de chacun des gaz mélangés, c'est-à-dire la pression que chacun d'eux posséderait s'il occupait seul la totalité du volume du mélange gazeux.

n, n', n'' indiquent le nombre de molécules gazeuses intervenant dans la réaction chimique donnant lieu à un état d'équilibre.

$$A^n + B^{a'} = C^{n''} + \ldots$$

dans la formation ou la dissociation de l'acide carbonique on a :

$$CO + 0{,}5\ O^2 = CO^2.$$

c'est-à-dire :

$$n \quad (\text{pour CO}) = 1.$$
$$n' \quad (\text{pour } O^2) = 0{,}5.$$
$$n'' \quad (\text{pour } CO^2) = 1.$$

On peut transformer cette expression en tenant compte de la loi de Mariotte et de Gay-Lussac, de façon à faire disparaître les pressions partielles, grandeurs échappant à l'observation directe, et à les remplacer par le produit des concentrations c, c', c'', c'est-à-dire des compositions en volume du mélange.

On écrit :

$$p = c.\,P \qquad (7)$$

et remplaçant ainsi p par son équivalent cP dans les équations (5) et (6), il vient :

$$n\,\frac{dc}{c} + n'\,\frac{dc'}{c'} - n''\,\frac{dc''}{c''} - .. + (n + n' - n''..)\,\frac{dP}{P} = 0 \qquad (8)$$

$$\text{ou } \frac{c^n.\,c'^{n'}}{c''^{n''}..}.\ P^{(n + n' - n'')} = \text{constante} \qquad (9)$$

On pourra, au moyen de cette formule, calculer en partant
d'une expérience unique, la variation de la dissociation pour
des pressions différentes du mélange et ensuite par la formule d'iso-dissociation, trouver la série des températures et
des pressions correspondant à un quelconque des coefficients
de dissociation.

On aura donc la solution complète du problème.

Loi complète de l'équilibre dans les systèmes gazeux.

Au lieu de diviser les calculs en deux, en séparant les deux
lois comme on l'a fait pour la clarté de l'exposition, on peut
les réunir dans une formule unique qui donne la loi complète de la dissociation d'une masse gazeuse homogène.

$$500 \int_{T_0}^{T} \frac{Ldt}{T} + (n + n' - n''..)Lg.P + Lg\ \frac{c^n.c'^{n'}}{c''^{n''}} = \text{constante} \quad (10).$$

Pour déterminer la valeur de la constante, il suffit d'une
seule expérience dans laquelle on ait mesuré les valeurs correspondantes de P, T, c, c', c''.

La connaissance de cette équation générale d'équilibre des
systèmes gazeux a joué un rôle tout à fait prépondérant
dans nos connaissances relatives à la mécanique chimique
des gaz; il est en effet très difficile, comme nous l'avons dit
précédemment, de déterminer expérimentalement les conditions d'équilibre dans les systèmes gazeux homogènes,
soit parce que les réactions s'y accomplissent trop lentement aux basses températures, soit parce qu'il est trop difficile de les étudier aux températures élevées. Dans l'immense majorité des cas, on ne peut espérer obtenir qu'un
groupe d'expériences tellement resserré qu'il n'apprend
rien de plus qu'une seule expérience. C'est ensuite au
moyen de la formule ci-dessus que l'on détermine les conditions d'équilibre dans les circonstances les plus variées.
Nous aurons l'occasion, dans ce cours, de faire de nom-

breuses applications de cette formule : à la dissociation de l'oxyde de carbone, à la synthèse de l'acide sulfurique par le procédé de contact, aux réactions des corps réducteurs sur les oxydes métalliques, etc...

Voici les résultats de ces calculs en ce qui concerne l'acide carbonique, en prenant comme expérience initiale un résultat moyen entre l'expérience de Sainte-Claire Deville sur le mélange tonnant (oxyde de carbone et oxygène), fait à la pression atmosphérique, et une expérience faite, par MM. Mallard et Le Chatelier, en vase clos sous une pression de 10 atmosphères :

t	0,01	0,1	1	10	100	atm.
1.000	0,3	0,13	0,06	0,03	0,015	
1.500	3,5	1,7	0,8	0,4	0,2	
2.000	12,5	8	4	3	2,5	
2.500	60	40	19	9	4	
3.000	80	60	40	21	10	

Les chiffres de ce tableau donnent le coefficient de dissociation de CO^2 pur, c'est-à-dire le rapport du volume de l'oxyde de carbone libre, au volume total d'acide carbonique possible, c'est-à-dire à la somme des volumes d'oxyde de carbone et d'acide carbonique existant dans le mélange :

$$x = \frac{c}{c + c''}$$

CARBONATES MÉTALLIQUES

Carbonates neutres. — Hydrates de gaz. — Définition des acides. — Carbonates basiques et acides. — Chaleur de formation. — Lois des tensions fixes. — Causes d'erreurs dans les mesures. — Loi numérique des tensions de dissociation. — Loi de Trouton. — Extension de la loi de Trouton. — Règle de Forcrand. — Règle de Nernst. — Dissociation des bicarbonates alcalino-terreux. — Dissociation des bicarbonates alcalins. — Application de la loi de l'action de masse aux bicarbonates.

Carbonates neutres.

L'acide carbonique se combine aux bases pour donner des sels, par exemple :

Le carbonate de soude	CO^2, Na_2O	ou CO^3Na^2
Le carbonate de chaux	CO^2, CaO	ou CO^3Ca
Le carbonate de plomb	CO^2, PbO	ou CO^3Pb

etc...

Dans un grand nombre des carbonates, le rapport de l'oxygène de l'acide à l'oxygène de la base est celui de 2 à 1. Ce sont les carbonates que l'on rencontre le plus fréquemment. On les appelle les carbonates neutres. Ils correspondraient à un acide hydraté théorique ayant pour formule :

$$CO^2,\ H^2O \text{ ou } CO^3H^2$$

Toutes les tentatives faites jusqu'ici pour isoler cet acide ;

ou tout au moins pour démontrer d'une façon indirecte
son existence dans les solutions aqueuses du gaz carbonique, ont été vaines. On n'a jamais réussi à obtenir qu'un
seul hydrate de l'acide carbonique.

$$CO_2,\ 6\ H_2O$$

On obtient cet hydrate en comprimant l'acide carbonique
au contact de l'eau liquide à une température voisine de 0°.

Hydrates de gaz.

C'est, du reste, là un fait assez curieux qu'un grand nombre
de gaz donnent ainsi par le refroidissement des hydrates
contenant un assez grand nombre de molécules d'eau, en
général 6.

Cette question a fait l'objet de recherches nombreuses de la
part de MM. Villard et de Forcrand. Voici les compositions
trouvées pour un certain nombre de ces hydrates gazeux :

$Az_2\ 5\ H_2O$	$H_2S\ 6\ H_2O$	$Cl_2\ 7\ H_2O$	$Br_2\ 10\ H_2O$
	$CO_2\ 6\ H_2O$	$C_2H_4\ 7\ H_2O$	
	$CH_4\ 6\ H_2O$		
$CH_3\ Cl\ 6\ H_2O$			
$Az_2O\ 6\ H_2O$			
$C_2H_4\ 6\ H_2O$			

M. Villard a étudié les tensions de dissociation de ces
hydrates gazeux ; voici les résultats relatifs à l'acétylène et
à l'acide carbonique :

$CO_2\ 6\ H_2O$		$C_2H_2\ 6\ H_2O$	
-6°	6,5 at.	0°	5,75 at.
0	12,2	4,6	9,4
5,3	21,8	7	12
10	44	9,6	16,4
		15	33

Les tensions de dissociation de ces hydrates deviennent

égales à celles du gaz liquéfié saturé d'eau, à la température
de 10° pour l'acide carbonique et de 16° pour l'acétylène.

Autre particularité intéressante, tous ces corps cristallisent dans le système cubique, sont isomorphes et peuvent
cristalliser ensemble; ils se présentent souvent avec des formes hexagonales, comme les cristaux de glace. Ces hydrates
gazeux, comme les hydrates salins, forment donc une famille à part dont on ne trouverait guère d'analogue avec des
corps autres que l'eau. L'eau est en effet un corps anormal
qui se distingue des autres par un grand nombre de propriétés particulières : maximum de densité, solubilité de sels
peu fusibles, conductibilité électrique des dissolutions, etc.

Définition des acides.

Cette impossibilité d'obtenir l'acide carbonique hydraté
soulève une question assez intéressante de classification et
de nomenclature chimique. Autrefois le composé CO^2 était
défini un acide, comme l'acide sulfurique SO^3, l'acide azotique Az^2O^5, parce qu'en se combinant aux bases, il forme
des combinaisons stables plus ou moins neutres aux réactifs, que l'on appelle des *sels*. Les combinaisons avec l'eau
SO^3H^2O ou SO^4H^2, $Az^2O^5H^2O$ ou $(AzO^3H)^2$, véritables sels
d'hydrogène, étaient appelées hydrates d'acide. Cette nomenclature convenait parfaitement pour les composés de la
chimie minérale. Les études de chimie organique ont conduit à changer du tout au tout la définition du mot *acide*.
Les acides organiques se présentent presque toujours à
l'état hydraté ou, si l'on aime mieux, à l'état de leurs sels
d'hydrogène. Ainsi l'acide acétique, $C^2H^4O^2$, donne l'acétate
de soude, $C^2H^3NaO^2$, l'acide oxalique $C^2H^2O^4$ donne l'oxalate
de soude $C^2Na^2O^4$, par substitution du métal à l'hydrogène.
Un grand nombre de ces acides, l'acide acétique par exemple, peuvent être déshydratés, mais le corps anhydre, contrairement à ce qui se produisait pour les acides minéraux,

réagit beaucoup moins énergiquement sur les bases que l'acide hydraté. Il semble même que sa combinaison avec les bases ne se produise que postérieurement à son hydratation. On est convenu alors de réserver la dénomination d'*acide* aux corps hydratés et d'appeler *anhydrides d'acides* les corps déshydratés, tandis qu'en chimie minérale ces derniers étaient appelés *acides* et les premiers, *hydrates d'acides*.

Cet usage s'est introduit peu à peu dans la chimie minérale, en raison de la prépondérance des études de chimie organique depuis une vingtaine d'années. Cette nouvelle nomenclature a l'avantage d'établir une certaine symétrie dans l'exposé des faits, mais elle a aussi l'inconvénient grave de faire constamment intervenir des corps fictifs. L'acide carbonique, l'acide sulfureux, l'acide chromique et bien d'autres sont dépourvus de toute existence, leurs anhydrides seuls sont connus.

Quoi qu'il en soit, lorsqu'un usage existe dans le langage scientifique, il est préférable de s'y conformer sous peine de s'exposer à ne pas être compris. Si donc il m'arrive parfois de ne pas respecter cette convention, ce ne sera pas de propos délibéré, mais seulement parce qu'il est difficile dans le langage courant de modifier des habitudes datant des premières années d'études.

Carbonates acides et basiques.

Indépendamment des carbonates neutres, il existe un certain nombre d'autres sels moins stables que les précédents, dont la composition n'est pas toujours très exactement connue et dans lesquels le rapport de l'acide carbonique aux bases est très nettement différent, par exemple le bicarbonate de soude $2\,CO^2\,Na^2O\,H^2O$ renferme, pour une même quantité de soude, deux fois plus d'acide carbonique que le carbonate neutre. Le natron ou carbonate quatre tiers $4\,CO^2\,3\,Na^2O\,5\,H^2O$ renferme pour une molécule de soude un tiers de molécule d'acide carbonique en plus du carbonate neutre. D'autres sels renferment au contraire moins d'acide carbonique, par exemple la magnésie blanche des pharmaciens $3\,CO^2\,4\,MgO\,4\,H^2O$ qui, pour une molécule de magnésie, renferme 0,25 molécule d'acide carbonique en moins.

La céruse $2\,CO^2\,3\,PbO\,H^2O$, qui renferme un tiers de molécule d'acide carbonique en moins que le carbonate neutre.

On peut représenter la constitution de ces divers sels de façons assez différentes, se rattachant chacune à certaines hypothèses sur leur constitution.

On peut d'abord les considérer comme des sels, dans lesquels le rapport de l'acide à la base est différent, en faisant abstraction de l'eau, supposée être seulement de l'eau d'hydratation, qui peut être perdue ou reprise sans aucun changement dans la constitution du sel. Il y a en effet des acides, comme l'acide chromique, l'acide borique, qui se combinent certainement aux bases dans des proportions différentes. Cette hypothèse n'est guère justifiée dans le cas de l'acide carbonique parce que l'on ne connaît aucun exemple de combinaisons anhydres dans lesquelles le rapport de l'acide carbonique aux bases soit différent de celui des carbonates neutres. Si l'on veut par exemple enlever l'eau du bicarbonate de soude, on enlève en même temps une partie de l'acide carbonique. Cette eau doit donc être considérée comme de l'eau de constitution indispensable à l'existence du sel.

On représente souvent la constitution du bicarbonate de soude, en s'inspirant des idées de la chimie organique, comme étant celle d'un sel bi-basique, analogue par exemple à l'oxalate acide de potasse ; dans l'acide fictif CO^3H^2, un atome d'hydrogène est remplacé par du sodium pour donner un sel acide CO^3NaH, et quand les deux atomes d'hydrogène sont remplacés, on a le sel neutre CO^3Na^2.

Cette façon de concevoir la constitution des sels ne peut pas s'appliquer au natron, ne peut pas s'appliquer aux sels basiques ; elle a surtout le grave inconvénient de conduire

à révoquer en doute l'existence de carbonates acides ou bicarbonates des sels des métaux terreux, comme le calcium et le
magnésium, dont l'existence, cependant, paraît bien certaine.

La seule façon normale de considérer ces divers sels est de
les envisager comme des espèces de sels doubles ; de même
que le carbonate de soude se combine par voie sèche au carbonate de chaux pour former un sel double, il se combine
à l'acide carbonique hydraté, stable en combinaison,
pour former le bicarbonate ou le natron, la première
combinaison se faisant molécule à molécule, la deuxième,
3 molécules de carbonate de soude pour 1 molécule
d'acide hydraté. Les sels basiques de plomb, de magnésie, sont également de véritables sels doubles, combinaisons du sel neutre avec des hydrates de l'oxyde. Ces corps
peuvent, en outre, suivant les cas, prendre des quantités
supplémentaires et variables d'eau d'hydratation, comme
tous les sels.

Chaleur de formation.

La chaleur de formation des carbonates est relativement
faible, si on la compare à celle des combinaisons formées
par les autres anhydrides acides. Voici par exemple la chaleur comparée de combinaison de l'acide carbonique et de
l'anhydride sulfurique pris à l'état gazeux. Les chaleurs de
réaction ne sont, en effet, comparables que lorsque l'on part
de corps pris sur le même état physique.

Bases	CO_2	SO_3
K_2O	86,3	154,3
Na_2O	75,7	135,2
CaO	43,3	93,9
MnO	23,5	66,4
PbO	21,6	72,7

Décomposition par la chaleur.

Tous les carbonates, sauf ceux des métaux alcalins, sont décomposables par la chaleur, à des températures souvent peu élevées; les sels des acides volatils se comportent tous de la même façon. La température de décomposition est d'autant plus élevée que la chaleur de formation est plus grande; ainsi, le carbonate de chaux se décompose vers 900° et le sulfate de chaux, vers 1.400°; le carbonate de manganèse, vers 300° et le sulfate, vers 900°. Les carbonates de certaines bases faibles comme le sesquioxyde d'aluminium sont inconnus; ils doivent se décomposer au-dessous de la température ordinaire. Les sulfites de ces oxydes se décomposent déjà vers 100°.

Loi des tensions fixes.

La dissociation du carbonate de chaux est limitée à une température donnée par une tension fixe de dissociation, c'est-à-dire une tension indépendante de la quantité déjà décomposée, des proportions relatives de chaux et de carbonate en présence. Ce fait, prévu par Sainte-Claire Deville, en partant de l'analogie qu'il admettait à priori entre les phénomènes de dissociation et de vaporisation, fut vérifié expérimentalement par Debray. Cette expérience eut un très grand retentissement. Quoique exacte en elle-même, elle eut cependant, il faut bien le reconnaître, le grave inconvénient de donner pendant longtemps une direction complètement erronée aux études de mécanique chimique. Cette loi des tensions fixes, exacte seulement dans certaines circonstances spéciales, fut étendue à tort et à travers à tous les phénomènes d'équilibre chimique, en dénaturant même au besoin les résultats bruts de l'expérience pour les faire cadrer avec l'idée théorique préconçue. La loi des tensions fixes de vapeur, vraie pour les corps purs, est fausse pour les mélanges, pour les dissolutions, dont la composition est variable ; les tensions fixes n'existent que dans le cas où, par la nature même du phénomène chimique, la décomposition peut s'effectuer, sans changement dans la composition des corps en présence, leur masse variant seule. C'est bien le cas de l'évaporation d'un liquide pur, mais non d'une solution qui se concentre par évaporation ; c'est le cas de la dissociation du carbonate de chaux où la chaux libre et le carbonate simple sont juxtaposés, conservent une composition invariable. Ce n'est pas le cas par contre de l'oxyde cuivrique, corps fusible qui dissout l'oxyde cuivreux formé par sa dissociation ; la tension de l'oxygène dégagé varie à température constante avec la proportion relative des deux oxydes fondus ensemble.

Causes d'erreurs dans les mesures.

Les mesures de la tension de dissociation du carbonate de chaux ont été reprises à diverses époques et ont donné des résultats extrêmement divergents ; il peut être intéressant de s'y arrêter un instant pour montrer la nature des causes d'erreurs à redouter dans des expériences de cette nature. Les erreurs peuvent porter sur les deux mesures que comporte l'expérience : celle de température et celle de pression.

La mesure de pression est en elle-même très simple, la seule difficulté provient du temps souvent très long, nécessaire pour que cette pression atteigne sa valeur définitive.

La mesure de la température est beaucoup plus délicate.

Pendant longtemps, on n'a possédé aucun procédé précis pour la mesure des températures élevées. Debray avait employé le thermomètre à vapeur d'iode basé sur l'hypothèse inexacte que cette vapeur suivait la loi de Mariotte et de Gay-Lussac ; ses mesures étaient erronées de ce chef de 150°

par excès environ. Il est très difficile d'autre part de maintenir la température uniforme dans une masse un peu volumineuse, et la tension que l'on observe est toujours celle qui correspond aux portions du carbonate les plus fortement chauffées ; si l'appareil de mesure de la température n'est pas placé précisément dans ce point, il n'y a aucune corrélation entre les deux mesures de pression et de température. Les expériences les plus récentes et les plus précises faites sur la dissociation du carbonate de chaux, sont celles de M. Zavrieff. Il a réalisé dans son appareil l'uniformité des températures mesurées en employant un poids faible de matière, 5 grammes ; ils étaient placés dans une petite nacelle d'argent de faible longueur, cette nacelle était elle-même placée dans un four chauffé électriquement, et l'on choisissait une région du four où l'on avait vérifié au préalable l'existence d'une zone uniforme de température. Le couple thermo-électrique servant aux mesures de température était placé au milieu de la masse de carbonate de chaux.

Pour activer l'établissement de la pression, le carbonate de chaux fut pulvérisé, de façon à augmenter l'étendue des surfaces libres par lesquelles peut se faire le dégagement de l'acide carbonique ; de plus la matière fut mêlée avec une petite quantité, 5 à 10 p. 100 d'un mélange très fusible de carbonate double alcalin, alcalino-terreux ; on sait que l'intervention d'une petite quantité de matière fondue accélère toujours considérablement l'établissement de l'état d'équilibre définitif. Voici les résultats obtenus par M. Zavrieff :

| Températures . . . . | 926° | 910 | 892 | 870 | 840 | 815 | 725 |
| Pression en millimètres de Hg | 1022 | 755 | 626 | 500 | 342 | 230 | 67 |

Loi des tensions de dissociation.

La variation de la tension de dissociation du carbonate de chaux avec la température se fait suivant une loi identique à celle de la variation de la tension de la vapeur d'eau.

13

On avait depuis longtemps, établi, en partant des principes de l'énergétique, une relation, connue sous le nom de Clapeyron Carnot, qui rattachait entre elles les variations correspondantes de pression et de température dans la vaporisation de l'eau. Aussitôt la découverte par Debray de la loi des tensions fixes, MM. Peslin et Moutier signalèrent, chacun d'une façon indépendante, la possibilité d'appliquer la même loi à ce nouveau phénomène. Le raisonnement fait pour la vapeur d'eau ne suppose, en effet, rien de particulier sur la nature du phénomène, en dehors de l'existence de tensions fixes. Cette formule est la suivante :

$$425 \frac{LdT}{T} + VdP = 0$$

ou en faisant intervenir la loi de Mariotte et de Gay-Lussac :

$$500 \frac{LdT}{T^2} + d. \text{Log. } P = \text{Constante}$$

et dans le cas où l'on ne considère qu'un intervalle de température assez limité pour permettre de négliger la variation de la chaleur latente de réaction L.

$$500 \frac{L}{T} - \text{Log. } P = K$$

Cette formule est identique à celle de la loi d'iso-dissociation donnée pour l'acide carbonique, mais son extension aux systèmes homogènes n'a été reconnue que beaucoup plus tard parce que le raisonnement primitif de Clapeyron, pour la vaporisation de l'eau, faisait intervenir, sans aucune nécessité d'ailleurs, la loi des tensions fixes. L'application de cette loi au cas de la vaporisation de l'eau et de la dissociation de carbonate de chaux ne doit être considérée, en réalité, que comme une application faite à un cas particulier simple d'une relation beaucoup plus générale.

On n'a pas actuellement les moyens de vérifier d'une façon précise l'accord, absolument certain d'ailleurs, entre les conséquences de cette formule et les résultats de

l'expérience. Il faudrait connaître jusqu'à 1.000° la variation de chaleur de dissociation avec la température.

Loi de Trouton.

En comparant la dissociation des différents corps donnant par leur décomposition un corps gazeux, on reconnaît
de suite l'existence d'une corrélation entre la température
de décomposition sous une pression donnée, la pression
atmosphérique, par exemple, et la chaleur latente de décomposition rapportée à une molécule du corps gazeux
dégagé. La chaleur de décomposition du carbonate de chaux
est double de celle du carbonate de plomb : pour le premier
la tension de dissociation d'une atmosphère correspond à
900° et pour le second, à 300° ; il en est de même d'ailleurs
dans les phénomènes de vaporisation, les corps les plus
volatils ont aussi les chaleurs latentes de vaporisation les
plus faibles. L'acide carbonique a une chaleur latente de
5 calories, l'eau de 10 calories et le mercure de 15 calories,
toujours rapportés à un poids moléculaire volatilisé et les
points d'ébullition sous la pression atmosphérique sont respectivement de — 56°, + 100° et + 350°.

En rapprochant ce fait d'observation de la formule de
Clapeyron Carnot, prise sous sa forme approchée, dans laquelle on néglige la variation des chaleurs latentes avec la
température :

$$500 \frac{L}{T} - \log. P = K$$

on est conduit à se demander s'il n'existerait pas une relation entre la valeur des constantes K pour les différents
corps ; l'hypothèse la plus simple à essayer est de supposer
que cette valeur de K est la même pour tous les corps. S'il
en est ainsi, on aura pour une même valeur de la pression,
P = 1, par exemple, c'est-à-dire log. P = 0, pour tous les
corps, au point d'ébullition, la relation :

$$\frac{L}{T} = K$$

$T = t + 273$ étant la température absolue d'ébullition. C'est précisément cette relation qui constitue la loi, dite de Trouton ; elle a d'ailleurs été découverte par son auteur en suivant une marche différente. Elle présente des écarts importants dans ses applications expérimentales ; voici quelques chiffres montrant son degré d'approximation :

Corps	Point d'ébullition	L/T
Chloroforme. . .	62°	21,74
Thérébenthène . .	161°	21,52
Mercure	350°	24,6
Alcool amylique .	134°	26,16
Alcool méthylique.	66°	25,72
Eau.	100°	25,9

Extension de la loi de Trouton.

Pour les phénomènes de dissociation le quotient est plus élevé encore et généralement compris entre 28 et 32, allant jusqu'à 35 pour le carbonate de chaux. Cet écart de 20 à 35 ne constitue donc pas une constante proprement dite du quotient ; on doit cependant remarquer que les chaleurs latentes et les températures de décomposition varient dans un rapport infiniment plus considérable : de 2 calories pour la vaporisation de l'hydrogène jusqu'à 44 calories pour la dissociation du carbonate de chaux, c'est-à-dire dans le rapport de 1 à 20, tandis que le quotient par la température d'ébullition ne varie que dans le rapport de 1 à 1,75 ; il y a donc certainement là l'indication d'une loi dont l'énoncé n'est pas encore complètement connu.

Règle de Forcrand.

Un progrès considérable a été réalisé par M. de Forcrand qui a proposé de prendre les chaleurs latentes de vaporisation et de dissociation des corps rapportées à l'état solide, à l'exclusion des corps à l'état liquide. En procédant ainsi, la régularité du quotient L/T est considérablement augmentée, comme le montrent les chiffres suivants :

Corps	Température	L/T
H^2O solide	100°	29,73
Sr Cl^2 6H^2O	115°	30,70
CaO H^2O	535°	30,63
AzH^3 solide	—32,5	31,93
LiClAzH^3	113°	31,02
Ca Cl^2 2AzH^3	180°	30,97
CO^2 solide	—56	31
CO^2 6H^2O –	—30°	32
CaO CO^2	+910°	35

Tous ces quotients, sauf celui du carbonate de chaux, sont donc compris entre 30 et 32 ; un grand nombre de calculs semblables faits par M. de Forcrand ont donné comme variation extrême de ce rapport 28 et 32, soit des écarts en plus ou en moins de 1/15° par rapport au nombre 30. C'est là une concordance bien supérieure à celle de la loi primitive de Trouton et cependant on a admis dans ces calculs la constance de la chaleur latente de réaction. Cela est tout à fait inadmissible pour le carbonate de chaux, dont la temrature de dissociation est supérieure de 900° à celle à laquelle a été faite la mesure de la chaleur latente. De plus, pour la vaporisation des corps, on a confondu le point d'ébullition, sous la pression atmosphérique, de l'état liquide avec celui de l'état solide, qui n'est pas mesurable en général et diffère certainement du précédent. On peut donc, sans aucune hésitation, affirmer qu'il existe une même loi reliant les conditions de vaporisation et de dissociation de tous les corps, pris sous l'état solide.

Règle de Nernst.

M. Nernst a donné à cette loi une nouvelle forme qui en augmente encore la précision, le quotient de la chaleur latente, mesurée à la température ordinaire, par la température correspondant à une tension de 1 atmosphère, n'est pas rigoureusement constant, mais croîtrait lentement avec la température suivant la formule :

$$\frac{L_0}{T} = 4,571 \ (1,75 \ \log. \ T + 3,5)$$

la concordance de cette formule avec les résultats de l'expérience, surtout aux températures très élevées, semble plus satisfaisante encore que la règle plus simple de M. de Forcrand.

L'application de cette loi, même sous sa forme approchée primitive, a rendu des services réels dans les recherches chimiques ; il a été possible, par exemple, de prévoir ainsi les températures auxquelles des métaux, censés inoxydables, comme l'argent, le platine, pourraient en réalité être oxydés. On a calculé à priori, d'après leur chaleur d'oxydation, la température vers laquelle la tension de dissociation devait être de 1 atmosphère, et en opérant au voisinage de cette température, sous une pression de plusieurs atmosphères, l'oxydation a pu être obtenue. On a réussi ainsi à oxyder complètement l'argent à la température de 350°, sous une pression d'oxygène d'une dizaine d'atmosphères.

Dissociation des bicarbonates alcalino-terreux.

L'eau ordinaire des rivières renferme du carbonate de chaux en dissolution à l'état de bicarbonate. A l'ébullition l'acide carbonique en excès se dégage et le carbonate neutre se précipite. La tension de l'acide carbonique de ces solutions de bicarbonates dépend à la fois de la température et de la quantité de bicarbonate en dissolution ; la loi des tensions fixes ne s'applique plus dans ce cas. A température constante, la tension limite de l'acide carbonique décroît avec la proportion du sel en dissolution. Des expériences très précises de M. Schloesing continuées par M. Engel, ont montré que la relation entre la tension de l'acide carbonique et le poids de bicarbonate dissous, était rigoureusement exprimée par la formule :

$$X^{0,378} = 0,9218\ Y$$

dans laquelle X est la tension de l'acide carbonique exprimée en atmosphères, Y le poids en milligrammes par litre du carbonate neutre de chaux contenu dans le bicarbonate dissous.

Pour faire le calcul du bicarbonate de chaux existant en solution, on doit défalquer, d'une part, le poids du carbonate neutre dissous en vertu de sa solubilité propre, qui a été trouvée par M. Schloesing de 13,1 milligrammes par litre à 16° et, d'autre part, la quantité d'acide carbonique libre dissous que l'on peut calculer d'après la loi de Henry, en prenant comme solubilité, sous une pression de 1 atmosphère, à la température des expériences de 16°, un poids de 1.948, 3 milligrammes par litre.

Tension de CO_2 en atmosphères	Carbonate en milligrammes par litre		Différences
	Trouvé	Calculé	
0,000504	61,5	61,2	— 0,3
0,00333	124,1	125,0	+ 0,9
0,05008	346,9	349,3	+ 2,4
0,4167	774,8	779,2	+ 4,8
1,00	1079	1085	— 6
2	1403	1411	— 8
4,00	1820	1834	— 14
6,00	2109	2139	— 30

Il est assez remarquable de voir qu'une formule aussi simple suffit pour représenter exactement les résultats de l'expérience dans un intervalle de pression variant dans le

rapport de 1 à 10.000: cette série d'expériences sur la dissociation du bicarbonate de chaux est très intéressante, car
c'est une des plus complètes et des plus précises que l'on
possède sur les phénomènes d'équilibres chimiques.

La dissociation du bicarbonate de baryte, du bicarbonate
de magnésie se font suivant des lois identiques, à la valeur
numérique près des coefficients ; pour le bicarbonate de
magnésie, par exemple on a la relation :

$$X^{0,370} = 0,03814\ Y.$$

Le tableau ci-dessous donne les résultats comparatifs de
l'expérience et du calcul exprimés non plus en milligrammes,
mais en grammes par litre.

Pression de CO^2 en atmosphères	Quantité de $MgOCo^2$		Différences
	Trouvée	Calculée	
— 0,5	20,5	20,3	— 1,0
— 1	26,5	26,2	— 1,1
1,5	31,0	30,4	— 1,9
— 2	34,2	33,8	+ 1,2
2,5	36,4	36,8	+ 1,1
3	39,0	39,3	+ 0,8
— 4	42,8	43,7	+ 2
— 6	50,6	50,8	+ 0,4

Cette grande solubilité du bicarbonate de magnésie a été
utilisée pour extraire le carbonate de magnésie de la dolomie, carbonate double naturel de chaux et de magnésie.
On traite cette roche finement broyée par de l'acide carbonique comprimé à une pression de plusieurs atmosphères ;
la chaux et la magnésie se dissolvent suivant leur solubilité
propre, c'est-à-dire que, sous une pression de 6 atmosphères,
par exemple, il se dissout 50 grammes de carbonate de
magnésie, contre 2 de carbonate de chaux. Le liquide est
filtré sous pression, puis ramené à la pression atmosphérique
et même, soumis à une dépression pour faire dégager l'acide
carbonique; on obtient un précipité de carbonate basique

de magnésie, magnésie blanche des pharmaciens, entraînant une petite quantité de carbonate de chaux.

Dissociation des bicarbonates alcalins.

On ne possède pas d'expériences analogues aux précédentes sur les bicarbonates alcalins, c'est-à-dire dans lesquelles il y ait un excès de carbonate neutre cristallisé au
contact du liquide saturé. On a fait, par contre, des expériences sur les solutions saturées de bicarbonate. Voici des
tensions observées à diverses températures pour des solutions saturées de bicarbonate de soude.

Bicarbonate de soude

15°	120 mm.
3o	212
4o	356
5o	563

Ces nombres offrent d'ailleurs un intérêt très limité.
Il ne peüt y avoir des tensions fixes, puisque la décomposition du bicarbonate donne du carbonate neutre qui, en se
dissolvant dans le liquide, en fait changer la composition. On peut avoir à la même température des infinités
de tensions différentes, comme cela se passe pour le bicarbonate de chaux. Les expériences sur la dissociation des
bicarbonates solides ont donné lieu à de nombreux mé-
comptes dont la raison est évidente. On recherchait des tensions fixes de dissociation et, le plus souvent, il a été impossible d'en trouver aucune. Accidentellement cependant, dans
quelques expériences isolées, M. Lescœur aurait observé des
tensions fixes, mais sans préciser les conditions auxquelles
correspondaient ces tensions fixes. Voici quelques-uns des
résultats obtenus par M. Lescœur :

Bicarbonate de soude sec		Bicarbonate de potasse sec	
55°	19 mm.	85°	25 mm.
60	25	90	36
70	43	100	65
80	70	110	100
90	125	120	150
100	310	127	198

Il peut être intéressant de montrer les difficultés que présente le problème de la dissociation des bicarbonates alcalins solides, de donner les raisons pour lesquelles on ne rencontre pas en général de tensions fixes, qui ne peuvent exister en fait que dans certaines circonstances particulières rigoureusement définies.

Applications de la loi de l'action de masse aux bicarbonates.

L'erreur commise au sujet de la dissociation des bicarbonates est de ne prendre en considération qu'un seul des produits gazeux de leur décomposition, l'acide carbonique, en ignorant la vapeur d'eau dont le rôle n'est pas moins important. Ce n'est ni la tension de l'acide carbonique, ni celle de la vapeur d'eau, qui sont constantes à une température donnée, mais seulement une certaine fonction de ces deux grandeurs. Cette fonction est précisément celle que définit la loi de l'action de masse, donnée à l'occasion de la dissociation de l'acide carbonique.

D'après l'équation de la réaction :

$$Na^2O, H^2O, 2CO^2 = Na^2O, CO^3 + CO^2 + H^2O.$$

on doit avoir la relation :

$$\frac{dc}{c} + \frac{dc'}{c'} = 0, \text{ ou } c\,c' = \text{constante.}$$

On voit d'après cette formule que la tension de l'acide carbonique peut devenir infinie si celle de l'eau s'annule et réciproquement. Pour que la tension de l'acide carbonique soit constante il faut que celle de la vapeur d'eau soit maintenue au préalable constante par un procédé approprié. Ce résultat peut-être obtenu facilement en mettant en présence du bicarbonate, qui se décompose, un corps susceptible d'émettre de la vapeur d'eau sous une tension fixe, par exemple, une solution de composition fixe, ou un hydrate partiellement dissocié du carbonate neutre de soude, etc. Suivant le corps intervenant pour régler la tension de la vapeur d'eau, celle-ci prendra des valeurs différentes et par suite aussi la tension de l'acide carbonique. On pourra donc avoir à une même température plusieurs tensions fixes différentes de l'acide carbonique suivant les conditions où l'on se place. Si l'on ne prend aucune précaution spéciale pour fixer ainsi la tension de la vapeur d'eau, on aura, au contraire, suivant les circonstances où l'on se sera placé involontairement, des tensions indéfiniment variables à la même température.

Pour préciser les conditions d'expériences indiquées ici, on donnera quelques exemples de systèmes chimiques devant présenter des tensions fixes.

Premier cas. — Bicarbonate de soude solide.

Un des hydrates solides du carbonate neutre ; celui à 0,1, 7 ou 10 molécules d'eau suivant la température.

Solution saturée des deux sels précédents.

Deuxième cas. — Bicarbonate de soude solide.

Deux des hydrates solides consécutifs du carbonate neutre, variables suivant la température, mais pas de solution.

Dans le second cas la tension de vapeur est nécessairement moindre que lorsqu'il y a du liquide et par suite, la tension de l'acide carbonique doit être beaucoup plus élevée.

Quand on a du bicarbonate et du liquide, sans cristaux de carbonate neutre en excès, la concentration de la dissolution en carbonate neutre varie progressivement au fur et à mesure de la dissociation du bicarbonate ; la tension de la vapeur d'eau et, par contre-coup, celle de l'acide carbonique varient

également d'une façon continue. Il n'y aura pas de tension
fixe aussi longtemps que l'accroissement de la quantité de
carbonate neutre formé n'aura pas atteint la saturation du
liquide. Une fois la cristallisation de ce sel commencée et
tant que la totalité ne serait pas décomposée ou dissoute, les
tensions de la vapeur d'eau et de l'acide carbonique reste-
ront invariables.

On a simplifié intentionnellement la discussion, un peu
compliquée de ce cas d'équilibre, en faisant abstraction
d'un carbonate acide, le carbonate 4/3 ou *Natron*, qui peut
également prendre naissance dans certaines conditions de
température et de tension de l'acide carbonique, il faudrait donc le faire entrer en ligne de compte en plus du
bicarbonate et des autres hydrates du carbonate neutre.

Toute cette discussion vise un cas particulier d'une loi
beaucoup plus générale connue sous le nom de loi des phases et sur laquelle nous aurons ultérieurement l'occasion de
revenir.

CARBONATES MÉTALLIQUES (suite).

Solubilité. — Fusibilité. — Carbonates doubles. — Action des acides. — Réactions réversibles.
Théories scientifiques. — Affinités électives. — Lois dites de Berthollet. — Théorie thermo-chimique. — Principe du travail maximum. — Réactions de substitution. — Conditions d'application du principe du travail maximum. — Réactions sans dégagement de chaleur. — Thermoneutralité saline. — Précipitation chimique. — Décomposition des sulfates insolubles.

Solubilité.

Parmi les carbonates neutres, les carbonates alcalins seuls sont solubles dans l'eau, c'est-à-dire les carbonates de potassium, sodium, de rubidium et de coesium. Le carbonate de lithium, bien que ce métal soit habituellement classé parmi les métaux alcalins, est insoluble, ou plus exactement très peu soluble dans l'eau, comme les carbonates alcalino-terreux de calcium, de baryum, etc. Les carbonates solubles, et même certains carbonates neutres insolubles, comme celui de magnésie, donnent avec l'eau différents hydrates :

$$CO_3\ Na_2\ 10\ H_2O \qquad CO_3\ Mg\ 5H_2O$$
$$CO_3\ Na_2\ 7\ H_2O \qquad CO_3\ Mg\ 3H_2O$$
$$CO_3\ Na_2\ H_2O \qquad CO_3\ Mg\ 2H_2O$$

Les carbonates alcalins sont insolubles dans l'alcool et tous les liquides organiques, pétrole, benzine, etc. On utilise cette propriété pour la préparation de la potasse ou de la soude caustique pure, dite potasse ou soude à *l'alcool*. Les procédés habituels de préparation des alcalis les donnent mélangés à du carbonate ; on les sépare par dissolution dans l'alcool où le carbonate reste insoluble, puis évaporation du liquide alcoolique à l'abri de l'air.

Les bicarbonates des métaux alcalino-terreux de lithium et de magnésium sont notablement solubles dans l'eau, mais leur solution est instable. Dans toutes les conditions où l'acide carbonique peut se dégager, soit par évaporation dans le vide, soit par ébullition à chaud, les carbonates neutres se précipitent à l'état insoluble.

Les bicarbonates alcalins donnent avec quelques carbonates neutres, ceux de magnésium, de cobalt, de cuivre, par exemple, des sels doubles qui sont très peu solubles, mais peuvent cependant se maintenir pendant quelque temps à l'état de solution sursaturée.

Fusibilité.

La plupart des carbonates se décomposent sous l'action de la chaleur avant d'avoir atteint leur point de fusion. On ne peut donc déterminer leur température de fusion. Les carbonates indécomposables par la chaleur, c'est-à-dire ceux des métaux alcalins et celui de baryum, sont seuls fusibles, les carbonates alcalins entre 700 et 800°, le carbonate de baryum vers 1.200°.

De nombreuses expériences ont été faites pour obtenir la fusion du carbonate de chaux sous pression ; il doit être possible, en effet, de s'opposer à sa décomposition par une pression suffisamment forte. Des expériences, déjà très anciennes, de Hall semblaient indiquer qu'en vase clos, il était possible de fondre le carbonate de chaux et de reproduire ainsi le marbre. En chauffant le carbonate de chaux vers 1.100°, sous une pression de plusieurs centaines d'atmosphères, on arrive en effet à obtenir une masse compacte, translucide, à cassure cristalline, d'une structure identique à celle du marbre naturel ; il ne semble pas pourtant que la matière ait à aucun moment pris l'état complètement liquide. Si l'on place, en effet, à la partie supérieure de la masse, des fragments d'un métal inoxydable : l'or ou le platine, ils ne tombent pas à la partie inférieure, la fusion ne doit être que pâteuse. Elle est sans doute accompagnée d'un dédoublement partiel en chaux, corps infusible, qui garde l'état solide, et en acide carbonique qui se dissout sous pression dans le carbonate fondu. Le phénomène serait analogue à la fusion du sulfate de soude cristallisé à 10 molécules d'eau qui est accompagnée de la séparation de sulfate anhydre solide. Au refroidissement, l'acide carbonique se recombinerait à la chaux libre, comme l'eau se recombine au sulfate anhydre, et il ne subsisterait finalement aucune trace de cette dissociation passagère à chaud.

Carbonates doubles.

Les carbonates se combinent entre eux pour donner des carbonates doubles. Un des plus connus est la dolomie, ou carbonate double de magnésie et de chaux, résultant de la combinaison des deux sels, molécule à molécule. C'est une roche existant dans la nature en bancs d'une épaisseur souvent considérable, en particulier dans l'étage géologique, dit du *Trias*, où se trouvent également les gisements de sel gemme.

Les carbonates alcalins donnent des sels doubles avec la plupart des autres carbonates métalliques insolubles et, fait assez curieux, les bicarbonates alcalins donnent également des combinaisons avec les carbonates neutres. On obtient, par exemple, avec le magnésium les deux sels doubles :

$$CO_3 \, Mg + 2 \, (CO_2KH) + 8H_2O$$
$$CO_3 \, Mg + \quad CO_3K_2 \quad + 4H_2O$$

Le carbonate neutre de magnésie se combine donc également avec le carbonate neutre et avec le bicarbonate de potasse; les sels de cobalt, de cuivre, etc., donnent lieu à des combinaisons analogues. Ces corps étudiés par H. Sainte-Claire Deville cristallisent avec une très grande facilité à partir de leur solution sursaturée, obtenue en dissolvant rapidement dans une solution saturée de bicarbonate alcalin, une petite quantité du sel du métal dont on veut obtenir le carbonate.

Les carbonates neutres se combinent aux oxydes de même métal pour donner des carbonates basiques. On a déjà signalé ceux de magnésie et de plomb. Le cuivre donne de même :

Azurite	$2CO^2,H^2O,3CuO$	Bleu
Malachite	$CO^2,H^2O,2CuO$	Vert

On obtient au laboratoire ces carbonates basiques en précipitant un sel neutre soluble du métal par le carbonate neutre de soude, employé en excès. Le carbonate de soude en excès s'empare d'une partie de l'acide carbonique pour donner du bicarbonate, en même temps que le sel précipité, renfermant une moindre proportion d'acide carbonique par rapport à la nouvelle base, se trouve sous forme de carbonate basique. On peut cependant éviter cette décomposition du carbonate neutre métallique en le précipitant par un bicarbonate alcalin. Nous avons vu que l'on obtenait ainsi les différents hydrates du carbonate neutre de magnésie.

Action des acides.

La plupart des acides décomposent les carbonates en déplaçant l'acide carbonique ; l'action de l'acide chlorhydrique sur le carbonate de chaux :

$$Ca\ CO^3 + H\ Cl = Ca\ Cl^2 + CO^2 + H^2O$$

sert à la préparation de l'acide carbonique dans les laboratoires.

L'action du sable ou acide silicique sur le carbonate de soude, est utilisé industriellement dans la fabrication du verre :

$$CaO\ CO^2 + SiO^2 = SiO^2\ NaO + CO^2$$

La réaction est assez vive pour qu'en projetant du sable dans un creuset de platine rempli d'un carbonate alcalin fondu, le dégagement tumultueux de l'acide carbonique fasse déborder le contenu du creuset, de même qu'en versant dans un verre à pied de l'acide chlorhydrique sur du calcaire, le dégagement tumultueux du gaz fait déborder le liquide.

Les acides organiques décomposent également les carbonates ; l'acide acétique dégage de l'acide carbonique de la solution aqueuse du carbonate de potasse :

$$CO^3K^2 + C^2H^4O^2 = C^2H^3KO^2 + CO_2 + H_2O$$

Des corps jouissant de propriétés acides à peine marquées, comme l'hydrogène sulfuré, peuvent également, quoique beaucoup plus lentement, déplacer l'acide carbonique. En faisant passer un courant d'hydrogène sulfuré dans une solution neutre de carbonate de soude, l'acide carbonique déplacé se combine d'abord au carbonate neutre en excès pour donner du bicarbonate et finit à la longue par être déplacé de cette nouvelle combinaison. On le reconnaît en faisant barboter le courant gazeux dans de l'eau de baryte, où l'acide carbonique entraîné donne un précipité insoluble de carbonate de baryte.

Réactions réversibles.

Un fait assez curieux à noter est que parfois ce déplacement de l'acide carbonique par les acides peut être renversé ;

l'acide carbonique, dans certaines conditions particulières, déplace des acides qui le déplacent au contraire dans des conditions différentes. A la température ordinaire, par exemple, l'acide carbonique précipite la silice gélatineuse de la solution aqueuse de silicate de soude ; l'acide carbonique décompose l'acétate de potasse en solution dans l'alcool absolu, avec formation d'un précipité de carbonate de potasse insoluble et mise en liberté d'acide acétique, qui reste en solution dans l'alcool ; enfin, vis-à-vis de l'hydrogène sulfuré, l'acide carbonique déplace partiellement ce gaz, de même qu'il est inversement déplacé par lui. Un courant d'acide carbonique, traversant à la température ordinaire une solution de sulfure de sodium, entraîne de petites quantités d'hydrogène sulfuré que l'on reconnaît en faisant barboter le gaz dans une solution d'acétate de plomb.

L'explication de ces réactions, tant du déplacement complet de l'acide carbonique par les acides forts, que du renversement dans certains cas du sens de la réaction, a donné lieu à un grand nombre d'explications, de théories différentes.

Théories scientifiques.

On appelle théorie d'un phénomène naturel, le rapprochement de ce phénomène d'autres phénomènes similaires et l'établissement de corrélations entre ce phénomène général, censé plus complexe, et d'autres phénomènes plus simples, plus généraux, intervenant dans un grand nombre de cas semblables. Des explications très différentes à première vue ont été proposées pour rendre compte du déplacement de l'acide carbonique par les autres acides, mais une étude plus approfondie a montré que ces différentes explications étaient en quelque sorte le développement l'une de l'autre et non pas contradictoires entre elles, elles se rapportent toutes à quelques-unes des lois fondamentales de la mécanique chimique.

Affinités électives.

Les anciens alchimistes avaient observé un grand nombre de réactions par déplacement, précipitation des métaux les uns par les autres, substitution des bases, des acides les uns aux autres, etc... Ils y cherchèrent l'intervention d'une certaine force analogue à celle de la gravitation, mais en différant surtout par ce qu'elle ne se manifestait qu'à des distances très faibles, tandis que l'attraction universelle se fait sentir à toute distance. Ils cherchaient à ranger tous les corps naturels dans l'ordre de leur force décroissante de telle sorte que dans ces listes chaque corps puisse déplacer les corps suivants et être déplacés par les corps précédents. Le savant chimiste suédois Bergmann est un de ceux qui ont donné à cette théorie son plus ample développement. Frappé de ce fait que le sens de certaines réactions se renversait suivant les conditions de l'expérience, il admit que l'attraction élective de chaque corps dépendait non seulement de sa nature chimique, mais encore des conditions de température, de dissolution, et il dressa des tables spéciales pour chacune de ces conditions. En présence de l'eau à la température ordinaire, la table était la suivante :

Acides vitriolique, sulfureux, nitreux, nitreux phlogistiqué, marin, marin déphlogistiqué, eau régale, fluorique, arsénical, boracin, oxalin ou saccharique, tartareux, citronien, benzoïque, karabique (succin), sacchlactique, acéteux, galactique, formicin, sébacé, phosphorique, perlé, prussique, aérien (acide carbonique) ; puis viennent les alcalis, la chaux, l'argile, la terre siliceuse, l'eau, l'air vital, l'air inflammable, le phlogistique et enfin la matière de la chaleur.

L'acide carbonique, acide faible, est déplacé par tous les corps le précédant dans ce tableau.

Berthollet, quinze ans plus tard, dans son célèbre ouvrage intitulé : *Essais de statique chimique* développe les mêmes idées que Bergmann, mais en les précisant et y introduisant quelques points de vue nouveaux. Sa préface débute ainsi :

« Les puissances qui produisent les phénomènes chimiques sont toutes dérivées de l'attraction mutuelle des molécules des corps à laquelle on a donné le nom d'affinité, pour la distinguer de l'attraction astronomique.

« Il est probable que l'une et l'autre ne sont qu'une même propriété... Puisqu'il est très vraisemblable que l'affinité ne diffère pas dans son origine de l'attraction générale, elle doit également être soumise aux lois que la mécanique a déterminées pour les phénomènes dus à l'action de masse et il est naturel de penser que plus les principes auxquels parviendra la théorie chimique auront de généralités, plus ils auront d'analogie avec ceux de la mécanique.

« Toute substance qui tend à entrer en combinaison agit en raison de son affinité et de sa quantité. »

Cette intervention de la quantité de matière en présence dans les phénomènes chimiques, prévue en raison de l'analogie admise avec l'attraction universelle, qui est proportionnelle à la masse, a joué plus tard un très grand rôle dans le développement de la mécanique chimique, mais Berthollet ne s'arrête pas à ce point de vue. L'idée dominante de sa Statique chimique est un peu différente. Il recherche dans les phénomènes chimiques les diverses forces en présence dont les actions mutuelles peuvent se neutraliser plus ou moins complètement. A côté de l'affinité chimique, attraction s'exerçant entre des molécules de nature différente, il voit la cohésion, force attractive entre les molécules de même nature se manifestant par la production de l'état solide, de la cristallisation et la répulsion, se manifestant de même entre molécules de même nature et produisant l'état gazeux. Ces forces de cohésion et de répulsion pour-

ront, suivant les cas, ajouter leur effet à celui de l'action
chimique ou au contraire agir en sens inverse et vaincre
l'affinité naturelle. Il explique ainsi les réactions si nombreuses donnant lieu à des précipités chimiques insolubles
ou à des dégagements gazeux, et le renversement des réactions, suivant les conditions qui permettent à tel ou tel
corps de prendre l'état solide ou gazeux. Dans un grand
nombre de cas où les affinités chimiques sont assez faibles,
ce sont les forces physiques qui déterminent le sens du
phénomène chimique.

Lois dites de Berthollet.

Gay-Lussac, élève de Berthollet, s'attache au contraire à
développer l'idée exprimée déjà par son maître que la masse
relative des corps en présence est un des facteurs importants de l'affinité chimique ; il fait remarquer que l'expulsion d'un corps de sa dissolution par précipitation à l'état
solide ou par volatilisation à l'état gazeux diminue sa concentration, c'est-à-dire sa masse active et par suite sa force
chimique supposée proportionnelle à la masse et tendant à
produire la réaction inverse de celle qui lui a donné naissance. En réalité, ces deux interprétations ne sont pas très
différentes, l'explication de Gay-Lussac entre seulement
plus profondément dans le phénomène en faisant voir le
mécanisme par lequel les forces physiques de cohésion ou
de répulsion peuvent modifier l'affinité chimique, en changeant la masse active, dont dépend précisément cette affinité.

Cette théorie générale de l'action chimique est peu satisfaisante ; elle est même dépourvue de toute valeur scientifique,
car elle fait intervenir une grandeur, l'affinité élective, ne
comportant aucune définition précise, aucune mesure. La
solubilité et la volatilité des corps comportent au contraire des
mesures précises, mais les circonstances où ces influences

physiques jouent un rôle dominant ne sont pas et ne peuvent pas être définies. Il en résulte, une confusion inextricable, dans l'explication des phénomènes chimiques que l'on rattache arbitrairement tantôt à l'affinité, tantôt à la cohésion ou à la répulsion moléculaires. On trouve un exemple très net de cette confusion dans le traité de chimie de Regnault. Cet ouvrage, le premier en date des ouvrages didactiques destinés à l'enseignement élémentaire de la chimie, avait été, au moins pour sa première édition, rédigé sur les notes prises à l'École polytechnique au cours de Gay-Lussac. Ce devait donc être une reproduction assez fidèle des idées de ce savant.

Voici, par exemple, ce que Regnault dit sur les déplacements mutuels des acides : « La décomposition peut être déterminée par l'insolubilité de l'acide qui existe dans le sel », et comme exemple, il donne la précipitation de l'acide borique par l'acide sulfurique. Mais il ajoute immédiatement: « Lorsque la liqueur est assez étendue pour que l'acide borique puisse rester en dissolution, la décomposition ne se manifeste plus immédiatement par des caractères apparents. Il est cependant facile de constater au moyen de la teinture de tournesol que la décomposition a lieu même en liqueur étendue. Ici, la réaction n'a pas été produite par l'insolubilité de l'acide borique, mais par cette circonstance que les acides sulfurique et azotique sont des acides beaucoup plus puissants que l'acide borique. »

Au commencement de l'alinéa, c'est l'insolubilité de l'acide borique, sa cohésion interne qui est la cause de la réaction, à la fin c'est l'affinité chimique de l'acide sulfurique pour la potasse. Il est cependant complètement impossible d'admettre que le phénomène ait complètement changé de nature pour un léger changement dans les concentrations des dissolutions.

Plus loin, Regnault dit encore : « On peut toujours décomposer un sel par un acide qui est moins volatil que

celui du sel. » Et il cite, comme exemple, le déplacement de
l'acide carbonique gazeux par l'acide azotique fixe à la température ordinaire. Il aurait pu dans ce cas encore, comme
pour l'acide borique, ajouter qu'en liqueur étendue où
l'acide carbonique reste dissous, la décomposition n'est
pas moins complète. M. Berthelot l'a établi depuis par des
mesures calorimétriques très précises :

$$SO^4\ H_2 + 2NaOH = 31,7 \text{ calories.}$$
$$CO^3\ H_2 + 2\ NaOH = 20,4 \longrightarrow$$
$$\text{Différence} \qquad \overline{11,3} \text{ calories.}$$

Ces chiffres donnent les chaleurs de réaction en solutions étendues. Si la réaction de l'acide sulfurique sur le
carbonate de soude est complète, la quantité de chaleur
dégagée doit précisément être égale à la différence 11,3.
C'est exactement le résultat donné par l'expérience. Ce déplacement en liqueur étendue ne peut être attribué qu'à
l'affinité moindre de l'acide carbonique pour les bases et
aucunement à sa volatilité.

Peu à peu, dans l'enseignement, l'exposé de cette théorie,
ce que l'on appelle les lois de Berthollet, a pris une forme
beaucoup plus précise que celui adopté par les créateurs
mêmes de cette théorie. On a supprimé la notion vague de
l'affinité élective pour ne plus parler que de la solubilité, de
la volatilité, toutes grandeurs mesurables. L'énoncé des
lois de Berthollet a pris alors une forme très satisfaisante à
l'esprit et facile à retenir pour les étudiants. Cet énoncé
avait le seul défaut d'être absolument inexact. L'acide oxalique ne précipite pas le chlorure de baryum, la potasse ne
précipite pas l'oxyde de mercure du cyanure. Toutes les
redissolutions de précipités : phosphate, sulfure, etc., sont
en contradiction avec l'énoncé classique. On se tirait
d'affaire en supprimant ces faits embarrassants. La décomposition des sulfates insolubles par le procédé de Dulong,
au moyen des carbonates insolubles, était encore en contra-

diction avec les mêmes lois, puisque le sulfate de baryte,
connu pour un des corps les plus insolubles, se transforme
en carbonate, composé bien plus soluble. On mentionnait
en général ce fait, mais en le citant comme une exception
remarquable aux lois de Berthollet. En fait, il est au contraire, comme nous le montrerons plus loin, une vérification très intéressante de ces mêmes lois.

Théorie thermo-chimique.

Plus tard, Berthelot voulut battre en brèche les fameuses
lois de Berthollet, sans réussir, fort heureusement d'ailleurs, à les chasser de l'enseignement. Il s'efforça de rattacher le sens de toutes les réactions chimiques aux quantités
de chaleur dégagées, admettant que ces quantités de chaleur
donnent précisément la mesure du travail produit par les
forces chimiques. Il revenait ainsi à la notion de l'affinité
élective, mais en proposant un procédé pour la mesurer. Il
formulait ainsi une théorie susceptible d'être soumise au
contrôle de l'expérience, pouvant, par suite, si elle était reconnue exacte, présenter un véritable caractère scientifique.

La loi connue sous le nom de principe du travail maximum, entrevue d'abord par Hesse, énoncée d'une façon plus
précise par Thomsen et développée ensuite dans toute son
ampleur par Berthelot, a donné lieu à des discussions passionnées. Des admirateurs de Berthelot se laissant parfois
influencer, à leur insu sans doute, par l'intérêt qu'il pouvait y avoir à gagner la bienveillance d'un savant aussi
influent, ont tellement abusé de ce principe, qu'ils ont fini
par le discréditer complètement. En même temps, des esprits plus indépendants, mais aussi, désireux outre mesure
d'accentuer leur indépendance de caractère, se sont répan-
dus en critiques absolument injustes et déplacées au sujet
de ce fameux principe et ont cherché par tous les procédés
à le tourner en ridicule. En réalité, le principe du travail

maximum constitue une première approximation extrêmement intéressante vers une loi générale dont l'énoncé rigoureux est du domaine de la science de l'énergie et sur lequel nous reviendrons plus tard. Il n'est d'ailleurs aucunement en opposition avec les lois de Berthollet dont le champ d'application doit être restreint aux réactions, suffisamment nombreuses, se produisant sans dégagement notable de chaleur.

Cette question du principe du travail maximum présente un intérêt assez général pour mériter qu'on s'y arrête quelques instants.

Principe du travail maximum.

L'énoncé final donné par Berthelot au principe du travail maximum, est le suivant:

Tout changement chimique accompli sans l'intervention d'une énergie étrangère, tend vers la production du corps ou du système de corps qui dégage le plus de chaleur.

Quelques exemples feront comprendre la signification exacte de cette loi. Entre les réactions inverses qui se correspondent toujours, combinaison et décomposition, par exemple, et dont la production dégage des quantités de chaleur égales et de signe contraire, la seule possible spontanément, c'est à-dire sans intervention d'une énergie étrangère, est celle qui dégage de la chaleur :

Combinaison de $H^2 + O = 58$ calories (vapeur).
Décomposition de $Cl^2O = 15,2$ calories.

Si les corps en présence peuvent se combiner en différentes proportions, celle qui correspond au plus grand dégagement de chaleur se produira de préférence. L'hydrogène et l'oxygène donneront directement de l'eau $+ 69$ calories (eau liquide), mais pas d'eau oxygénée $+ 47,4$ calories.

Les combinaisons suivantes formées avec dégagement de chaleur sont possibles, celle qui correspond au dégagement maximum de chaleur tend toujours à se produire de préférence.

$$Sn + O = SnO \text{ 63 calories et } Sn + O^2 = SnO^2 \text{ 136 calories.}$$
$$2\,AzO + O = Az^2O^3 \text{ 20 calories et } 2\,AzO + O^2 = 2\,AzO^2 \text{ 34 calories.}$$

Pour obtenir des composés formés avec absorption de chaleur comme l'acide hypochloreux, il faut produire simultanément une autre réaction dégageant plus de chaleur, de telle sorte que la somme des quantités de chaleur dégagées dans la réaction soit positive.

$$2\,Cl^2 + 2\,HgO = Cl^2O + HgO\ HgCl^2 + 20 \text{ calories.}$$

C'est la chaleur de formation de l'oxychlorure de mercure qui rend possible l'oxydation du chlore.

Les composés formés avec absorption de chaleur et dont la décomposition, par suite, dégage de la chaleur, pourront se décomposer spontanément, ce seront des explosifs.

$$C^2H^2 = C^2 + H^2 + 51 \text{ calories.}$$
$$Az\,S = Az + S + 32 \text{ calories.}$$
$$Cl^2O = Cl^2 + O + 15 \text{ calories 2.}$$

Réactions de substitution.

Les chaleurs de substitution de deux métalloïdes se remplaçant l'un l'autre, vis-à-vis d'un même métal, se calculent en faisant la différence des chaleurs de combinaison du métal avec les deux métalloïdes en question. Si l'on range les différents composés des métaux dans l'ordre des chaleurs croissantes de formation, comme dans le tableau ci-après, chacun de ces composés peut abandonner son métalloïde sous l'action des autres métalloïdes placés à sa droite dans le tableau.

CaI²	CaO	CaBr²	CaCl²
118,6	122	152	170
Na²O	2 NaI	2 NaBr	2 NaCl
100	148	182	194
Al²/³ I²	Al²/³ Br²	Al²/³ Cl²	Al²/³ O
58	88	108	130

L'expérience montre que vis-à-vis du calcium, le chlore déplace le brome, l'oxygène et l'oxygène, l'iode; vis-à-vis du sodium, l'iode déplace au contraire l'oxygène. Enfin vis-à-vis de l'aluminium, l'oxygène déplace le chlore, le brome et l'iode, le principe du travail maximum est donc rigoureusement vérifié avec un degré de précision auquel on ne se serait pas attendu.

De même le déplacement des métaux les uns par les autres, vis-à-vis d'un même métalloïde se fait exactement dans l'ordre prévu par l'ordre croissant des chaleurs de combinaison.

Au ²/³ Cl²	2AgCl	PbCl²	ZnCl²	2 NaCl	2KCl
16	58	86	98	192	210

Chaque métal déplace tous les métaux placés à sa gauche dans le tableau ci-dessus.

L'ordre des chaleurs croissantes de combinaison avec les différents métalloïdes et acides est sensiblement le même. Il en résulte, ce que l'expérience confirme pleinement, que leur ordre de déplacement est en général indépendant des combinaisons dans lesquelles ils sont engagés. Pour ce motif, la classification de Thénard, bien que reposant exclusivement sur l'action de l'oxygène, classe en réalité assez exactement les métaux d'après l'ensemble de leurs propriétés chimiques.

Les déplacements des acides en présence de l'eau sont encore régis par la grandeur de la chaleur de réaction. Les trois acides azotique, acétique et carbonique, se déplacent bien dans l'ordre des quantités croissantes de chaleur:

$$CO^3Ca \qquad (C^2H^3O^2)^2\ Ca \qquad (AzO^3)^2\ Ca$$
$$20 \qquad\qquad 26 \qquad\qquad 30$$

Les déplacements mutuels des bases s'exécutent encore suivant la même loi :

$$(AzO^3)^2\ Fe \quad (AzO^3)^2\ Cu \quad (AzO^3)^2\ Zn \quad 2(AzO^3AzH^4) \quad 2(AzO^3K)$$
$$11,8 \qquad\quad 15 \qquad\qquad 19,6 \qquad\quad 25 \qquad\qquad 27,4$$

Le déplacement réciproque des bases se fait généralement dans le même ordre vis-à-vis de presque tous les acides. Il y a cependant quelques exceptions avec les cyanures, notamment ; mais dans ce cas l'interversion dans l'ordre des déplacements correspond à un changement dans le signe des quantités de chaleur dégagées. L'oxyde de mercure et la potasse agissent en sens inverses vis-à-vis du chlore et du cyanogène.

$$HgCl^2 + 2\ KOH = 8,6\ calories.$$
$$2\ KCy + HgO = 25\ calories.$$

Le déplacement de la potasse par l'oxyde de mercure en présence du cyanogène est donc encore sous la dépendance de la quantité de chaleur dégagée.

Le renversement du sens habituel de la réaction réciproque des oxydes est dû parfois à la formation des sels doubles, produits avec un grand dégagement de chaleur. Le protoxyde de fer déplace en partie la potasse du cyanure, avec formation de ferro-cyanure de potassium. La quantité de chaleur dégagée est de 71,2 calories pour une molécule de protoxyde de fer entrée en réaction.

Il arrive assez fréquemment que le sens de certaines réactions chimiques se renverse avec la concentration des dissolutions, en particulier pour les acides et les bases fortes. Cette différence tient à ce que la dilution d'une solution concentrée d'acide chlorhydrique ou de potasse, par exemple, dégage une grande quantité de chaleur, par conséquent, la réaction des mêmes composés dilués sera diminuée d'autant. L'acide chlorhydrique concentré décompose ainsi le sulfure d'antimoine avec dégagement d'hydrogène sulfuré ; en solution étendue au contraire, ce dernier corps décompose inversement le chlorure d'antimoine.

Conditions d'application du principe du travail maximum.

Malgré les cas très nombreux où le principe du travail maximum est vérifié, il se trouve en défaut dans certains cas particuliers. Les mélanges réfrigérants, par exemple, tels que ceux obtenus en mêlant de l'acide sulfurique étendu et de la glace, de l'acide chlorhydrique et du sulfate de soude donnent des exemples bien nets de réactions chimiques directes accompagnées d'une absorption de chaleur. D'autre part, la dissociation, avec absorption de chaleur, d'un grand nombre de corps chauffés à des températures élevées ne peut être mise d'accord avec le principe du travail maximum qu'au moyen d'une interprétation un peu arbitraire de ce que l'on appelle l'intervention d'une énergie étrangère. En fait le principe thermo-chimique du travail maximum n'est qu'approché, ses vérifications sont d'autant plus nombreuses que les trois conditions suivantes sont plus complètement remplies :

1° Température très basse se rapprochant du zéro absolu. La température ambiante peut être considérée comme en étant déjà assez rapprochée.

2° Réactions de substitution, dans lesquelles les composés existant avant et après la réaction sont de nature chimique correspondante et se trouvent deux à deux dans le même état physique. La plupart des exemples cités plus haut sont précisément des exemples de substitution rentrant dans ce cas. Un métalloïde gazeux déplace un métalloïde gazeux ou bien un métal solide déplace un métal également solide. Tous les mélanges réfrigérants cités au nombre des exceptions sont accompagnés au contraire de chan-

gement d'état d'un ou plusieurs des corps en présence, qui
passent de l'état solide à l'état liquide ou parfois de l'état
liquide à l'état gazeux.

3° Réactions entre corps tous solides donnant des produits
également solides. A première vue, ce dernier cas semble peu
intéressant car nous avons rarement l'occasion d'observer des réactions de corps solides entre eux, mais les prévisions faites sur les corps solides s'appliquent rigoureusement sans rien y changer aux réactions des mêmes corps
pris soit à l'état de vapeur, soit à l'état de solutions *saturées*.

Il n'y a jusqu'ici aucune exception sûrement constatée au
principe du travail maximum pour les deux derniers cas envisagés ci-dessus.

Réactions sans dégagement de chaleur.

Si cette loi du travail maximum est aussi rigoureusement
exacte qu'on vient de l'indiquer, les lois de Berthollet, sem-
blera-t-il, n'ont plus d'applications possibles. En fait, elles
ont un champ d'applications très large dans les conditions
suivantes :

Lorsqu'une réaction chimique se fait sans dégagement de
chaleur ou avec un dégagement de chaleur suffisamment
faible, le principe du travail maximum est hors d'usage.
L'expérience dans ce cas montre qu'il tend à se faire des
réactions partielles limitées, ce que l'on appelle des équilibres chimiques. Quand on mêle, par exemple, deux sels, de
l'acétate de potasse et du chlorure de sodium, il se forme
par la réaction mutuelle de ces deux corps une certaine
quantité de chlorure de potassium et d'acétate de sodium,
mais il reste en même temps une partie des composés pri-
mitifs non transformés.

On peut le démontrer par des procédés expérimentaux
très variés. Malagutti l'a fait en projetant dans un grand
excès d'alcool la solution des sels précédents ou d'autres mé-

langes analogues. On retrouve en solution alcoolique des acétates de potassium et de sodium et dans le précipité des chlorures des deux métaux. Berthelot a donné une démonstration semblable en mesurant les chaleurs de réactions qui, tout en étant très petites, sont cependant mesurables dans la plupart des cas, en raison de la grande précision des méthodes thermo-chimiques. On peut, d'après la quantité de chaleur trouvée, calculer très exactement le degré d'avancement de la réaction. Dans certains cas même, des changements progressifs de coloration donnent une idée du partage produit. En ajoutant à une solution bleue de sulfate de cuivre des quantités croissantes de chlorure de sodium, la liqueur passe progressivement au vert, couleur du chlorure cuivrique. En ajoutant à une solution de sulfate de cobalt de l'acide chlorhydrique concentré, la liqueur passe au bleu, ces changements de coloration indiquant dans les deux cas la formation de chlorure ; de même la coloration rouge des sels ferriques par le sulfocyanure de potassium indique une formation partielle de sulfocyanure ferrique.

On pourrait supposer que les réactions avec dégagement de chaleur nulle ou très faible sont tout à fait exceptionnelles, il n'en est rien, au moins dans les échanges mutuels entre les sels. La substitution dans un sel de deux bases ou de deux acides de même force, ne donne lieu à aucun phénomène calorifique appréciable en solutions étendues, l'acide azotique et l'acide chlorhydrique dégagent exactement la même quantité de chaleur en se combinant aux bases en solutions étendues. Cette quantité de chaleur est de 27,4 calories pour une molécule d'acide.

Thermoneutralité saline.

Dans les doubles décompositions salines, c'est-à-dire dans l'échange simultané des bases et des acides, l'absence du dégagement de chaleur est une règle presque absolue, c'est ce que l'on appelle le principe de la thermoneutralité saline.

Le tableau suivant permet de calculer les quantités de chaleur ainsi mises en jeu.

Chaleurs de formation à l'état solide.

	Cl^2	Br^2	I^2
K^2	210	198	160
Ca	170	144	108
Zn	98	78	50
Hg	64	52	34

Chaleurs de formation à l'état dissous.

	SO^2	Az^2O^3	$2(C^2HO^2)$
K^2O	31,8	27,4	26,6
ZnO	23,4	19,6	17,8
Cao	18,4	15,2	12,4
$Fe^{2/3}O$	16,4	11,8	9

On peut, au moyen de ces chiffres, calculer les chaleurs de double décomposition, soit à l'état solide, soit à l'état de solution diluée. Voici les résultats du calcul pour deux exemples particuliers :

Sels solides : $\quad 2\,(KCl) \quad + ZnI^2 = 2\,(KI) + ZnCl^2$

Chal. de combi-
naison $\qquad\qquad - 210 \qquad - 50 \quad + 160 \quad + 98$

Chal. de double
décomposition $\qquad - 260 \qquad\qquad + 258 \ = -2\ cal.$

Sels dissous : $\quad K^2SO^4 + (C^2H^3O^2)^2Zn = ZnSO^4 + 2\,(C^2H^3KO^2)$

Chal. de combi-
naison $\qquad - 31,8 \quad - 17,8 \qquad + 23,4 \qquad + 26,6$

Chal. de double
décomposition $\qquad - 49,6 \qquad\qquad\qquad + 50 \ = 0,4\ cal.$

Dans tous les cas semblables, et ils sont nombreux, où la quantité de chaleur mise en jeu est très faible, le principe du travail maximum est hors d'usage, il ne se produit plus de réactions complètes, mais seulement des partages des phénomènes d'équilibre. Dans ce cas et seulement dans celui-là, les lois de Berthollet interviennent pour déterminer le sens de la réaction et la rendre complète en raison de la volatilité ou de l'insolubilité d'un des produits de la réaction. On comprendra immédiatement le mécanisme de l'intervention de cette insolubilité ou de cette volatilité en se reportant à la loi de l'action de masse déjà étudiée à propos des mélanges gazeux homogènes et qui s'applique également aux solutions.

Si l'on appelle c, c', c'', c''', les concentrations de différents sels, c'est-à-dire le nombre de molécules par litre, par exemple, pour des corps susceptibles de se transformer l'un dans l'autre, comme ceux de la réaction :

$$\underset{c}{Na_2SO^4} + \underset{c'}{CaCl_2} = \underset{c''}{CaSO^4} + \underset{c'''}{2\,(NaCl)}$$

on aura approximativement à une température donnée la relation bien connue de l'action de masse :

$$\frac{c}{c''}\frac{c'}{c'''} = \text{constante}$$

en négligeant les exposants qui affectent en réalité chaque terme. La constante dépend de la nature des sels en présence et de la température. Supposons pour simplifier le raisonnement que la constante soit égale à l'unité et que nous ayons primitivement mis en présence une molécule de sulfate de soude et une molécule de chlorure de calcium, dans un excès d'eau suffisant pour que tous les corps formés puissent rester en dissolution. On aura après l'équilibre établi une demi-molécule de chacun des quatre sels possibles.

$$\frac{x^2}{(1-x)^2} = 1 \text{ d'où } x = 0,5$$

Précipitation chimique.

Supposons en second lieu qu'au lieu d'employer un très grand excès d'eau, on n'ait employé qu'un litre d'eau, il sera impossible d'avoir le même partage en raison de la trop faible solubilité du sulfate de chaux, il ne pourra dépasser sa limite de solubilité qui est seulement de 0,015 molécule dans un litre. En introduisant cette valeur pour c'' dans l'équation de l'action de masse, on trouve, pour la valeur x correspondant à la concentration finale du chlorure de calcium la relation

$$x^2 : 0{,}015\,(1 - x) = 1$$

d'où l'on tire

$$x = 0, 115$$

La proportion de chlorure de calcium restée en solution ne sera donc que le quart de ce qu'elle était en solution diluée et la quantité de sulfate de chaux précipitée sera égale à

$$y = 1 - 0{,}115 - 0{,}015 = 0{,}87$$

Par le fait de la faible solubilité de sulfate de chaux, on aura donc au lieu d'un partage par parties égales, une réaction sinon tout à fait complète, au moins très avancée.

On pourrait faire le même calcul en remplaçant le chlorure de calcium par du chlorure de magnésium, du chlorure de strontium ou du chlorure de baryum. On trouverait par le même calcul et en tenant compte des solubilités des différents sulfates,

Solubilité de 1 litre $SrSo^4 = 0^{mol}{,}0005$ $BaSo^4 = 0^{mol}{,}000025$

les chiffres suivants pour la quantité de sulfate terreux précipité :

		mol.
Magnésium.	. . . . .	0,00
Calcium .	. . . . . .	0,87
Strontium .	. . . . .	0,96
Baryum .	. . . . . .	0,996

Pour le sulfate de baryte, on peut donc considérer la réaction comme complète.

Ce raisonnement suffit pour faire comprendre comment l'élimination de la dissolution de l'un des produits de la réaction par suite de son insolubilité ou de sa volatilité, permet de modifier l'équilibre qui tendrait à se produire entre corps tous solubles et à rendre les réactions complètes ou peu s'en faut, en dehors de toute intervention des forces chimiques proprement dites.

Décomposition des sulfates insolubles.

Le même raisonnement fait immédiatement comprendre comment les carbonates alcalins en solution concentrée peuvent décomposer le sulfate de baryte et le transformer en carbonate, bien que le sulfate de baryte soit 5oo fois moins soluble que le carbonate. En se reportant à l'équation de l'action de masse, il est facile de voir que si le rapport de la concentration du carbonate de soude à celle du sulfate de soude est assez grand, les concentrations relatives du carbonate de baryte et du sulfate de baryte pourront prendre un rapport tel que le carbonate atteigne sa limite de solubilité avant le sulfate. Les proportions relatives de carbonate et de sulfate, nécessaires dans la dissolution, dépendent bien entendu aussi de la valeur de la constante qui en réalité n'est pas égale à l'unité, comme on l'a supposé pour simplifier les calculs. L'expérience montre que la transformation du sulfate de baryte en carbonate n'est possible que lorsque le rapport de la concentration du carbonate à celle du sulfate est supérieure à 5. Avec une solution plus concentrée en sulfate, on transformerait au contraire inversement le carbonate de baryte en sulfate de baryte.

Les mêmes raisonnements montrent encore comment le sens d'une réaction chimique peut être déplacé lorsque l'on fait varier la température. La solubilité des différents corps varie inégalement et le corps qui atteindra le premier sa limite de solubilité pourra ne pas être le même à 100° et à 15°. Quand on refroidit à 0° un mélange d'azotate de soude et de chlorure de potassium en solution, l'azotate de potasse, le moins soluble aux basses températures, cristallise et la double décomposition du nitrate de soude progresse. En concentrant les mêmes dissolutions à 100°, le chlorure de sodium, le moins soluble à chaud se dépose le premier et la réaction continue dans le même sens. C'est sur ce principe que repose la préparation du salpêtre au moyen de l'azotate de soude du Chili. Dans ce cas, les cristallisations à froid et l'évaporation à chaud font progresser la réaction dans le même sens.

Dans d'autres cas, au contraire, le sens se trouve renversé, on défait à température élevée ce que l'on a produit à basse température. Dans l'action de l'acide sulfurique sur l'azotate de potasse ou réciproquement de l'acide azotique sur le sulfate de potasse, on a par refroidissement une cristallisation d'azotate de potasse et par suite un déplacement plus complet de l'acide sulfurique par l'acide azotique. Par évaporation à chaud, on a au contraire cristallisation de sulfate de potasse et par suite déplacement plus avancé de l'acide azotique par l'acide sulfurique ; les deux réactions sont donc renversées.

ONZIÈME LEÇON

OXYDE DE CARBONE

Propriétés physiques. — Préparation par combustion incomplète du charbon. — Gazogènes. — Préparation par les composés organiques. — Dissociation. — Expériences de Sir Lothian Bell. — Conséquences relatives à la marche des hauts fourneaux. — Application des lois de la mécanique chimique. — Expériences de M. Boudouard. — Résultats numériques. — Actions réductrices sur les composés oxygénés. — Équilibre avec la vapeur d'eau. — Dosage par l'anhydride iodique. — Combinaison avec les chlorures. — Nickel carbonyle. — Combinaison avec l'hémoglobine. — Empoisonnement par l'oxyde de carbone.
Oxydes instables du carbone. Sous-oxyde de carbone. — Sesquioxyde. — Acide percarbonique.

Propriétés physiques.

L'oxyde de carbone, $CO = 28$, est un gaz permanent, c'est-à-dire difficilement liquéfiable, comme l'azote et l'oxygène.

> Point d'ébullition. . . 190°
> Point de solidification. 205°
> Point critique. . . . 141° $P = 35$ atmosphères.

Sa densité par rapport à l'air est de 0,967. Le poids théorique du litre à 0° et 760 millimètres est de 1,255 gr.

L'oxyde de carbone, comme les gaz permanents, est peu soluble dans l'eau,

> 35 cm³ pour un litre d'eau.
> 204 cm³ pour un litre d'alcool.

Il est donc, d'après ces chiffres, notablement plus soluble dans l'alcool que dans l'eau

Sa chaleur de formation à partir du carbone amorphe est de

$$C + O = 29 \text{ calories.}$$

Préparation par combustion incomplète du charbon.

Il existe deux groupes bien distincts de préparation de l'oxyde de carbone. L'un, employé surtout dans l'industrie, consiste à faire réagir l'oxygène ou des corps oxygénés, comme l'acide carbonique, l'oxyde de zinc, à haute température sur le carbone en excès.

$$4 Az^2 + O^2 + 2 C = 2 CO + 4 Az^2$$

Cette réaction est la base de la fabrication du gaz de gazogène ou gaz pauvre, employé aujourd'hui sur une très grande échelle pour le chauffage des fours métallurgiques ou pour la production de la force motrice dans les moteurs à gaz.

Avec l'eau, on a la réaction :

$$H^2O + C = CO + H^2$$

Cette réaction est utilisée dans la fabrication industrielle du gaz, dit *gaz à l'eau*, dont l'usage se répand de plus en plus pour diluer le gaz d'éclairage. Ce procédé est très avantageux pour le fabricant, car il permet d'utiliser une partie du coke, obtenu comme sous-produit dans la fabrication du gaz d'éclairage et dont la vente devient de plus en plus difficile. Mais pour le consommateur, le gaz à l'eau a l'inconvénient de ne posséder aucun pouvoir éclairant, un pouvoir calorifique moitié moindre que celui du gaz ordinaire et surtout d'augmenter notablement la proportion de l'oxyde de carbone dans le gaz et de le rendre ainsi plus toxique encore.

Gazogènes.

La transformation du charbon en combustible gazeux par une combustion incomplète donnant de l'oxyde de carbone a pris dans l'industrie un développement énorme en raison des avantages très grands des combustibles gazeux par rapport aux combustibles solides. Et cependant, dans la gazéification du charbon pour le transformer en gaz pauvre, la perte de chaleur par les appareils, les dépenses de main-d'œuvre et de fabrication correspondent à une dépense équivalente, en moyenne, au quart du poids du combustible brûlé. Ce déchet est cependant compensé et au delà par les avantages résultant de la possibilité d'appliquer aux fours chauffés au gaz les principes de la récupération découverte par Siemens. En chauffant l'air et le gaz combustible avant de les brûler, on arrive par le fait de l'élévation de température de combustion à tripler, à décupler même parfois la proportion de la chaleur totale réellement utilisable dans le four, de telle sorte que la perte des 25 p. 100 due à la gazéification est pratiquement négligeable.

Les appareils où se fait la gazéification du combustible par la combustion incomplète dans l'air, s'appellent *gazogènes*. Ce sont des appareils, en principe, très simples. Ils se composent d'une chambre en maçonnerie dans laquelle on charge le combustible sur une épaisseur suffisante, de 0,50 à 2 mètres, pour que l'air, en traversant la couche de combustible, ait le temps de se transformer aussi complètement que possible en oxyde de carbone. En pratique cette gazéification est une opération assez délicate, dont le succès plus ou moins complet dépend d'un très grand nombre de facteurs, principalement de la teneur en cendres et de la fusibilité de celles-ci. On remédie à cette fusibilité par une addition de vapeur d'eau à l'air, de façon à faire du gaz à l'eau, ce qui enrichit le gaz produit et abaisse la température du gazogène. On emploie de 250 à 750 gram. par kilogr. de

charbon. On a déjà inventé et breveté des centaines et des
centaines de gazogènes et l'on continue tous les jours à cher-

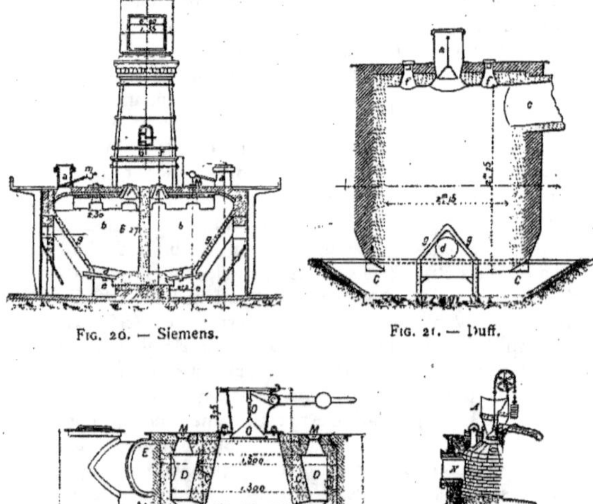

Fig. 20. — Siemens.   Fig. 21. — Duff.

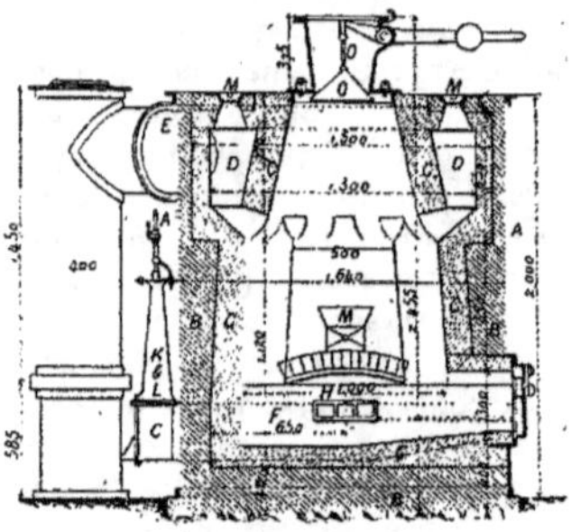

Fig. 22. — Wilson. 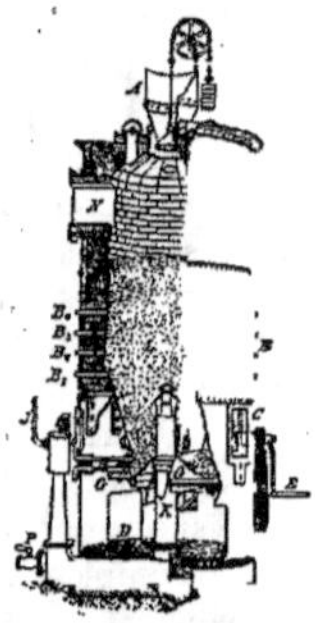   Fig. 23. — Taylor.

cher de nouveaux perfectionnements en raison des difficultés que l'on rencontre toujours dans leur fonctionnement.

Les types les plus connus de gazogènes sont ceux de Siemens, caractérisés par une chambre rectangulaire en maçonnerie avec grille à gradin. Ils sont exclusivement employés, aujourd'hui encore, à la Compagnie parisienne du gaz.

On préfère souvent les gazogènes ronds, avec enveloppe étanche en tôle, qui permettent l'emploi d'une pression plus élevée sans avoir à craindre les fuites.

Parfois pour faciliter le décrassage des cendres on emploie une fermeture hydraulique, comme dans le gazogène Duff, ce qui permet de faire l'enlèvement des cendres sans arrêter la marche de l'appareil.

Pour les combustibles à cendres peu fusibles et ne donnant pas facilement de machefers, comme avec les anthracites des États-Unis, le gazogène Taylor à sole tournante permet un décrassage mécanique du cendrier qui est très avantageux.

En Belgique avec des charbons à cendres très fusibles, on préfère le gazogène Wilson sans grille. On le laisse se remplir de machefers sur une grande hauteur et on l'arrête complètement tous les trois ou quatre jours pour faire un décrassage en grand. On vide tout le bas du gazogène pendant qu'au sommet le combustible est maintenu en l'air sur une voûte de machefers agglomérés par un coup de feu.

Le tableau suivant donne la composition moyenne des gaz de gazogène.

$$
\begin{array}{lr}
CO. & 24 \\
H & 12 \\
CO^2 & 3 \\
H^2O & 2 \\
CH^4 & 1 \\
Az & 57 \\
\hline
& 100
\end{array}
$$

Réduction des oxydes.

L'action du charbon sur les oxydes difficilement réductibles et sur certains composés oxygénés très stables, comme le carbonate de baryte ou le sulfate de baryte, donne exclusivement de l'oxyde de carbone.

$$ZnO + C = Zn + CO \quad | \quad SiO^2 + 3C = SiC + 2CO.$$

Ces réactions sont utilisées pour l'extraction du zinc, de ses minerais, la fabrication du carborundum et de tous les carbures au four électrique. Il ne se forme pas du tout d'acide carbonique à cause de la température élevée à laquelle se produit la réaction.

Dans la réduction, au contraire, de l'oxyde de cuivre ou de l'oxyde de plomb par le charbon, réaction se produisant à très basse température, on obtient exclusivement de l'acide carbonique. Dans la réduction de l'oxyde de zinc, c'est sans doute aussi de l'acide carbonique qui se produit au premier moment de la réaction ; mais à cette température élevée, ce gaz réagit immédiatement sur le charbon en excès pour donner de l'oxyde de carbone, suivant la réaction :

$$CO^2 + C = 2\,CO$$

qui ne commence à se produire un peu rapidement qu'au-dessus de 900°.

Préparation par les composés organiques.

Le second groupe de préparation de l'oxyde de carbone, employé de préférence au laboratoire pour obtenir rapidement ce gaz à l'état de pureté, utilise l'action de l'acide sulfurique concentré sur différents composés organiques, l'acide formique, l'acide oxalique, les cyanures métalliques.

L'acide formique donne immédiatement de l'oxyde de carbone pur, suivant la réaction :

$$CH^2\,O^2 = CO + H^2O$$

L'eau est fixée par l'acide sulfurique en excès. La réaction inverse se produit en présence de la potasse. Elle a été réalisée par Berthelot. C'est une des méthodes de synthèse qui lui ont permis de préparer les composés organiques en partant de matières minérales.

Pour faire la réaction, on mêle à froid une partie de formiate de soude bien desséché

$$C^2H\ NaO^2$$

avec cinq parties d'acide sulfurique concentré (SO^4H^2). La seule difficulté de cette préparation est que la réaction tend à s'emporter. Pour pouvoir la maîtriser, il faut opérer dans un vase de petite dimension, sur une petite quantité de matière, chauffer très doucement et même retirer le feu une fois la réaction commencée parce que la chaleur de la réaction suffit à entretenir la température nécessaire à son achèvement. En opérant dans un vase de trop grande dimension, les pertes de chaleur extérieures ne seraient pas suffisantes pour absorber la chaleur dégagée par la réaction et celle-ci s'accélérerait jusqu'à s'emporter. Il faut éviter d'employer du formiate de soude humide parce que la combinaison de l'acide sulfurique avec l'eau dégage une grande quantité de chaleur et amorcerait de suite la réaction avant tout chauffage.

Le second mode de préparation consiste à décomposer l'acide oxalique par l'acide sulfurique :

$$C^2H^2O^4 = CO + CO^2 + H^2O$$

Il faut chauffer plus fortement qu'avec l'acide formique, et la réaction n'a aucune tendance à s'emporter. Le gaz obtenu n'est pas de l'oxyde de carbone pur, mais un mélange à volume égal de ce gaz avec l'acide carbonique. On se débarrasse de l'acide carbonique en le faisant passer à travers une solution de potasse, mais son élimination complète est assez difficile à obtenir. Il est bon de placer, à la suite du tube ou des tubes à potasse, un tube témoin à eau de baryte, pour s'assurer qu'il ne reste plus d'acide carbonique avec l'oxyde de carbone.

Le troisième procédé utilise la décomposition du ferro-
cyanure de potassium par l'acide sulfurique. La réaction qui
se produit dans ce cas ne résulte pas d'une déshydratation,
mais au contraire d'une fixation d'eau sur le cyanogène donnant à la fois de l'oxyde de carbone et de l'ammoniaque.

$$(CAz)^2\ M + 3\ H^2O = 2\ CO + MO + 2\ AzH^3$$

L'eau et l'ammoniaque passent en combinaison avec
l'acide sulfurique. L'oxyde de carbone ainsi obtenu n'est
pas pur, il renferme un peu d'acide cyanhydrique résultant de la réaction :

$$(CAz)^2\ M + SO^4H^2 = 2\ (CAz\ H) + SO^4M$$

Il faut purifier l'oxyde de carbone en le faisant passer
dans un flacon à potasse, qui absorbe l'acide cyanhydrique.

Dissociation.

L'oxyde de carbone se dissocie sous l'action de la chaleur
en carbone et acide carbonique :

$$2CO = C + CO^2 + 39\ \text{calories}$$

Le fait a été découvert par H. Sainte-Claire Deville ;
mais son étude complète n'a été achevée que 40 ans plus
tard. Ce problème a longtemps arrêté les chimistes. On
admettait, comme nous avons déjà eu l'occasion de le
signaler, que la dissociation de tous les composés croissait
avec la chaleur. Cela est vrai pour les dissociations accompagnées d'une absorption de chaleur, ce qui est le cas général. L'oxyde de carbone, au contraire, se dissociant avec
dégagement de chaleur, présente une dissociation décroissante. Cette loi fondamentale de la mécanique chimique ne
fut définitivement établie que 20 ans après la découverte de
Sainte-Claire Deville.

Pour mettre en évidence la dissociation de l'oxyde de car-

bone, H. Sainte-Claire Deville employa le dispositif très
ingénieux connu sous le nom de *tube chaud et froid :* un
tube de porcelaine chauffé dans un four au charbon est
traversé suivant son axe par un petit tube d'argent à parois
minces, traversé lui-même par un rapide courant d'eau
froide. Le charbon, provenant de la dissociation de l'oxyde
de carbone au contact de la paroi chaude du tube, vient se
déposer sur la surface refroidie du petit tube métallique, où
l'on retrouve après l'expérience un dépôt de noir de fumée.
En même temps, l'oxyde de carbone sortant du tube chaud

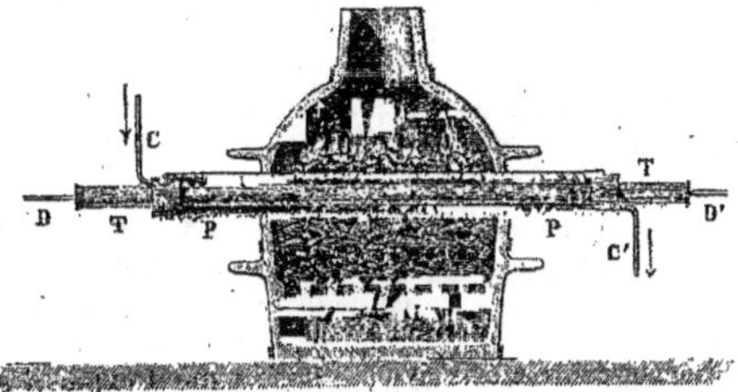

FIG. 24.

contient une petite quantité d'acide carbonique, indiquant
une dissociation seulement très-faible. Les tentatives faites
par Sainte-Claire Deville et par d'autres chimistes, pour
obtenir une dissociation plus avancée en élevant davantage
la température, échouèrent complètement ; au-dessus de
1.000° on n'arrivait plus à reconnaître de dissociation certaine. Ces résultats négatifs conduisirent même à révoquer
en doute l'exactitude de l'expérience première de Sainte-
Claire Deville. On chercha à expliquer le dépôt de carbone
par la présence de certains corps réducteurs et la formation
d'acide carbonique par l'action oxydante des composés oxygénés contenus dans la pâte même du tube chauffé.

Expériences de Lothian Bell.

La solution du problème fit un pas considérable à la suite
d'expériences entreprises, dans un but tout à fait différent,
par un savant métallurgiste anglais, Sir Lothian Bell. Il
possédait une importante usine métallurgiste dans le Cleve-
land et avait dans sa jeunesse suivi à Paris les cours de Gay-
Lussac. Il se proposa d'étudier, d'une façon scientifique, la
succession des phénomènes chimiques du haut fourneau. Il
disposa en vue de ses expériences un des hauts fourneaux de
son usine, en faisant des ouvertures sur toute la hauteur de
l'appareil, pour pouvoir examiner ce qui se passait à l'intérieur, y faire des prises de gaz et de minerais, et suivre les
transformations successives du courant descendant de
matières solides et du courant ascendant de gaz. Il observa
ainsi un fait tout à fait imprévu : le minerai retiré vers la
partie supérieure du haut fourneau, là où sa réduction est
encore incomplète et la température peu élevée, se trouve
complètement imprégné de noir de fumée. Des expériences
de laboratoire lui montrèrent que ce dépôt de carbone pro-
venait du dédoublement de l'oxyde de carbone en carbone
et acide carbonique. En variant les circonstances de l'expérience, il reconnut que le dépôt était le plus abondant aux
températures comprises entre 400 et 500°. Toutes les tentatives faites pour établir une relation entre le poids de carbone déposé et le poids de fer du minerai ou entre le poids
de carbone et le poids de l'oxygène resté encore en combinaison avec le fer ne conduisirent à aucun résultat précis.
La proportion de carbone déposé semble pouvoir croître
indéfiniment avec la durée de l'expérience, la vitesse du
dépôt varie seule avec la nature du minerai ou la température. Lothian Bell ne se préoccupa pas autrement de chercher s'il y avait un rapport limité entre la proportion
d'oxyde de carbone non décomposé et d'acide carbonique
formé, ce qui était cependant le point essentiel.

Le minerai se réduit en même temps et perd la majeure partie de son oxygène, mais pas la totalité; il retient habituellement entre 0,5 à 2 p. 100 d'oxygène; les oxydes de nickel et de cobalt donnent lieu à un dépôt analogue de carbone. Il en est de même encore avec les métaux très divisés obtenus par la réduction de ces oxydes. Les tableaux suivants montrent l'influence des différentes circonstances sur l'importance du dépôt de carbone.

Précipitation du carbone sur l'oxyde de fer ou le fer métallique dans un courant d'oxyde de carbone assez rapide pour que la proportion du gaz décomposé n'atteigne pas plus de 1 p. 100.

Influence du temps. — Expériences sur Fe^2O^3 précipité et calciné à 500°.

Heures.	5	10	15
C o/o du pds Fe	95,4	148	225

Influence de la température. — Durée de l'expérience 6 heures.

Température	250°	400°	500°	600°	800°
C o/o de Fe	4,7	181	95	6	0,3

Influence de la vitesse du courant gazeux. — Expérience de 6 heures à 400°.

Débit à l'heure en litres	63	245
C o/o de Fe	78,7	335

Influence de la nature de l'oxyde. — Expériences de 7 h. à 500°.

Fe^2O^3 de la calcination modérée de l'azotate	144
Fe^2O^3 précipité et calciné à 500	95,4
Fe^2O^3 de la calcination de $FeSO^4$.	54,9
Minerai de Cleveland calciné (peut-être demi fondu) .	0,3
NiO de Ni^2O^3 fortement calciné	0,6
Ni^2O^3 de l'azotate décomposé à basse température .	71,8
CO^2O^3 de l'azotate décomposé à basse température .	57

Précipitation sur le métal réduit. — Expériences de
9 heures à 410°.

Minerai de fer.	158
Fe^2O^3 précipité réduit.	207
Fe^2O^3 de $FeSO^4$ réduit.	808

De ces expériences il n'y a qu'une conséquence à tirer au
sujet de la dissociation de l'oxyde de carbone, c'est qu'elle
se produit plus facilement aux températures relativement
basses qu'à des températures plus élevées. Il n'y a aucune
conséquence à tirer des rapports de poids entre le fer et le
carbone, attendu que l'équilibre est indépendant des proportions relatives de ces corps solides, de même que dans
la dissociation du carbonate de chaux la tension d'équilibre
de l'acide carbonique est indépendante des proportions
relatives de chaux et de carbonate de chaux. Enfin il n'a
été fait aucune mesure précise sur la composition limite
des mélanges d'oxyde de carbone et d'acide carbonique,
seul point intéressant au point de vue de l'étude de la dissociation de l'oxyde de carbone. Cela n'était d'ailleurs nul-
lement le problème étudié par Sir Lothian Bell, qu'intéres-
sait seulement le dépôt de carbone.

Conséquences relatives à la marche des hauts fourneaux.

Au point de vue de l'étude du haut fourneau, ces recherches ont eu une importance considérable et ont donné
l'explication de toute une série de phénomènes incompré-
hensibles jusque-là. On avait cherché, pour mieux utiliser
la chaleur dans les hauts fourneaux, à augmenter la hauteur
de 20 à 30 mètres, pensant qu'ainsi les gaz sortiraient plus
froids, que leur température habituellement comprise
entre 3 et 400° pourrait s'abaisser jusqu'à 100° et au-
dessous. L'expérience fut absolument négative, la température de sortie des fumées resta indépendante de la hau-

teur. Cela tient, comme le reconnut Lothian Bell, à ce que,
dès que la température baisse suffisamment, l'oxyde de
carbone, contenu toujours en grande quantité dans les gaz,
se dissocie avec dégagement de chaleur au contact du minerai, et la température ne peut pas s'abaisser au-dessous
d'une certaine limite déterminée.

A un autre point de vue une des grandes difficultés que
l'on rencontre dans la conduite des hauts fourneaux, est
qu'ils tendent à s'obstruer et opposent une très grande résistance au passage des gaz. Il faut souffler l'air nécessaire
à la combustion du charbon avec des pressions considérables, atteignant parfois une atmosphère dans les fourneaux américains à allure très rapide. Cette obstruction tient
principalement au dépôt de carbone pulvérulent, qui s'accumule au sommet du haut fourneau; quelquefois la pression du vent nécessaire est telle, qu'elle peut soutenir en
l'air une partie de la charge, pendant que le bas de la charge
où ce carbone a été brûlé descend régulièrement. Ces amas
de matières suspendues finissent à un certain moment par
s'effondrer dans le vide intérieur. A ce moment la pression
des gaz se fait brusquement sentir jusqu'au sommet du
haut fourneau, ouvrant violemment toutes les soupapes
et projetant par ces orifices une certaine quantité de matière solide, minerais ou coke, dont la chute peut occasionner de graves accidents. Les célèbres minerais de fer du lac
Supérieur, qui alimentent presque toutes les usines américaines, donnent lieu à ce dépôt de carbone avec une intensité extraordinaire, aussi les explosions intérieures dans les
hauts fourneaux, très rares dans nos pays, sont incessantes
dans les usines américaines. Les ouvriers y sont habitués,
ils savent se garer aussitôt qu'ils entendent l'explosion,
avant que les matières solides projetées aient eu le temps
d'arriver à terre et de les écraser.

Application des lois de la mécanique chimique.

Nos connaissances sur la dissociation de l'oxyde de carbone ne firent un progrès sérieux que le jour où une connaissance complète des lois de la mécanique chimique eut permis d'établir la formule générale d'équilibre des systèmes gazeux. Cette formule donnée plus haut à l'occasion de la dissociation de l'acide carbonique (7) (p. 112) devient ici :

$$500 \int \frac{Ldt}{T^2} + LgP + Log. \frac{c^2}{c'} = \text{constante}$$

et en supposant L constant, ne considérant que le cas de la pression atmosphérique constante, $P = 1$

$$\frac{19500}{T} + Log. \frac{c^2}{c'} = \text{constante}$$

$c = $ concentration de CO et $c' = $ concentration de CO^2

Cette formule montre que la dissociation de l'oxyde de carbone doit croître très rapidement à mesure que la température s'abaisse, tendre au contraire vers zéro aux températures élevées. Cela donne immédiatement la raison de l'insuccès des expériences faites par H. Sainte-Claire Deville aux températures élevées. Aux plus basses températures, il n'obtenait pas non plus de décomposition importante de l'oxyde de carbone, parce que la vitesse de cette réaction, comme celles de toutes les réactions chimiques, décroît suivant une loi extrêmement rapide à mesure que la température baisse. Dans les expériences de Sir Lothian Bell, la décomposition a pu être obtenue en raison de l'action de présence du fer, du nickel ou des oxydes de ces métaux. Ces corps se trouvent posséder la propriété de faciliter la dissociation de l'oxyde de carbone, comme le fait l'action de présence de la mousse de platine pour faciliter la combinaison de l'oxygène et de l'hydrogène, ou celle de l'acide sulfureux et de l'oxygène dans le procédé du contact pour la fabrication de l'anhydride sulfurique ; comme le fait encore l'oxyde de cuivre dans la fabrication du chlore par le procédé Deacon. Ces actions de présence ne peuvent en aucune façon modifier les conditions finales de l'équilibre, elles facilitent seulement la réalisation de l'état d'équilibre; de même, dans une machine pesante, un pendule par exemple, le graissage des articulations permet aux différentes pièces de s'orienter suivant l'action de la pesanteur, d'atteindre leur position d'équilibre, mais ne modifie en aucune façon l'action de la pesanteur, la direction de la verticale.

Connaissant la forme générale de la loi d'équilibre dans la dissociation de l'oxyde de carbone, le rôle de certains corps pour faciliter la réalisation de l'état d'équilibre, la solution définitive du problème expérimental devenait possible et même relativement simple : il fallait, contrairement à la méthode suivie par Sir Lothian Bell, ne pas faire passer un courant rapide d'oxyde de carbone sur l'oxyde de fer, mais laisser, au contraire, une quantité limitée d'oxyde de carbone en présence d'oxyde de fer, pendant un temps suffisant pour permettre l'achèvement des réactions, en ayant soin de vérifier que l'état d'équilibre avait bien réellement été atteint. Il suffisait pour cela d'étudier comparativement dans les mêmes conditions de température l'action de l'acide carbonique sur le charbon et vérifier que l'on arrivait bien à la même composition finale du mélange gazeux que dans l'expérience précédente.

Expériences de M. Boudouard.

Cette étude a été faite d'une façon très complète par M. Boudouard. Voici les résultats observés aux deux températures de 650° et de 800°.

DISSOCIATION DE L'OXYDE DE CARBONE

Expériences faites pour déterminer le temps nécessaire à l'établissement de l'état définitif d'équilibre.

Température de 650°

Dissociation de CO en présence de l'oxyde de cobalt.

Temps	o h. 8′	6 h.	7 h.	9 h.
CO o/o restant .	60,3	38,5	39	38,5

Action de CO^2 sur le charbon de bois.

Temps	o h. 8′	1 h. 4′	6 h.	8 h.	9 h.	12 h.
CO o/o. . . .	18,2	28,3	34,8	36,9	37,6	38,5

Température de 800°

Dissociation de CO en présence de l'oxyde de cobalt.

Temps	o h. 8′	o h. 30′	o h. 45′	2 h. 15′	4 h.
CO o/o restant .	95,6	94,5	94,4	93	93,5

Action de CO^2 sur le charbon de bois.

Temps	o h. 8′	1 h.	6 h.	9 h.
CO o/o formé. .	60,1	90,1	93,7	93,5

En reportant, dans la formule d'équilibre donnée plus haut, les résultats trouvés ainsi à différentes températures, on peut calculer la valeur de la constante K; elle doit être dans tous les cas la même, si les expériences sont bien faites, et les écarts des valeurs trouvées donnent la mesure du degré de précision des expériences. Voici les résultats déduits des expériences de M. Boudouard :

Température	c (de CO)	c' (de CO^2)	K
650°	0,39	0,61	19,8
800°	0,93	0,07	20,8
925°	0,96	0,04	19,4

Ces nombres sont donc très voisins; on peut prendre

comme valeur moyenne le nombre 20. Il est possible en partant de cette valeur de la constante de calculer à priori les conditions d'équilibre de l'oxyde de carbone, de l'acide carbonique et du carbone dans des conditions quelconques de température, de pression et de présence de gaz étrangers.

Résultats numériques.

Soit d'abord le cas de l'oxyde de carbone pur; le mélange gazeux final après l'établissement de l'équilibre ne renferme que de l'oxyde de carbone et de l'acide carbonique on a donc la relation :

$$c + c' = 1$$

Le calcul conduit au résultat suivant :

Température	c (CO)	c' (CO_2)
400°	1	99
500°	5	95
600°	23	77
700°	57	43
800°	87	13
900°	92	3
1.000°	99	1

Soit maintenant le cas de l'air, mis en contact du charbon jusqu'à ce que l'équilibre final soit établi ; il se forme à la fois de l'oxyde de carbone et de l'acide carboniq ᵢ en proportions dépendant de la température et reliés par la formule donnée plus haut. Ce cas est pratiquement réalisé lorsque l'on fait passer un courant d'air très lent à travers un foyer chargé d'une grande masse de combustible. Dans ce cas la somme de c et c' n'est plus égale à l'unité, puisqu'il y a de l'azote, mais il existe entre c et c' une relation que l'on obtient en écrivant que la somme des volumes d'oxygène contenus dans l'oxyde de carbone et de l'acide carbonique est égale au quart du volume de l'azote ; cela donne la relation :

$$3c + 5c' = 1$$

Combinant cette relation avec l'équation d'équilibre, on trouve aux différentes températures les valeurs correspondantes entre c et c'.

Température	c (CO)	c' (CO²)
500°	2	18,8
600°	12	12,8
700"	23	6,2
800"	29	2,6
900°	32	0,5
1.000°	33	0,2

Actions réductrices sur les composés oxygénés.

La propriété essentielle de l'oxyde de carbone est l'extrême facilité avec laquelle il entre en combinaison avec des corps différents ; quelques-uns des composés ainsi formés sont des corps singuliers ne présentant aucune analogie connue. On passera ici en revue quelques-unes seulement des plus intéressantes réactions de ce corps.

L'oxyde de carbone est un gaz combustible. Mêlé à l'oxygène ou à l'air il brûle facilement en donnant de l'acide carbonique :

$$CO + 1/2\ O^2 = CO^2 \text{ dégage} + 68 \text{ calories}$$

Une particularité singulière de cette combustion est qu'elle est empêchée ou du moins rendue beaucoup plus difficile par la dessiccation du mélange gazeux ou par la diminution de pression. D'après Dixon, un mélange d'oxyde de carbone et d'oxygène conservé pendant 8 jours sur l'anhydride phosphorique ne serait plus inflammable, même par une étincelle électrique ; de même, aucun des mélanges de l'oxyde de carbone avec l'air, même humide, ne serait inflammable sous une pression inférieure au dixième de la pression atmosphérique.

L'oxyde de carbone est un réducteur des oxydes métalliques dont la chaleur de formation n'est pas trop considérable ; il réduit très facilement et à très basse température les oxydes de cuivre et de plomb; plus difficilement mais complètement encore les oxydes d'étain et de fer ; le minerai de fer dans le haut fourneau est précisément réduit ainsi par le courant ascendant d'oxyde de carbone qui se produit à la partie inférieure du four par la combustion incomplète du charbon. L'oxyde de zinc, de magnésium, des métaux alcalino-terreux et alcalins, au contraire, ne sont pas réduits.

L'action réductrice de l'oxyde de carbone sur l'oxyde de cuivre est assez sensible, pour permettre de reconnaître dans les fumées des fours de très petites quantités d'oxyde de carbone ; en faisant passer, à la température de 300°, ces fumées sur une couche mince d'oxyde noir de cuivre, telle qu'on l'obtient en calcinant modérément un fragment de terre blanche imprégnée d'azotate de cuivre, la couleur noire l'oxyde, passe au rouge par la réduction du cuivre métallique. Réciproquement ce cuivre repasse au noir si les fumées renferment un excès d'oxygène.

Certains oxydes, l'aluminium, l'oxyde de chrome, irréductibles par l'oxyde de carbone seul et inattaquables par certains métalloïdes agissant séparément, comme le soufre et le chlore, peuvent très facilement se transformer en sulfures ou chlorures anhydres par l'action simultanée de l'oxyde de carbone et du chlore. Ce procédé a été appliqué par M. Matignon à la préparation de tous les chlorures de terres rares. On les obtient ainsi purs, ce qui n'est pas le cas lorsqu'on emploie dans le même but le charbon comme agent réducteur.

Équilibre avec la vapeur d'eau.

L'oxyde de carbone chauffé avec de la vapeur d'eau donne lieu à la formation d'hydrogène et d'acide carbonique.

$$CO + H^2O = H^2 + CO^2 \text{ dégage} + 10 \text{ calories}$$

Cette réaction est incomplète et donne lieu à des phénomènes d'équilibre ; d'après le signe de la quantité de chaleur dégagée la proportion d'hydrogène et d'acide carbonique va en diminuant à mesure que la température s'élève. La formule générale d'équilibre est :

$$5000/T + \text{Log } cc' \ /c''c''' = \text{const.}$$

D'après les expériences de différents auteurs la valeur de la constante serait de $+ 5$. Le rapport $cc'/c''c'''$ aurait alors les valeurs suivantes :

t	$cc' \ /c'c'''$
725°	1
1580°	10
410°	1/10

Dosage par l'acide iodique.

Un certain nombre de composés oxygénés sont réduits dès la température ordinaire, du moins au-dessous de 100°, par l'oxyde de carbone, notamment le manganate de potasse en solution alcaline, dont la coloration verte est détruite; la solution ammoniacale de nitrate d'argent avec formation d'un précipité noir d'argent métallique; les sels d'or avec formation d'or métallique jaune et enfin l'acide iodique avec mise en liberté d'iode.

ette action de l'oxyde de carbone sur l'acide iodique, découverte par M. Ditte, a été appliquée par M. Armand Gautier et M. Niclou au dosage de très petites quantités d'oxyde de carbone pouvant exister dans l'air atmosphérique. On fait passer l'air à examiner sur de l'anhydride iodique chauffé entre 60 et 100°, on recueille et l'on dose, soit l'iode mis en liberté, soit l'acide carbonique formé. A cette température l'hydrogène et le méthane sont sans action sur l'anhydride iodique; cependant l'acétylène, divers composés sulfurés, et sans doute aussi des vapeurs soit d'origine animale, soit dégagés par les combustibles minéraux paraissent réduire également l'anhydride iodique. On a essayé en effet d'appliquer cette méthode d'analyse dans les mines, où il existe parfois des incendies pouvant mettre en circulation des quantités d'oxyde de carbone dangereuses pour les ouvriers, mais on observe toujours, même en l'absence de tout incendie, une légère réduction de l'acide iodique par l'air sortant des mines de houille, de telle sorte que cette méthode, malgré sa très grande sensibilité, se trouve en défaut dans un cas où son emploi pourrait rendre de grands services.

Combinaisons avec les chlorures.

L'oxyde de carbone se combine directement avec un certain nombre de chlorures notamment le chlorure cuivreux pour former la combinaison cristallisée

$$Cu^2 Cl^2, CO, 2H^2O$$

mais cette combinaison est dissociable, sa tension de décomposition est déjà notable dès la température ordinaire.

Il donne avec le chlorure platineux les composés :

$$PtCl^2, CO$$
$$PtCl^2, 1.5CO$$
$$PtCl^2, 2CO$$

Dosage par le chlorure cuivreux

La propriété du chlorure cuivreux de se combiner à l'oxyde de carbone est employée pour le dosage de ce gaz dans les mélanges, où sa proportion est un peu notable et dépasse quelques centièmes comme dans le gaz d'éclairage, le gaz de gazogène, etc. On emploie à cet effet le chlorure cuivreux dissous dans une solution saturée de chlorure de sodium. Le chlorure cuivreux est un corps blanc insoluble dans l'eau, très altérable à l'air, dont il absorbe l'oxygène pour donner l'oxy-chlorure vert $Cu^2 O Cl^2$. Il se combine avec les chlorures alcalins et avec l'acide chlorhydrique pour donner des sels doubles solubles dans l'eau, mais stables seulement en présence d'un excès du chlorure entrant dans la composition du sel double.

On prépare le réactif servant à doser l'oxyde de carbone en faisant dissoudre dans un litre d'eau salée saturée 100 grammes de chlorure cuivrique $Cu Cl^2 2H^2O$, mettant cette dissolution dans un flacon rempli jusqu'en haut de tournure de cuivre et bouchant hermétiquement le flacon. Après 24 heures le chlorure cuivrique est réduit à l'état de composé cuivreux et le réactif est prêt à servir; cette dissolution à 15° absorbe 40 fois son volume d'oxyde de carbone, pour une pression de 1 atmosphère de CO. Elle possède, bien entendu, comme le composé cristallisé, une certaine tension de dissociation, de telle sorte que, pour absorber complètement l'oxyde de carbone d'un mélange gazeux en vue d'en faire l'analyse, il faut toujours employer du réactif neuf, et même le renouveler plusieurs fois.

Nickel carbonyle.

L'oxyde de carbone donne avec le nickel une combinaison extrêmement curieuse : $Ni (CO)^4$, appelée nickel carbonyle. Ce corps a été découvert par un grand fabricant de produits chimiques de Londres, Ludwig Mond, dans des conditions qui méritent d'être rapportées.

Il employait dans un gazogène de son invention des valves de réglage du courant gazeux fabriquées en nickel, pour leur assurer une plus longue conservation. Le gaz, mélange d'oxyde de carbone et d'azote, était complètement exempt de fumées et cependant au bout de très peu de temps les valves s'obstruaient par un abondant dépôt de carbone pulvérulent; c'était la même réaction que celle étudiée par

Lothian Bell dans le haut fourneau avec le minerai de fer.
Cette observation conduisit Ludwig Mond à refaire au laboratoire quelques expériences sur la dissociation de l'oxyde
de carbone en présence du nickel : dans ces expériences
l'oxyde de carbone employé était brûlé à la sortie des appareils pour empêcher la diffusion dans l'atmosphère du
laboratoire de ce gaz éminemment toxique. Un jour, en
laissant refroidir après une expérience le tube renfermant
le nickel, sur lequel passait l'oxyde de carbone, on observa
qu'à partir d'une température assez basse et inférieure à
100° la flamme bleue de l'oxyde de carbone était remplacée
par une flamme brillante et fuligineuse. En condensant
dans un mélange réfrigérant les vapeurs entraînées par
l'oxyde de carbone on recueillit un liquide très volatil, le
nickel carbonyle, ayant la formule indiquée plus haut : ce
corps se dissocie en nickel et oxyde de carbone dès qu'on le
chauffe un peu. Il peut même détonner au-dessus de 60°. En
chauffant un tube de verre traversé par l'oxyde de carbone
saturé de vapeurs de ce corps, il se forme sur la paroi du
verre un miroir brillant de nickel, de même si on chauffe
dans une fiole en verre de l'huile de pétrole tenant une certaine quantité de ce corps en dissolution.

C'est un corps extrêmement vénéneux dont les vapeurs
sont plus toxiques encore que l'oxyde de carbone pur.

Les conditions les plus favorables pour la préparation de
ce corps consistent à faire passer à la température de 50° à
60° de l'oxyde de carbone sur du nickel métallique très
divisé, obtenu par la réduction à la plus basse température
possible, 500° environ de son oxyde par l'hydrogène. C'est
un liquide verdâtre de densité 1,356, fusible à — 25°; bouillant à + 43°. Sa chaleur de formation est de + 52 calories
à partir du nickel et de l'oxyde de carbone.

La décomposition explosive du nickel carbonyle vers 60°,
c'est-à-dire presque exactement à la température à laquelle
il se forme, a paru au début un fait tout à fait extraordinaire

et inexplicable. La raison très simple est que l'oxyde de carbone est déjà par lui-même un corps théoriquement explosif, dont la décomposition dégage beaucoup de chaleur. Les résistances passives, qui lui permettent de subsister habituellement, s'atténuent quand il est en combinaison avec le nickel. Le nickel carbonyle a en somme deux modes de décomposition différents :

$$Ni\,(CO)^4 = Ni + 4CO \text{ dégage} - 52 \text{ cal.} - \text{Reversible.}$$
$$Ni\,(CO)^4 = Ni + 4C + 2CO^2 \text{ dégage} + 24 \text{ cal.} - \text{Explosible.}$$

Ludwig Mond a appliqué cette réaction à l'extraction du nickel de ses minerais ; le procédé fonctionne très bien au point de vue purement chimique, mais son application industrielle a donné lieu à de nombreuses difficultés en raison du danger des vapeurs de nickel carbonyle qui ont occasionné parmi les ouvriers de graves accidents.

Le fer donne également avec l'oxyde de carbone des fers carbonyles. Il semble en exister plusieurs de compositions différentes et de volatilité très inégale, leur préparation est beaucoup moins facile que celle du nickel carbonyle et ils sont moins bien connus malgré les études très complètes du professeur Dewar à leur sujet. Ce corps s'est rencontré quelquefois à l'état de vapeur dans le gaz d'éclairage, et surtout dans le gaz à l'eau. Sa présence se fait immédiatement sentir sur les manchons à incandescence des becs Auer qui se recouvrent d'un dépôt rougeâtre d'oxyde de fer et perdent alors la majeure partie de leur pouvoir éclairant. On peut enlever le fer carbonyle du gaz à l'eau en l'absorbant par l'acide sulfurique qui se colore en même temps en violet.

Combinaison avec l'hémoglobine.

La matière colorante rouge du sang, l'hémoglobine, se combine facilement avec un certain nombre de gaz et cette propriété joue un rôle important dans la vie des animaux.

L'hémoglobine fixe l'oxygène dans les poumons en donnant l'oxyhémoglobine, combinaison très peu stable, qui abandonne son oxygène dans le vide ou dans un courant de gaz inerte et plus facilement encore au contact des corps réducteurs. L'oxyhémoglobine transporte ainsi l'oxygène des poumons dans toutes les parties du corps et lui permet ainsi de remplir ses fonctions oxydantes dans les régions appropriées de l'économie. L'oxyhémoglobine est caractérisée par un spectre d'absorption présentant deux bandes sombres, l'une de $\lambda =$ 590 à 570 et l'autre de $\lambda =$ 550 à 530; les parties centrales de ces bandes correspondent donc aux longueurs d'ondes 580 et 540. Cette réaction est assez sensible pour permettre de reconnaître 1/100 de milligramme d'oxyhémoglobine dans un gramme d'eau. L'hémoglobine obtenue en enlevant l'oxygène combiné au moyen d'un réducteur, tel que les sulfures alcalins, est caractérisée par une bande unique d'absorption entre $\lambda =$ 572 et 542, le centre de la bande correspondant à 560.

L'oxyde de carbone se combine également à l'hémoglobine et sa combinaison est beaucoup plus stable que celle avec l'oxygène. Le spectre d'absorption de l'hémoglobine oxycarbonée ressemble beaucoup à celui de l'hémoglobine oxygénée. Cependant la première bande, toujours située à gauche de la raie D dans le cas de l'oxygène, se déplace un peu vers la droite avec l'oxyde de carbone de façon à faire disparaître la raie D. On s'en aperçoit en utilisant le spectre solaire où la raie sombre D très visible peut servir de point de repère.

Le bioxyde d'azote donne avec l'hémoglobine une combinaison plus stable encore que l'oxyde de carbone, car il déplace ce dernier gaz.

Le déplacement inverse de l'oxyde de carbone par l'oxygène, indiqué souvent comme impossible, peut en réalité s'effectuer, pourvu que le rapport de la tension de l'oxygène à celle de l'oxyde de carbone dans le mélange gazeux

soit assez grand. Pour une teneur en oxyde de carbone de
1/1000° dans l'air, renfermant 200/1000 d'oxygène, la fixation de l'oxyde de carbone est douteuse. L'oxygène pur ou
mieux l'oxygène sous une pression de plusieurs atmosphères déplace certainement l'oxyde de carbone de l'hémoglobine. Dans tous les cas, le résultat final dépend d'un
certain équilibre réglé par les tensions relatives des deux
gaz dans l'air, exactement comme le dépôt du carbone sur
l'oxyde de fer dépend des proportions relatives d'oxyde de
carbone et d'acide carbonique dans le mélange gazeux.

Empoisonnement par l'oxyde de carbone.

Cette absorption de l'oxyde de carbone par l'hémoglobine donne la raison des propriétés éminemment toxiques
de l'oxyde de carbone. L'homme et tous les animaux meu-
rent rapidement dans les atmosphères renfermant 1 p. 100
d'oxyde de carbone, ils sont déjà gravement incommodés
pour des teneurs peu supérieures à 0,1 p. 100 et peut-être
moins. Le sang saturé d'oxyde de carbone ne peut plus
transporter l'oxygène, il est donc impropre à la vie. Les
différents animaux sont inégalement sensibles, la souris en
particulier l'est beaucoup plus que l'homme. Le meilleur
moyen aujourd'hui pour se prémunir contre le danger
d'asphyxie par l'oxyde de carbone, quand on pénètre dans
des milieux où l'on a lieu de supposer la présence de ce
gaz, est d'emporter avec soi une souris blanche dans une
petite cage. Tant qu'elle paraît bien vivante, il n'y a aucun
risque pour l'homme. C'est là aujourd'hui une pratique
courante dans les mines de houille, lorsque l'on à travailler
au voisinage d'un incendie ou à procéder à un sauvetage
après une explosion de grisou.

L'action de l'oxyde de carbone sur le sang est un des
procédés les plus exacts pour reconnaître d'une façon certaine la présence d'une petite quantité d'oxyde de carbone

dans l'air, égale ou supérieure à o,t p. 100, limite d'absorption en présence de l'air de ce gaz par le sang. On prend du sang d'animal défibriné dans lequel on fait barbotter pendant un temps suffisant le gaz où l'on veut rechercher l'oxyde de carbone. On l'examine ensuite au spectroscope, après réduction par le sulfhydrate d'ammoniaque. En présence de l'oxyde de carbone, les deux bandes de l'hémoglobine oxycarbonée subsistent, tandis que dans son absence, celles de l'oxyhémoglobine disparaissent pour faire place à la bande unique de l'hémoglobine.

OXYDES INSTABLES DU CARBONE

En dehors de l'oxyde de carbone et de l'acide carbonique, il existe plusieurs autres oxydes du carbone, tous très peu stables et jusqu'ici sans grand intérêt. Il y a lieu cependant de les signaler en passant.

Sous-oxyde de carbone C^3O^2.

Ce corps a été préparé par MM. Diels et Meyerheym en chauffant l'acide malonique $C^3H^4O^4$ avec de l'anhydride phosphorique. C'est un corps cristallisé blanc, fondant à — 170° en un liquide incolore de densité de 1,11 à 0°, bouillant à + 7°. A la température ordinaire il se change rapidement en un polymère solide et amorphe de couleur brune. Sous l'action de la chaleur ce polymère distille en régénérant le sous-oxyde de carbone, et dégageant en même temps un peu d'acide carbonique et d'oxyde de carbone. Il reste un résidu fixe, renfermant encore de l'oxygène; un chauffage au rouge ne suffit pas pour chasser complètement ce gaz.

Sesquioxyde de carbone.

L'anhydride de l'acide oxalique $(C^2O^3)^n$

$$C^2H^2O^4 = C^2O^3 + H^2O$$

correspondrait à un sesquioxyde; mais quand on cherche à préparer ce corps par les procédés donnant habituellement les anhydrides, on n'obtient qu'un mélange d'acide carbonique et d'oxyde de carbone, produits de son dédoublement; ce corps ne semble donc pas être stable à la température ordinaire. Par contre, certaines anomalies, dans la façon de se comporter de l'oxyde de carbone aux très hautes températures, conduisent à prévoir l'existence d'un oxyde du carbone intermédiaire entre CO^2 et CO, stable seulement aux températures supérieures à 3.000°. Dans la combustion du cyanogène, avec un volume convenable d'oxygène pour donner de l'oxyde de carbone, on constate, sur les parois de la bombe où se fait la combustion, un dépôt de charbon, et l'on trouve après refroidissement de l'acide carbonique dans le gaz. L'oxyde de carbone ne paraît dissociable à ces températures élevées ni en carbone et oxygène, ni en carbone et acide carbonique; mais il pourrait l'être, en carbone et en un oxyde intermédiaire se détruisant au refroidissement pour régénérer un mélange de CO et CO^2.

Acide percarbonique.

On obtient par l'action de l'eau oxygénée sur les carbonates alcalins ou par électrolyse d'une solution saturée de carbonate de potasse à — 16° un percarbonate de potasse dont l'anhydride inconnu aurait pour formule moléculaire :

$$(CO^3)^n$$

On n'a pas isolé l'acide, ni l'anhydride de ces sels; on n'est même pas complètement fixé sur leur composition; ce sont des corps très oxydants qui en se décomposant au contact de l'eau régénèrent l'eau oxygénée.

COMBUSTION DES MÉLANGES GAZEUX

Vitesse de réaction. — Influence de la température. — Influence de la pression. — Influence superficielle des corps solides. — Température d'inflammation. — Inflammation par compression. — Limite d'inflammabilité. — Dosages par les limites d'inflammabilité. — Lampes indicatrices de grisou. — Températures de combustion. — Propagation de la combustion. — Influence de l'agitation. — Onde explosive. — Influence des surfaces refroidissantes. — Lampes de sûreté. — Influence de la proportion et de la nature des gaz combustibles. — Vitesse de l'onde explosive. — Brûleurs Bunsen.

La combustion des gaz est un phénomène intéressant à étudier, tant en raison des lois scientifiques dont elle dépend, que des nombreuses applications pratiques qu'elle comporte. L'éclairage au gaz, le chauffage des fours à récupération, les moteurs à gaz, les explosions de grisou et pour les chimistes tous les appareils de chauffage employés dans les laboratoires sont des applications de ce phénomène.

Nous n'étudierons ici que la combustion des mélanges du gaz combustible et du gaz comburant, rendus complètement homogènes avant l'inflammation.

Vitesse de réaction.

On distingue deux sortes de combustion, la combustion vive accompagnée de phénomènes intenses : chaleur, lu-

mière, explosion et la combustion lente conduisant au même
terme final, comme réactions chimiques et dégageant au
total la même quantité de chaleur, mais d'une façon plus
lente, de telle sorte que la manifestation des phénomènes
calorifiques est moins intense et les phénomènes mécaniques d'explosion nuls. La combustion des mélanges d'air
et de gaz d'éclairage dans les moteurs à explosion donne
un exemple de combustion vive. L'oxydation lente des aliments dans l'organisme animal est au contraire un exemple
de combustion lente. Il n'y a en réalité entre ces deux espèces de combustion qu'une question de plus ou de moins
dans la rapidité du phénomène.

Influence de la température.

La vitesse avec laquelle se produisent tous les phénomènes chimiques, ceux de combustion comme les autres,
croît très rapidement avec la température. On admet généralement que cette vitesse peut être représentée par une loi
exponentielle de la forme :

$$V = K_a{}^T$$

Pour préciser par un exemple, le mélange tonant d'hydrogène et d'oxygène se combine vers la température de 200°
avec une lenteur telle que la combinaison n'est pas encore
complète après plusieurs mois, soit en nombres ronds 10 millions de secondes. Vers 2.200° au contraire, des mesures
relatives à la vitesse de l'onde explosive semblent indiquer
que la durée totale de la combinaison n'excède pas à cette
température un dix millionième de seconde. Le rapport de
ces deux vitesses pour un écart de 2.000° est donc celui de
1 à 10^{14}, c'est-à-dire 1 à 100.000 milliards. Si l'on voulait
représenter par une courbe la loi de variation d'un semblable phénomène et que l'on prenne une échelle telle que
la vitesse à 200° soit représentée par une longueur de 1 mil-

limètre, ce qui est nécessaire pour pouvoir la dessiner sur le papier, la plus grande vitesse devrait être représentée par une ordonnée de 100 millions de kilomètres, c'est-à-dire égale à 10.000 fois le rayon de la terre.

Les mesures de ces vitesses ne sont possibles que dans un intervalle très restreint de température, où la vitesse ne soit ni trop grande ni trop petite, entre 200 et 800° par exemple ; encore les résultats observés sont-ils très discordants, en raison de la multiplicité des facteurs autres que la température dont dépend également cette vitesse de combinaison..

M. Hélier, a fait une étude systématique de l'influence de la température sur la vitesse initiale de réaction ; la proportion combinée après 3′ de chauffage dans le mélange $H^2 + O$ a été trouvée :

180°	200°	240°	330°	430°	620°	825°	845°
0,04 p. 100	0,12	1,3	9,8	39,8	84,5	96,1	Explos.

Influence de la pression.

Cette vitesse de combinaison dépend encore d'un certain nombre d'autres facteurs ; elle croît avec la pression, c'est-à-dire avec la densité du mélange gazeux. Dans les moteurs à gaz on comprime le mélange explosif avant de l'allumer pour faciliter sa combustion. Une augmentation de pression facilite dans les eudiomètres la combustion des mélanges difficilement inflammables. Enfin, la combustion des vapeurs de phosphore se produit d'une façon très différente suivant la pression de l'oxygène, donnant immédiatement de l'anhydride phosphorique aux fortes pressions, donnant au contraire d'une façon passagère de l'anhydride phosphoreux aux faibles pressions.

Influence superficielle des corps solides.

La présence de corps étrangers exerce une très grande
influence sur la vitesse de combustion des gaz. La mousse
de platine provoque dès la température ordinaire la combustion de l'hydrogène et de l'oxygène, vers 300° celle du
méthane et de l'oxygène. Un inventeur avait proposé d'employer ce procédé pour détruire le grisou dans les mines il
se servait d'une lampe à essence chauffant, par combustion lente, de l'amiante platinée; il avait seulement oublié
de mesurer le rendement de son appareil : il aurait fallu
500.000 lampes pour détruire la totalité du gaz dégagé dans
une mine notablement grisouteuse, qui peut débiter 500 litres de ce gaz par seconde. Pour chauffer ces appareils, il
aurait fallu brûler 500 tonnes d'essence minérale, c'est-à-
dire un poids égal à celui de la houille extraite pendant
le même temps. C'est là un bon exemple de l'application
inintelligente des connaissances scientifiques aux problèmes
pratiques.

Non seulement les corps poreux, mais les corps solides
de toute sorte et même des corps de même nature, ne
différant que par de très légers changements dans l'état de
leur surface, suffisent par leur présence pour amener des
différences notables dans la vitesse de combustion. Van't
Hoff a trouvé que, dans un appareil en verre neuf, la vitesse
initiale de combinaison du mélange $H^2 + O$ était six fois
plus grande que dans le même appareil ayant déjà servi
plusieurs fois. M. Hélier a trouvé de très grands écarts entre
des expériences faites dans des appareils en verre, en cristal, en porcelaine ou argentés intérieurement. L'agitation
en renouvelant les contacts avec les surfaces solides paraît
avoir une influence très notable. Cela semble être la raison
des écarts très considérables entre les résultats des expériences de M. Hélier, faites sur des gaz en mouvement et
celles de M. Van't Hoff, sur des gaz au repos.

Température d'inflammation.

Lorsque l'on introduit un mélange gazeux combustible
dans une enceinte chauffée à une température déterminée
et que l'on répète la même expérience à des températures
progressivement croissantes, on observe une discontinuité
très nette dans les phénomènes. Pour toutes les températures inférieures à une certaine limite, on obtient d'abord
une combustion lente dont la vitesse croît régulièrement
avec la température, puis brusquement, à partir d'une certaine température, on obtient une inflammation instantanée, ou du moins s'effectuant dans un temps trop court
pour que nous puissions en apprécier la durée. La raison
de ce phénomène est la suivante : la combustion lente d'une
masse gazeuse élève sa température, par suite du dégagement de chaleur dû à la réaction chimique. La température
de la masse arrive ainsi à dépasser celle de l'enceinte ; la
masse gazeuse se refroidit alors au contact de la paroi, en lui
cédant de la chaleur, et prend, si la combustion n'est pas
trop rapide, un certain régime permanent de température,
supérieur à celui de l'enceinte, d'une quantité telle, que la
chaleur perdue par contact ou rayonnement, soit exactement
égale à celle fournie dans le même temps par la combustion lente. Pour que cette condition soit remplie, il faut
que les deux phénomènes calorifiques de sens contraire
croissent avec une vitesse différente en fonction de la température, la perte de chaleur par la paroi l'emportant sur
le supplément de chaleur fourni par la combustion. Autrement dit, si l'on trace deux courbes (fig. 25) qui représentent, en fonction de la température, l'une la chaleur dégagée
par la combustion, et l'autre la chaleur cédée à la paroi,
ces deux courbes doivent se couper ; cette condition est
nécessaire et suffisante pour que l'on atteigne une température de régime constante ; si elles ne se coupent pas au
contraire, la chaleur fournie par la combustion reste tou-

jours supérieure à celle prise par la paroi, la réaction s'em-
porte et devient explosive. La discontinuité signalée plus
haut correspond donc à la température pour laquelle les
deux courbes sont tangentes. Sur les figures la courbe des
pertes de chaleur par la paroi est sensiblement une droite

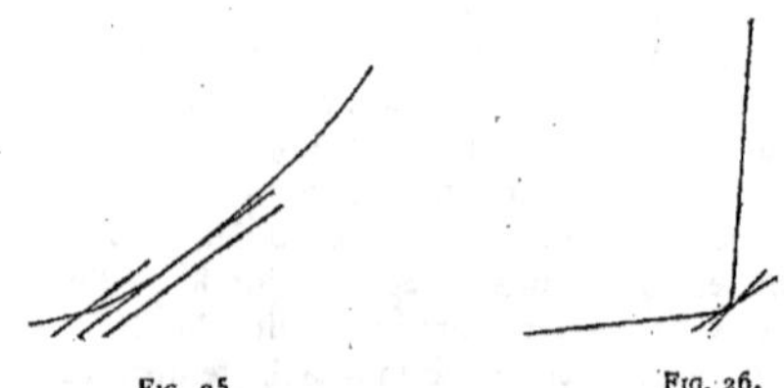

FIG. 25.   FIG. 26.

tandis que celle des chaleurs fournies par la combustion
s'élève très rapidement.

La température la plus basse à laquelle l'inflammation
brusque du mélange se produit est dite *température d'inflammation*. D'après les explications données ci-dessus,
cette température n'est pas une grandeur physiquement
déterminée ; la perte de chaleur par les parois est proportionnelle à la surface de l'enveloppe, tandis que la quantité
de chaleur dégagée est proportionnelle à son volume ; la
température d'inflammation doit donc nécessairement varier
avec les conditions de l'expérience. Pratiquement cependant cette température d'inflammation a une certaine signification, parce que la vitesse des phénomènes chimiques
croît tellement vite avec la température qu'il faut des variations énormes dans le volume des récipients pour amener
un changement notable dans la température d'inflammation
comme le montre la figure 26.

On peut employer des procédés très variés pour la mesure
de ces températures d'inflammation, par exemple, faire passer le mélange gazeux dans un tube en porcelaine chauffé à
une température déterminée. On est averti de la combustion, parce qu'on voit la flamme revenir en arrière vers le
récipient où le mélange des gaz a été effectué. Un couple
thermo-électrique placé à côté du tube en donne la température.

La méthode du pyromètre, peut-être plus précise, mais
applicable seulement à des mélanges dont la combinaison
est accompagnée d'un changement de volume, consiste à
prendre un pyromètre en porcelaine dans lequel on fait le
vide et où l'on fait ensuite rentrer, au moyen d'un robinet à
trois voies, de l'air contenu dans un mesureur. En rapprochant
le volume d'air ainsi rentré de la capacité du pyromètre,
on a la mesure exacte de la température de celui-ci. On recommence de suite la même expérience, en remplaçant l'air
par le mélange combustible étudié ; si la combustion ne se
produit pas, le volume aspiré au premier moment est exactement le même que celui de l'air. On voit ensuite peu à
peu ce volume changer lentement par le fait de la combustion lente. Si, au contraire, on a dépassé la température
d'inflammation, le volume de gaz aspiré diffère immédiatement de celui de l'air, d'une quantité déterminée par le
changement de volume résultant de la combustion.

Inflammation par compression.

Enfin, un procédé très élégant, employé récemment par
un chimiste américain, M. Falk, consiste à comprimer brusquement, au moyen du choc d'un mouton, tombant d'une
certaine hauteur, le mélange gazeux enfermé dans un cylindre
sous un piston d'acier. Au moment où la combustion se
produit, le mouvement du piston change immédiatement,
par suite de l'excès de pression résultant de l'explosion. Il

est facile d'enregistrer la position du piston pour laquelle
le phénomène se produit. On calcule ensuite, d'après la loi
de compression adiabatique des gaz, la température atteinte
par le mélange au moment de son inflammation. Les expériences faites par ces trois méthodes dans des appareils dont
les dimensions intérieures étaient comprises entre 2 et
5 centimètres ont donné des résultats très concordants.

Voici le tableau des résultats obtenus par la compression

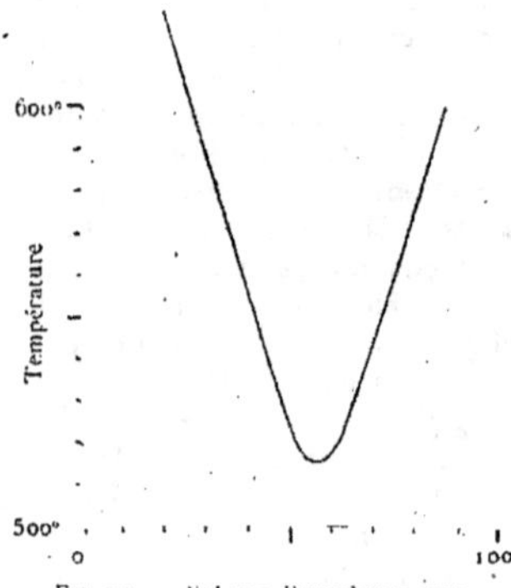

Fig. 27. — Volume d'oxygène p. 100.

brusque sur des mélanges d'hydrogène et d'oxygène en proportions variables (fig. 27) :

	p/p''	t.
$4H^2 + O^2$	48,2	620
$2H^2 + O^2$	36,9	547
$H^2 + O^2$	31,8	523
$H^2 + 2O^2$	33,5	535
$H^2 + 4O^2$	31,8	570

La température d'inflammation des différents gaz avec l'air varie approximativement comme l'indique le tableau ci dessous.

Oxyde de carbone, méthane	650°
Hydrogène . . . . .ᵗ . .	550°
Acétylène, alcool	450°
Sulfure de carbone	350"
Hydrogène phosphoré	100°

L'inflammation par compression a été utilisée dans un moteur inventé par un ingénieur allemand Diesel. Il comprime de l'air pur dans le cylindre de son moteur à une pression d'environ 50 atmosphères et injecte alors brusquement une certaine quantité d'huile qui s'enflamme instantanément. Il est facile de calculer l'élévation de température produite par une compression donnée. On trouve ainsi qu'une compression de 33 atmosphères élève la température de 500° et une compression de 55 atm., de 1.000°.

Cette compression provoque parfois, dans les moteurs à essence ordinaires, des inflammations prématurées. On est obligé de limiter la compression avant inflammation pour éviter cet inconvénient.

Limite d'inflammabilité.

Dans la combustion habituelle des mélanges gazeux, la température n'est pas élevée à la fois dans la totalité de la masse. On provoque l'inflammation en un seul point, au moyen d'une source de chaleur convenable : flamme d'une allumette, étincelle électrique, puis cette inflammation se propage de proche en proche dans toute la masse. Le mécanisme de cette propagation est le suivant : la flamme chauffe la tranche froide immédiatement à son contact et la porte à sa température d'inflammation, celle-ci s'allume alors et échauffe la tranche froide suivante, et ainsi de suite. Il est

indispensable évidemment que la température développée
par la combustion du mélange soit supérieure à celle d'inflammation, car un corps chaud ne peut jamais échauffer
par contact un corps froid à une température supérieure à
la sienne. Il est bien évident que cette condition ne sera
pas remplie, si la proportion du gaz combustible ou celle de
l'oxygène est trop faible dans le mélange. Les mélanges
gazeux ne sont donc inflammables qu'entre deux limites
extrêmes de composition rigoureusement déterminées. Ces
limites sont les suivantes, pour les mélanges avec l'air, de
quelques-uns des gaz les plus usuels :

Hydrogène. . . .	10 à 70 p. 100 d'hydrogène.
Oxyde de carbone . . .	16 à 75
Gaz d'éclairage. . . .	8 à 25
Méthane.	6 à 16
Acétylène	2,8 à 65

Ces chiffres donnent la proportion du gaz combustible
pour 100 du mélange total.

Lorsqu'on mêle ensemble plusieurs gaz combustibles
avec de l'air, on a, à la limite inférieure d'inflammabilité de
ce mélange, la relation suivante entre les limites d'inflammabilité N et N' de chacun des deux gaz, et leurs proportions n et n' existant ensemble dans le mélange considéré :

$$\frac{n}{N} + \frac{n'}{N'} = 1.$$

Le facteur dominant de l'inflammabilité d'un mélange est
évidemment la proportion relative du gaz combustible et de
l'oxygène, mais il y a encore un certain nombre de facteurs
plus ou moins importants, dont dépend cette inflammabilité : La pression du mélange, sa température, son degré
d'agitation, etc. En s'arrangeant pour maintenir tous ces
facteurs invariables, les limites d'inflammabilité peuvent
sans aucune difficulté être déterminées avec une incertitude

sur la proportion du gaz combustible inférieure à 0,1 p. 100 du volume total du mélange gazeux.

Dosages par les limites d'inflammabilité.

Cette propriété est mise à profit aujourd'hui pour obtenir le dosage très précis de petites quantités de gaz combustible existant dans l'air, tout particulièrement du grisou dans l'atmosphère des mines.

L'historique de la découverte de ce procédé est assez originale pour être rappelée. Un ingénieur américain, M. Shaw, tout à fait ignorant des études déjà faites sur la combustion des gaz et des difficultés du problème, eut *a priori* l'idée très ingénieuse de doser le grisou existant dans l'air des mines en cherchant la quantité de ce gaz pur qu'il fallait ajouter à l'air pour arriver à la limite d'inflammabilité, c'est-à-dire, une teneur de 6 p. 100 de grisou. La différence entre le chiffre 6 et la proportion du gaz ajouté devait donner celle qui existait primitivement dans l'air. Il réalisa de suite, sans aucune étude préalable, un appareil très compliqué pour l'application de cette idée. L'installation complète comprenait deux parties distinctes : 1° une pompe actionnée par une machine à vapeur, allant aspirer, par une canalisation installée à cet effet, l'air en différents points des galeries de la mine et l'amenant à l'appareil mesureur installé dans le cabinet de l'ingénieur. Dans son idée, cette pompe aspirante devait pouvoir au besoin être renversée dans sa marche et fonctionner comme

FIG. 28.

pompe foulante, de façon à ce qu'en cas d'éboulement dans la mine, on puisse par la même canalisation envoyer de l'air aux ouvriers pour les faire respirer et du lait pour les nourrir. L'appareil mesureur, très ingénieusement disposé, se composait de deux cylindres aspirant l'un l'air à étudier, l'autre du grisou pur en provision dans un réservoir. On pouvait régler la course relative des deux pistons de façon à faire des mélanges en proportions connues. Cet appareil compliqué donne des résultats exacts, mais on obtient exactement les mêmes, d'une façon beaucoup moins coûteuse, avec une simple burette en verre (fig. 28), dite burette à limite d'inflammabilité, dont l'usage est aujourd'hui général dans les mines de houille et qui permet de doser dans l'air la proportion de grisou à 0,1 p. 100 près.

Lampes indicatrices de grisou.

Le procédé employé de tous temps dans les mines pour reconnaître la présence de grisou, en proportions beaucoup

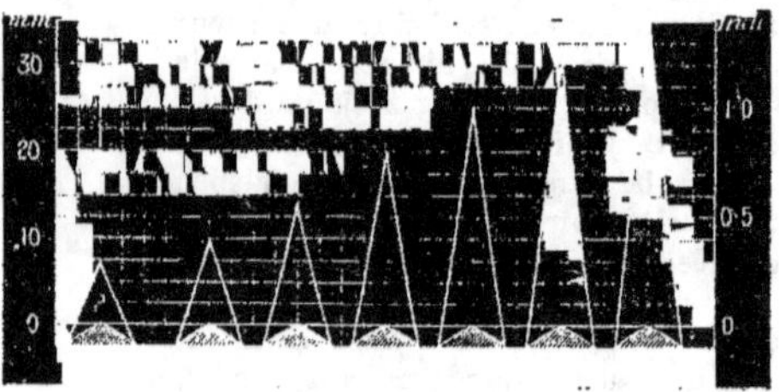

Fig. 29.

plus considérables, il est vrai, dans le cas de teneurs supérieures à 2 ou 3 p. 100, ce dont on se contentait autrefois, repose également sur ce phénomène des limites d'inflammabilité. En baissant la flamme des lampes ordinaires de mine, de façon à ce qu'elle se réduise à une toute petite flamme bleue non éclairante, on observe, en portant cette lampe dans des mélanges d'air et de grisou non inflammables, une auréole bleue au-dessus de la flamme de la lampe, qui est d'autant plus grande que le mélange gazeux est plus riche en gaz combustible (fig. 29). La limite d'inflammabilité inférieure d'un mélange de gaz combustible et d'air s'abaisse et se rapproche de o au fur et à mesure que la température de la masse gazeuse se rapproche de la température d'inflammation. Autour de la flamme de la lampe, il y a des zones chaudes de température décroissante ; l'inflammation se propage dans le mélange grisouteux, jusqu'à la température limite à laquelle il est encore combustible avec sa composition particulière.

On doit baisser la flamme de la lampe pour la rendre non lumineuse, parce que l'éclat des flammes de ces mélanges pauvres en grisou est très faible et l'œil ne pourrait pas les discerner, quand il est ébloui par le voisinage d'une flamme éclairante. On est arrivé, en employant la flamme de l'hydrogène qui n'est pas du tout lumineuse, tout en étant très chaude, ou même celle de l'alcool, à augmenter beaucoup la sensibilité de cette méthode et à reconnaître le grisou jusqu'à 0,25 p. 100.

Température de combustion.

La température de combustion, c'est-à-dire la température que prend un mélange inflammable par le fait de sa combustion est une donnée très importante à connaître au point de vue des applications relatives au chauffage. Comme nous l'avons déjà indiqué, la proportion de chaleur utilisable à un chauffage déterminé dépend de l'écart entre la température de combustion et celle à laquelle l'objet doit être chauffé. Le rendement sera donc d'autant meilleur que la température de combustion est plus élevée. Il serait très intéressant de pouvoir mesurer directement cette température de combustion. Cela est impossible pour plusieurs motifs, d'abord parce que la température du plus grand nombre des flammes est voisine de 2.000°, température à laquelle les corps que nous pourrions employer comme thermomètres, sont fondus et aussi parce qu'un corps placé dans une flamme ne prend jamais la température de la flamme à cause des pertes de chaleur qu'il éprouve par rayonnement.

On est arrivé à déterminer ces températures d'une façon indirecte et en faisant détoner les mélanges gazeux en vase clos en mesurant la pression ainsi produite au premier moment de l'explosion, avant que le refroidissement par les parois froides de l'appareil ait fait baisser la température. On peut ensuite déduire de cette pression, en faisant intervenir la loi de Mariotte, la température développée :

$$\frac{P}{P_0} = \frac{n}{n_0}\frac{T}{T_0}$$

où n et n_0 sont les nombres de molécules avant et après combustion.

On a ainsi trouvé, pour les pression et température de combustion en vase clos, les résultats suivants, se rapportant à différents gaz combustibles, mêlés à l'air dans les proportions voulues pour la combustion complète.

Gaz combustible	P/P_0	t.
Hydrogène	8,4	2320°
Oxyde de carbone.	8,7	2430°
Méthane	8,9	2150°

C'est en partant de mesures de cette nature que l'on a calculé indirectement les chaleurs d'échauffement des gaz donnés précédemment, qui peuvent ensuite servir à calculer théoriquement les autres températures de combustion dans les cas les plus variés. On passe des chaleurs d'échauffement à volume constant aux chaleurs à pression constante, au moyen d'un calcul de la thermodynamique, utilisant les résultats d'une expérience de Joule sur la détente des gaz. Ces chaleurs d'échauffement sont notablement plus élevées à pression qu'à volume constant, aussi les températures réalisées à pression constante sont-elles plus faibles, de 200 à 300°, que les températures mesurées à volume constant.

Quand, au lieu d'air, on emploie de l'oxygène, les températures sont naturellement bien plus élevées, mais le calcul est dans ce cas très incertain en raison de l'absence de connaissances précises sur la dissociation de l'acide carbonique et de la vapeur d'eau aux températures élevées. Quoi qu'il en soit les températures des chalumeaux à oxygène sont extrêmement élevées, voisines de 3.000° pour le chalumeau oxhydrique et de 4.000° pour le chalumeau oxyacétylénique.

Ces chalumeaux ont reçu des applications importantes pour la soudure autogène du fer. Ce procédé de travail se répand de plus en plus et maintenant on arrive à mettre aux chaudières marines des pièces de plusieurs mètres carrés, comme on met des pièces à un vêtement de drap.

Propagation de la combustion.

Lorsque dans un mélange gazeux inflammable, on vient à porter l'inflammation en un point et que celle-ci se propage dans toute la masse, elle le fait avec une certaine vitesse, qui dépend de la composition du mélange gazeux, de la température, de l'agitation et d'un certain nombre d'autres circonstances. Dans une même masse gazeuse, la vitesse varie très souvent d'un point à l'autre du mélange, au fur et à mesure de l'avancement de la flamme. On peut reconnaître ces irrégularités à la vue simple, ou mieux en employant un procédé d'enregistrement photographique, applicable, il est vrai, seulement dans le cas de mélanges donnant des flammes très lumineuses ou tout au moins

douées d'un pouvoir photogénique considérable. Celles du
sulfure de carbone, par exemple, brûlant dans le bioxyde

Fig. 3o. — Mélange CS² + 6AzO brûlant
dans un tube de 3o millimètres de diamètre et 3 mètres de longueur, composé
de trois tronçons de 1 mètre reliés par des
caoutchoucs, dont la présence a occasionné
les solutions de continuité verticales visibles sur l'image. L'inflammation a été
mise du côté de l'extrémité ouverte située
à droite de l'image.

d'azote ou dans l'oxygène, s'enregistrent particulièrement
bien par cette méthode.

En plaçant un mélange gazeux combustible dans un tube
horizontal et l'allumant à une extrémité du tube, on obtient

une flamme qui se déplace horizontalement avec une vitesse
variable d'un point à l'autre du tube. Si l'on reçoit l'image
de cette flamme sur une plaque photographique animée
d'un mouvement vertical, on obtient une courbe plus ou
moins sinueuse dont l'inclinaison en chaque point permet
de calculer la vitesse correspondante de propagation de la
flamme (fig. 3o). Les photographies reproduites ici l'ont été
tantôt d'après des clichés négatifs donnant les images des
flammes en noir, tantôt d'après des positifs donnant les
flammes en blanc.

On constate dans ces conditions, lorsque l'inflammation
a été mise du côté de l'extrémité ouverte du tube, que la
flamme se propage d'abord avec une vitesse sensiblement
uniforme; la courbe enregistrée est alors une droite, plus
ou moins inclinée ; il se développe bientôt des mouvements
vibratoires dans la masse gazeuse qui prennent parfois une
violence extraordinaire, la courbe présente des ondulations
très accentuées ; enfin, dans certains cas, la propagation de
l'inflammation devient brusquement, en quelque sorte,
instantanée, du moins tellement rapide qu'il est bien difficile de reconnaître l'existence d'une vitesse définie.

La période initiale uniforme de propagation correspond
à l'échange normal de chaleur par rayonnement ou conductibilité, sa durée n'est jamais très grande; elle l'est d'autant plus que le diamètre du tube et sa longueur sont plus
considérables ; ce régime uniforme initial ne se prolonge
guère au-delà d'un parcours de la flamme de o m. 25 à
1 mètre.

Influence de l'agitation.

Les oscillations de la flamme, qui se produisent bientôt,
résultent des vibrations de la masse gazeuse. Elles sont
provoquées et entretenues par la combustion, et réciproquement, de leur côté, elles accélèrent la combustion. Le

tuyau rend alors un son extrêmement intense, que l'on distingue parfaitement, quand la vitesse de propagation est assez lente pour que l'oreille puisse discerner de l'explosion finale, les bruits qui l'ont précédée. Parfois dans les tubes étroits cette agitation anime l'extincteur de la flamme (fig. 31).

L'agitation produite par l'allumage au milieu de la masse gazeuse, donnant lieu à un refoulement rapide, des parties du

Fig. 31. — Même expérience que dans la figure précédente, mais avec un tube de 10 millimètres. La flamme s'éteint avant d'avoir parcouru le premier tronçon de 1 mètre.

Fig. 32. — Même mélange gazeux que dans les expériences précédentes. Tube de 30 millimètres. de diamètre. Inflammation provoquée par une étincelle électrique du côté de l'extrémité fermée du tube.

mélange non encore brûlé, occasionne des accélérations énormes de la vitesse de propagation de la flamme (fig. 32), qui peut être ainsi centuplée. C'est là la raison de la vitesse habituellement si grande de la propagation des explosions dans les mélanges gazeux, comme les mélanges d'air et de grisou dans les mines, d'air et de gaz d'éclairage dans les locaux confinés. Cela explique la violence des effets méca-

niques produits ; ils seraient sensiblement nuls si l'on avait
affaire seulement à la vitesse initiale normale de propagation de la flamme, celle-ci serait dangereuse seulement par
la température développée.

Onde explosive.

La dernière période de propagation quasi instantanée, qui
n'existe pas, d'ailleurs, dans tous les mélanges gazeux combustibles, est ce que l'on appelle l'onde explosive ; elle a été
découverte par MM. Berthelot
et Vieille. C'est une onde comprimée (fig. 33) dans la masse
gazeuse, la traversant avec une
vitesse rigoureusement uniforme
de plusieurs milliers de mètres
par seconde et provoquant sur
son passage la combinaison, sans
aucun retard appréciable. L'é-
chauffement résultant de la combinaison et la surpression instantanée corrélative entretiennent
l'énergie de cette onde, et assu-
rent sa propagation continue. Le
mécanisme du phénomène est le
suivant : supposons une tranche
gazeuse comprimée brusquement
à 5o atmosphères. Sa température, d'après la loi de la compression adiabatique des gaz, s'élè-

Fig. 33.

vera jusqu'à une température de 1.ooo", bien supérieure à
celle d'inflammation du mélange gazeux ; la combinaison se
produira instantanément en décuplant, par exemple, la
pression qui s'élèvera à 5oo atmosphères. Cette tranche fortement comprimée pourra facilement, en se détendant,

transmettre une compression de 5o atmosphères à la tranche voisine qui brûlera à son tour, et le phénomène continuera à se propager de la même façon de proche en proche, avec une vitesse bien supérieure à celle du son, qui est, comme on le sait, celle des ondes infiniment peu comprimées, tandis qu'il s'agit là d'une onde extrêmement condensée.

L'existence des pressions énormes signalées ici est vérifiée par ce fait que les tubes en verre, capables de résister à des pressions statiques de plusieurs centaines d'atmosphères sont généralement pulvérisés sur le passage de l'onde explosive.

Influence des surfaces refroidissantes.

La vitesse de propagation de la flamme dépend, dans une certaine mesure, du diamètre des tubes dans lesquels on l'observe, et quand le diamètre est trop faible, la vitesse de propagation est nulle, c'est-à-dire qu'il n'y a plus du tout de propagation. Quand le diamètre du tube est au contraire suffisamment large, la vitesse tend vers une limite constante, la même, par conséquent, que celle que l'on pourrait observer dans un mélange gazeux indéfini. D'une façon générale, on peut admettre qu'à partir du diamètre égal à 5 fois celui pour lequel la propagation est nulle, l'influence refroidissante des parois devient négligeable ; cette disparition rapide de l'influence des parois tient à ce que la vitesse observée est toujours celle qui correspond au filet central du tube ; l'inflammation se transmet en effet latéralement, à partir de ce filet, vers les parois du tube.

Voici quelques exemples de nature à montrer l'influence du diamètre du tube sur la vitesse uniforme initiale de propagation.

Mélange de méthane et d'air à 10,4 p. 100 de méthane.

Diamètres :	3,2 mm.	3,5 mm.	8 mm.	9,5 mm.	12,2 mm.
Vitesses :	0,0 m.	0,22 m.	0,39 m.	0,41 m.	0,47 m.

Mélange d'hydrogène et d'air à 3o p. 100.

Diamètres : 0,25 mm.   0,9 mm.   3,0 mm.   6,0 mm.   1,00 mm.
Vitesses :   0,0 m.   1,72 m.   3,5o m.   3,25 m.   3,5o m.

Lampes de sûreté.

C'est sur ce principe que Davy s'est appuyé pour inventer les lampes de sûreté qui sont aujourd'hui d'un usage général dans les mines de houille (fig. 34). Ayant observé que

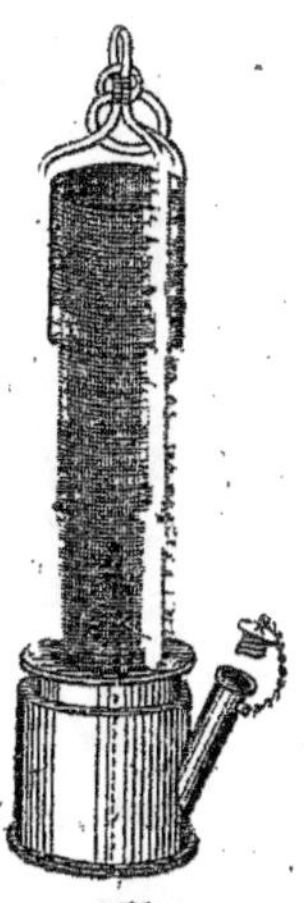

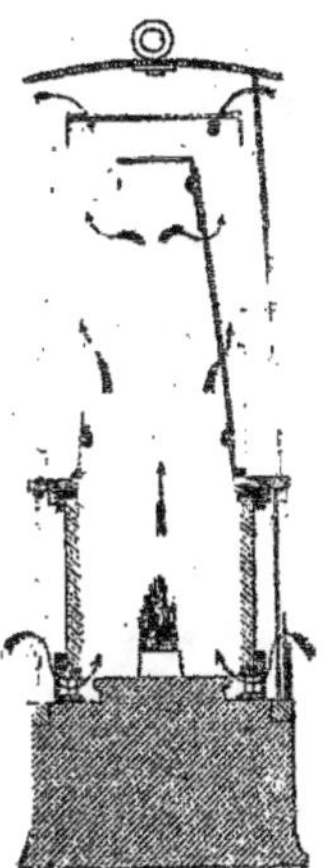

Davy. — Fig. 34.   Fig. 35.

la flamme du grisou s'éteint dans des tubes de 3,2 mm. de diamètre, il construisit une première lampe dans laquelle l'entrée de l'air et la sortie des fumées se faisaient à travers des tubes de ce diamètre. La lampe était très lourde et de

dimensions encombrantes. Il reconnut bientôt que l'on pouvait réduire la longueur des tubes au fur et à mesure que l'on
réduisait leur diamètre. Et il arriva finalement à l'emploi
d'une toile métallique de 144 mailles au centimètre carré, qui
peut être considérée comme l'assemblage d'une infinité de
petits tubes de 0,5 mm. de diamètre et autant de longueur.

**Influence de la proportion et de la nature du gaz combus-
tible.**

Pour les différents mélanges d'un même gaz avec l'air ou
avec l'oxygène la vitesse varie, bien entendu, avec la pro-

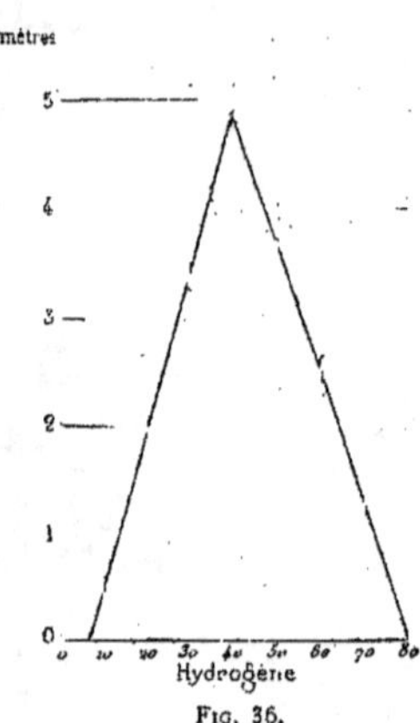

Fig. 36.

portion relative des deux gaz. Les tableaux suivants donnent un exemple de ces variations.

Hydrogène et air.

Hydrogène p. 100.	10	20	30	40	50	60	70
Vitesses m. par sec.	0,60	1,95	3,30	4,37	3,45	2,30	1,10

La courbe (fig. 36), représentant les vitesses en fonction de la proportion de gaz combustible, est composée de deux droites, se coupant à angles vifs pour la proportion de 40 p. 100 d'hydrogène, avec une vitesse maxima de 4 m. 37 par seconde. Cette proportion de 40 p. 100 est bien supérieure à celle qui correspond à la combustion complète et par suite à la température de combustion maxima. La vitesse de transmission de la chaleur, de la couche enflammée à la couche froide voisine, et par suite la vitesse de propagation de la flamme est évidemment d'autant plus grande, d'une part, que la température de combustion est plus élevée et, d'autre part, que la conductibilité du mélange est plus grande. La température maxima est obtenue pour le mélange à 30 p. 100 d'hydrogène ; la conductibilité maxima est obtenue

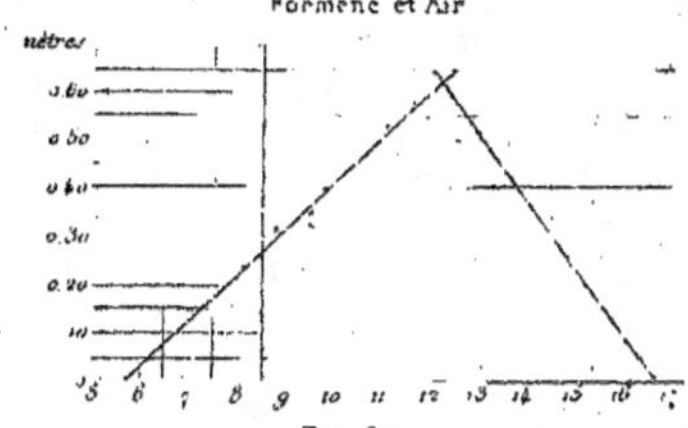

Fig. 37.

avec l'hydrogène pur qui est beaucoup meilleur conducteur que l'air, la vitesse maxima doit donc être entre ces deux compositions extrêmes : 30 p. 100 et 100 p. 100, ce que l'expérience confirme bien.

Méthane et air.

Méthane p. 100.	6	8	10	12	14	16
Vitesses m. par sec.	0,03	0,23	0,42	0,61	0,30	0,10

Ici encore la vitesse maxima correspond à une proportion de 12 p. 100 de méthane (fig. 37), notablement supérieure à celle de 10 p. 100 qui correspond à la combustion
complète, la raison en est la même que pour l'hydrogène.

Gaz d'éclairage et air.

Gaz p. 100	8	10	12	14	15	17	20	24
Vitesses	0,30	0.50	0.72	0,93	1,05	1,27	0.80	0,40

Acétylène et air.

Acétylène	2,9	5	7	9	15	22	40	60	64
Vitesses m. p. sec.	0,1	2	4		3	0,4	0,22	0,07	0,05

La courbe (fig. 38), représentant ces derniers résultats,
relatifs à l'acétylène, présente une forme toute spéciale ; elle
se compose de trois droites : une droite montante et une descendante se coupant pour la vitesse
maxima vers 10 p. 100 d'acétylène, puis ensuite
une droite très peu inclinée coupant la seconde
à la teneur de 20 p. 100 et se prolongeant jusqu'à
la limite d'inflammabilité supérieure. Ce troisième segment de la courbe correspond à la
combustion avec flamme fuligineuse et dépôt de
charbon. Au-dessous de 20 p. 100 il ne se forme
par la combustion que des produits gazeux, acide
carbonique, oxyde de carbone et hydrogène.

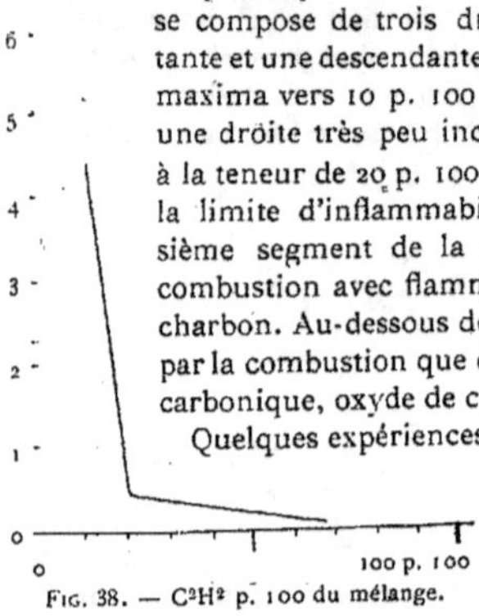

Quelques expériences très peu nombreuses ont
été faites sur les mélanges de gaz combustibles
avec l'oxygène. Voici les
résultats obtenus :

Fig. 38. — C^2H^2 p. 100 du mélange.

$CO + 1/2O^2$	2 mètres.	
$H^2 + 1/2O^2$	20	—
$H^2 + CO^2$	10	—
$CS^2 + 3O^2$	22	—
$C^2H^2 + 3O^2$	200	—

Vitesse de l'onde explosive.

Des mesures très nombreuses ont été faites sur la vitesse de l'onde explosive par MM. Berthelot et Vieille d'abord et ensuite par M. Dixon. Cette vitesse varie, comme le montrent les tableaux suivants, avec les proportions relatives des différents gaz. Les mélanges de faible densité, comme ceux à excès d'hydrogène, présentent les vitesses les plus considérables, pouvant s'élever jusqu'à 3.500 mètres. On n'a pas observé, par contre, de vitesses de l'onde explosive inférieures à 1.700 mètres, de telle sorte que les vitesses extrêmes correspondant à ce mode de propagation ne varient que du simple au double. Le tableau suivant donne les résultats des mesures faites sur un certain nombre de mélanges gazeux. Les compositions sont exprimées en volumes moléculaires, au moyen des formules chimiques des corps en présence.

Hydrogène et oxygène.

Mélange	Vitesses en mètres par seconde.
$H^2 + 1/2\ O^2 + 3H^2$	3.530
$—\quad + H^2$	3.270
$—\quad + O$	2 820
$—\quad + 1,5 O^2$	1.927
$—\quad + 2,5 O^2$	1.710

Acétylène et oxygène.

$C^2H^2 + 0,5\ O^2$	2.150
$—\ + 0,67\ O^2$	2.500
$—\ + 1 O^2$	2.900
$—\ + 3 O^2$	2.200
$—\ + 6 O^2$	1.950
$—\ + 10 O^2$	1.770

Mélanges divers.

$H^2 + air\ (30\ p.\ 100)$	2.200
$CH^4 + 2 O^2$	2.322
$CH^4 + O^2$	2.528

Souvent, le développement de l'onde explosive est précédée d'une propagation à vitesse rapidement croissante, puis

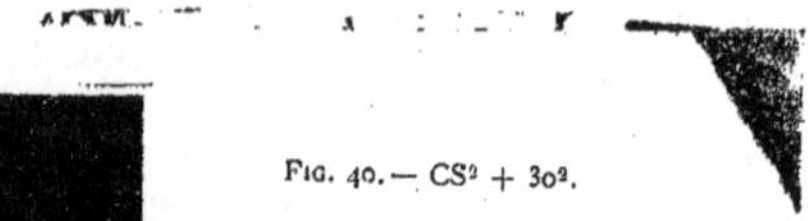

Fig. 39.— CAz + O².

Fig. 40. — CS² + 3o².

brusquement l'onde explosive
prend naissance et garde ensuite sa
vitesse uniforme (fig. 39 et 40).

Brûleurs Bunsen.

Le fonctionnement de brûleurs
Bunsen, employés dans les laboratoires, repose précisément sur ce
phénomène des vitesses de propagation. La vitesse de sortie du mélange gazeux doit être supérieure
à la vitesse de propagation en sens
inverse de la flamme.

La vitesse d'écoulement du mélange gazeux, quand le gaz combustible seul arrive sous pression,
se calcule par la formule :

$$mV = (M + m)v$$

m masse du gaz V vitesse d'écoulement du gaz
M masse de l'air v vitesse du mélange gazeux.

Pour la combustion complète du gaz d'éclairage on a :

$$M = 3o\,m. \qquad \text{d'où } v = 1,31 \text{ de } V$$

si la pression du gaz d'éclairage est de 25 millimètres, sa
vitesse d'écoulement sera de 3o mètres et par suite, celle

d'écoulement du gaz et de l'air de 1 mètre. Cette vitesse est inférieure à celle de propagation de la flamme ; la flamme devrait donc toujours rentrer dans les brûleurs.

Pour arriver à empêcher la rentrée de la flamme dans les brûleurs, on emploie différents artifices : dans les brûleurs Bunsen ordinaires, on se contente de diminuer la proportion d'air entraîné, en réduisant suffisamment le diamètre du tube extérieur. On augmente ainsi la vitesse du mélange entraîné, et on diminue en même temps la vitesse de propagation de la flamme.

Dans certains becs plus perfectionnés on réduit le diamètre des orifices en cloisonnant le tube au moyen de lames minces de nickel formant un quadrillage ayant environ 2 millimètres intérieur de côté. On peut avec ce dispositif brûler le mélange d'air et de gaz en proportions convenables pour la combustion complète.

Quand les extrémités des brûleurs chauffent par le voisinage de l'objet échauffé, il en résulte une augmentation de la vitesse de propagation dè la flamme, et il faut augmenter proportionnellement la vitesse de sortie du mélange gazeux. Dans les chalumeaux *Schlœsing*, par exemple, où l'extrémité du tube arrive facilement au rouge, il faut obtenir une vitesse de sortie du mélange de 40 à 50 mètres par seconde.

Dans le chalumeau oxy-acétylénique, avec lequel on brûle un mélange dont la vitesse initiale de propagation de la flamme est de 200 mètres par seconde, on n'arrive à empêcher la rentrée de la flamme dans l'appareil qu'en employant des orifices de sortie très fins, de moins de 1 millimètre de diamètre et des pressions d'écoulement très fortes : 5 mètres d'eau, c'est-à-dire 1/2 atmosphère.

ORIGINES DE LA CHIMIE

DU ROLE DE L'ÉTUDE DES PHÉNOMÈNES DE COMBUSTION DANS LE DÉVELOPPEMENT DE LA CHIMIE.

Dans mes premières leçons, je me suis écarté de l'ordre habituellement suivi dans l'enseignement classique de la chimie. J'ai commencé par le carbone et j'ai donné à l'étude de ce corps un développement qui peut sembler hors de proportions avec le nombre total des leçons du cours. Je voudrais aujourd'hui vous donner les raisons qui m'ont engagé à suivre cette méthode et, par la même occasion, je dirai quelques mots du développement historique des sciences chimiques.

Les origines de la chimie.

J'ai affirmé dès le début de mon cours la nécessité d'établir dans l'enseignement de la chimie un contact intime entre la partie théorique de la science et ses applications pratiques. La chimie, personne ne songerait à le nier, est née, comme toutes les autres sciences d'ailleurs, de préoccupations exclusivement pratiques; elle a pris naissance, et s'est développée dans les officines des pharmaciens, les ateliers des fondeurs en métaux; plus tard, constituée définitivement à l'état de véritable science, elle a pris, cela est vrai, une vie plus indépendante, et cependant ses plus grands progrès, ce dont on ne se rend pas toujours compte, ont continué à être la conséquence de préoccupations industrielles.

Lavoisier, le créateur de la chimie, a consacré la meilleure partie de ses efforts aux problèmes de la vie réelle. Il suffit d'ouvrir la collection de ses œuvres pour voir que ses travaux de science pure n'ont été que l'occupation de ses heures de loisir. La fabrication du plâtré, l'exploitation des mines de houille, la fabrication de la poudre, l'éclairage des grandes villes, la métallurgie du fer, l'organisation des hôpitaux, l'agriculture occupent la majeure partie de son temps; cette préoccupation constante des questions pratiques lui a permis de s'échapper sans effort des fictions et conventions au milieu desquelles les chimistes, ses contemporains, s'agitent sur place sans avancer.

Berthelot, en cherchant à imiter la Nature, à reproduire les matériaux des êtres vivants, à fabriquer de toutes pièces de l'alcool, des produits alimentaires, — ce qui a été le rêve de toute sa vie, — élève cet admirable monument de

la synthèse organique, qui a transformé toutes les idées
admises jusque-là sur le rôle des forces vitales.

Pasteur, en étudiant la fabrication de la bière, du vin,
du vinaigre, en recherchant des remèdes prophylactiques
contre la pébrine, le charbon, la rage, met en évidence les
actions de présence dues aux microbes, puis aux cellules
des êtres animés dans les phénomènes vitaux : ses travaux
sont le point de départ du progrès le plus important réalisé
jusqu'ici en chimie biologique.

La combustion.

Parmi les questions pratiques, dont l'étude a joué le plus
grand rôle dans le développement de la chimie moderne,
les phénomènes de combustion occupent sans conteste le
premier rang. La raison en est facile à comprendre : nous
utilisons ces phénomènes pour obtenir la chaleur nécessaire
à la cuisson de nos aliments, au chauffage de nos habitations,
et à leur éclairage, à la préparation des métaux, des verres,
des matières céramiques ; ils nous donnent avec la machine
à vapeur, avec les moteurs à explosions, la force motrice
indispensable dans toutes nos usines, ou servent à nos
transports par terre et par mer. Enfin tous les phénomènes
de la vie, chez les hommes, chez les animaux, chez les végétaux sont sous la dépendance de combustions lentes éprou-
vées dans la profondeur de leurs tissus par les matières
nutritives servant à leur alimentation. Cette utilité de la
combustion est donc immense pour nous, et l'on comprend
sans peine, les efforts incessants faits pour en approfondir
tous les jours davantage le mécanisme. Il est assez naturel
que d'efforts d'une telle intensité soit sorti un accroissement
important de connaissances scientifiques générales ; l'étude
de la combustion a provoqué la création de la chimie pondérale avec Lavoisier, de la mécanique chimique avec
Sadi Carnot et Sainte-Claire Deville. Il y a là un fait his-

torique assez intéressant pour que nous nous y arrêtions
quelques instants et que nous entrions dans quelques
détails plus précis sur les circonstances qui ont amené
ces mémorables découvertes.

Lavoisier.

Les découvertes successives faites par Lavoisier, de
l'oxygène, de la composition de l'air et celle des oxydes
métalliques, puis des lois de conservation de la masse et de
conservation des éléments, ont eu pour point de départ des
recherches sur la combustion entreprise à l'occasion d'un
concours ouvert pour le meilleur éclairage de la ville de Paris.

Le concours pour l'éclairage des rues de Paris.

L'Académie avait, en 1764, mis au concours une étude sur
les meilleurs systèmes de lanternes à employer pour l'éclairage des villes. Lavoisier envoya en 1766, pour ce concours,
un Mémoire qui obtint une mention honorable. Il se borne,
dans cette première étude, à discuter « la construction des
cages de lanternes, la figure la plus avantageuse des réverbères, les proportions les plus convenables des réservoirs ».
Mais dès l'introduction du mémoire, il se préoccupe de la
question de la combustion et il annonce l'intention de
l'étudier ultérieurement plus à loisir :
« ... Quant aux expériences que je m'étais proposées sur
les huiles et les matières combustibles, j'ai été obligé d'en
remettre la plus grande partie à un autre temps. L'unique
objet que je me propose, étant de concourir au bien de mes
concitoyens, le terme fixé par l'Académie ne sera pas, pour
moi, celui de leur être utile. »
Dans les publications suivantes, il n'est plus question de
matières combustibles proprement dites, et l'on pourrait
croire que Lavoisier s'en est momentanément désintéressé.

Laissant provisoirement de côté les matières organiques, huile, suif, parce que leur combustion ne donne que des produits volatils d'une étude plus difficile, il s'adresse d'abord aux corps minéraux brûlant également avec flamme, comme le phosphore, le zinc, ou se tranformant seulement lentement en chaux. Dans le courant de l'année 1772, il reconnaît l'augmentation du poids du phosphore et la diminution corrélative de la quantité d'air. Même observation sur la calcination des métaux et, en particulier, sur celle de l'étain. Dès le 1ᵉʳ novembre 1772, il s'était assuré la propriété de cette découverte mémorable en déposant à l'Académie un pli cacheté relatant les résultats de ses expériences.

Mémoire sur les chandelles.

Il semble maintenant que l'on soit bien loin des réverbères : mais, en 1777, paraît, après une série de mémoires sur la calcination des métaux et la respiration des animaux, une dernière note, relative, celle-là, à la combustion des *chandelles*. C'est elle qui clôt la longue série de recherches sur la composition de l'air et les phénomènes de combustion, de respiration. Ces recherches sur les chandelles ne sont pas, aux yeux de Lavoisier, une conséquence indirecte et peu importante de ses études antérieures, elles ont au contraire dans ses préoccupations une place dominante : c'est en effet dans ce mémoire capital qu'il résume l'ensemble de ses recherches relatives à l'oxydation et qu'il trace ensuite le programme des recherches nouvelles qui le conduiront plus tard à la découverte de la composition de l'eau et à ses recherches magistrales sur la chaleur.

Méthodes de travail de Lavoisier.

On ne s'est pas toujours rendu compte du rôle prépondérant des préoccupations pratiques dans les découvertes de Lavoisier ; bien que ses œuvres complètes soient composées pour les trois quarts d'études industrielles, on admet souvent qu'il n'y avait pas de corrélation entre ses préoccupations industrielles et scientifiques, mais une simple coexistence, nécessitée par ses obligations professionnelles. Cette erreur a été facilitée par la méthode suivie par Lavoisier dans la rédaction de ses Mémoires scientifiques. Il ne traite jamais à la fois qu'un seul sujet, laissant de côté tous les points de vue accessoires, et en particulier l'historique de la filiation de ses idées. Quand on lit au contraire ses notes industrielles, on y trouve à chaque instant l'indication des recherches scientifiques projetées pour lever telle ou telle difficulté, sans jamais trouver la contre-partie de ces indications dans les notes scientifiques.

En voici entre autres, un exemple très net: Dans une étude sur la valeur marchande des cendres salpêtrées, ramassées par les chiffonniers et les cendriers, Lavoisier dit: « Je n'avais d'abord pour objet, en entreprenant ce travail, que de répéter, pour ma propre instruction, sur la cendre des salpêtriers de Paris, ce que MM. Montet, Venet et Ducoudray avaient fait sur celles de Tamarisc et je ne supposais pas qu'il pût en résulter rien qui méritât d'attirer l'attention de l'Académie, mais insensiblement, m'étant trouvé conduit à des résultats trop inattendus et mon travail s'étant trouvé lié avec des faits très intéressants relatifs à la théorie des doubles affinités, j'ai été obligé de le diviser en deux Mémoires. »

Le Mémoire annoncé ici est certainement un de ses mémoires sur les sels, mais, dans aucun d'eux, l'origine en question n'est rappelée.

Sadi Carnot.

En suivant l'ordre chronologique, la première découverte après celles de Lavoisier, qui ait été le point de départ, lointain, il est vrai, d'une importante évolution dans le domaine de la chimie, a été l'immortel ouvrage de Sadi Carnot sur la *puissance motrice du feu ;* la thermo-dynamique en est découlée, et de la thermo-dynamique est née la science · générale de l'énergie, dont la mécanique chimique est une des branches, et non la moins intéressante.

La concurrence anglaise.

Sadi Carnot a été conduit à cette découverte en cherchant à mettre notre industrie en mesure de lutter contre la concurrence anglaise, et en travaillant dans ce but au perfectionnement de la machine à vapeur. Nous ne possédons pas sur Sadi Carnot des documents aussi nombreux que sur Lavoisier; sa biographie, même, a été à peine esquissée, mais il n'y a pas besoin de recherches bien longues pour être renseigné sur les préoccupations industrielles qui l'ont guidé. Il n'y a qu'à lire les trois pages par lesquelles débutent les *Réflexions sur la puissance motrice du Feu et sur les machines propres à développer cette puissance :*

« Personne n'ignore que la chaleur peut être la cause du mouvement, qu'elle possède même une · grande puissance motrice. Les machines à vapeur, aujourd'hui si répandues, en sont une preuve parlante à tous les yeux.

« C'est à la chaleur que doivent être attribués les grands mouvements qui frappent nos regards sur la terre. C'est à elle que sont dues les agitations de l'atmosphère, l'ascension des nuages, la chute des pluies et des autres météores, les courants d'eau qui sillonnent la surface du globe, et dont l'homme est parvenu à employer pour son usage une faible partie, enfin les tremblements de terre, les éruptions, volcaniques reconnaissent aussi pour cause la chaleur.

« C'est dans cet immense réservoir que nous pouvons puiser la force mouvante nécessaire à nos besoins. La Nature, en nous offrant de toutes parts le combustible, nous a donné la faculté de faire naître, en tous temps et en tous lieux la chaleur et la puissance motrice qui en est la suite. Développer cette puissance, l'approprier à notre usage, tel est l'objet des machines à feu.

« L'étude de ces machines est du plus haut intérêt : leur importance est immense : leur emploi s'accroît tous les jours : elles paraissent destinées à produire une grande révolution dans le monde civilisé.

« Déjà, la machine à feu exploite nos mines, fait mouvoir nos navires, creuse nos ports, nos rivières, forge le fer, façonne le bois, écrase les grains, file et ourdit nos étoffes, transporte les plus pesants fardeaux, etc. Elle semble devoir un jour servir de moteur universel et obtenir la préférence sur la force des animaux, les chutes d'eau et les courants d'air. Elle a, sur le premier de ces moteurs, l'avantage de l'économie, sur les deux autres l'avantage inappréciable de pouvoir s'employer en tous temps et en tous lieux, et de ne jamais souffrir d'interruption dans son travail. »

Pendant plusieurs pages encore, Sadi Carnot continue à développer ces considérations pratiques : il montre les services que les machines à feu ont déjà rendu en Angleterre, et il cherche à prévoir les services, beaucoup plus grands encore, qu'elles sont appelées à rendre à l'humanité tout entière. Et c'est de ces préoccupations intéressées qu'est sortie la plus parfaite des sciences édifiées par les hommes, celle qui, par sa généralité et ses abstractions, peut être considérée comme la science pure par excellence, modèle dont tendent à se rapprocher, sans jamais arriver à l'égaler, toutes les autres théories scientifiques.

Conseils pratiques aux industriels.

Cette préface utilitaire n'est pas une simple entrée en matière, dont il ne sera plus question ensuite, une concession faite aux goûts de l'époque. Après avoir édifié toute la théorie de la production de la puissance motrice aux dépens de la chaleur, Sadi Carnot revient aux applications qui l'intéressent avant tout. Les dix dernières pages de son Mémoire, qui en contient soixante en tout, sont consacrées à la discussion et à la comparaison des différents types de machines à vapeur en usage : machines à haute pression et à basse pression, machines de Woolf à deux cylindres, machines à air, machines à alcool, etc. Et il conclut son Mémoire par une petite dissertation sur le sens pratique en industrie, que bien des praticiens pourraient méditer avec profit :

« ... On ne doit pas se flatter de mettre jamais à profit toute la puissance motrice des combustibles. Les tentatives que l'on ferait pour approcher de ce résultat seraient même plus nuisibles qu'utiles, si elles faisaient négliger d'autres considérations importantes. L'économie du combustible n'est qu'une des conditions à remplir par les machines à feu : dans beaucoup de circonstances elle n'est que secondaire, elle doit souvent céder le pas à la sûreté, à la solidité, à la durée de la machine, au peu de place qu'il faut occuper, au peu de frais de son établissement, etc. Savoir apprécier, dans chaque cas, à sa juste valeur, les considérations de convenance et d'économie qui peuvent se présenter, savoir discerner les plus importantes, de celles qui sont seulement accessoires, les balancer toutes convenablement entre elles, afin de parvenir, par les moyens les plus faciles, au meilleur résultat, tel doit être le principal talent de l'homme appelé à diriger, à coordonner entre eux les travaux de ses semblables, à les faire concourir vers un but utile, de quelque genre qu'il soit. »

H. Sainte-Claire Deville.

Pour passer de la théorie des machines à feu à la mécanique chimique, il restait encore un grand chemin à par-

courir; il fallait reconnaître la *réversibilité* des phénomènes chimiques : c'est à H. Sainte-Claire Deville qu'en
revient l'honneur.

Métallurgie du platine.

Vers 1860, Sainte-Claire Deville et Debray avaient, depuis plusieurs années, déjà entrepris leur étude capitale sur
la métallurgie du platine. Dans une conférence faite, en
1861, devant la Société chimique, Debray rend compte
en ces termes des motifs qui les avaient poussés à entre-
prendre ce travail :

«... Le platine des vases, mis hors de service par une
cause quelconque ne vaut pas plus que le minerai lui-même
par suite de la dépréciation que subit le métal. Elle est telle,
qu'un de ces vases, du prix de 80.000 francs, dans lequel on
concentre chaque jour 4.000 kilogrammes d'acide sulfurique,
n'est plus vendu que 50.000 ou 60.000 francs, quand il est
mis hors de service, ce qui arrive d'ailleurs assez souvent.

« On comprendra alors les raisons qui nous ont
engagés, H. Sainte-Claire Deville et moi, à chercher des
méthodes de fusion du platine, ainsi que le moyen de traiter les minerais par voie sèche. Nous avons supposé que la
solution d'un tel problème, en supprimant la cause de
dépréciation que subit la valeur du platine, permettrait
d'étendre le cercle trop restreint des applications d'un
métal précieux à tant de titres, et beaucoup moins rare
qu'on ne le croit communément. »

Chalumeau oxhydrique.

Ce sont là des préoccupations bien industrielles, accentuées encore par de nombreuses prises de brevets. Mais
quels rapports ont-elles avec la dissociation ? Continuons
à citer l'introduction de la leçon de Debray :

«... Chercher des méthodes de traitement du platine par voie sèche, c'est en définitive chercher le moyen de produire des hautes températures pour les appliquer à un but spécial : aussi me proposai-je, dans la première partie de cette leçon, d'examiner avec vous les principes généraux qui peuvent guider les chimistes dans cette étude : je montrerai ensuite qu'ils sont parfaitement d'accord avec ce qu'indique la pratique, en faisant fonctionner devant vous les appareils que nous avons imaginés pour fondre et couler des quantités, pour ainsi dire, illimitées de platine. »

Puis Debray développe son calcul bien connu sur la température de la flamme du chalumeau oxhydrique, qui assigne à cette température la valeur de 6.800°. Il donne, en même temps les résultats d'une série d'expériences très bien faites sur le point de fusion du platine, et le fixe aux environs de 2.000°. Debray ne paraît pas s'étonner de la disproportion énorme qu'il trouve ainsi entre la température calculée pour le chalumeau oxhydrique et celle observée pour la fusion du platine.

Mais, cette contradiction avait frappé Sainte-Claire Deville et c'est elle qui l'a conduit à la notion précise de la *dissociation réversible*. Se trouvant tous les jours, pendant ses expériences sur le platine, remis malgré lui en présence de la même difficulté, sa pensée était constamment ramenée sur le même fait et obligée d'en chercher l'explication. Dans ses deux leçons sur la dissociation, professées en 1864 devant la Société chimique et qui sont restées classiques, on trouve le résultat final de l'évolution de ses idées sur cet important sujet. Prenant comme point de départ, et reproduisant le calcul de Debray, il oppose à ce résultat théorique le résultat expérimental que lui ont donné des mesures de la quantité de chaleur contenue dans le platine porté à la plus haute température que peut donner le chalumeau oxhydrique et il s'exprime ainsi :

«. D'après ces expériences, on peut affirmer que la

température de cette combinaison de l'hydrogène et de l'oxy-gène à équivalents égaux n'excède pas 2.500°.

Dissociation.

Sans suivre les développements assez obscurs qui accom-pagnent cette expérience, arrivons tout de suite au résul-tat. H. Sainte-Claire Deville attribue cet écart entre la tem-pérature observée et la température calculée à la dissociation de la vapeur d'eau. A cette occasion, il affirme pour la pre-mière fois la réversibilité et cherche même à en démontrer la nécessité par un raisonnement à priori qu'il vaut mieux passer sous silence. Sautons la prétendue démonstration, et arrivons à l'énoncé final de la réversibilité :

«... En somme, tous ces raisonnements se fondent sur ce que la transformation de la vapeur d'eau en un mélange d'oxygène et d'hydrogène est un véritable changement d'état correspondant à une température fixe et que *cette température est la même quand on passe d'un état à un autre dans quelque sens que se fassent les changements.*

Sur cette simple affirmation, s'est élevée une nouvelle branche de la chimie qui a été le point de départ d'un pro-grès dans nos connaissances, comparable à celui qu'a inau-guré la découverte par Lavoisier de la loi de conservation de la masse. C'est la métallurgie du platine qui en a été l'occasion, elle a fourni au génie de Henri Sainte-Claire Deville les aliments indispensables pour manifester sa puis-sance, comme l'avaient fait jadis pour Lavoisier les innom-brables opérations industrielles auxquelles ses fonctions l'obligeaient de s'intéresser.

Fécondité des préoccupations industrielles.

Les raisons de cette influence bienfaisante des préoccu-pations industrielles sur les progrès de la science pure tiennent à deux causes principales.

En premier lieu, l'inertie de notre esprit lui rend très difficile toute orientation dans des voies nouvelles, il tend à se répéter indéfiniment, et à toujours ressasser les mêmes idées. La variété indéfinie des applications pratiques de la chimie, et la variété non moins grande des circonstances dont dépend le succès de chaque opération industrielle, nous met à chaque instant en présence des faits les plus variés et les plus imprévus, sans nécessiter aucun effort de notre part ; nous n'avons qu'à ouvrir les yeux pour regarder le spectacle indéfiniment renouvelé des phénomènes naturels, qui se déroulent ainsi devant nos yeux.

D'autre part, l'espérance d'un résultat matériel utile donne aux natures les plus molles le courage de répéter de nombreuses fois les expériences qui ont tout d'abord échoué, d'en varier les circonstances avec une persévérance dont nous serions souvent incapables sous l'influence de préoccupations purement spéculatives.

LA SCIENCE DE L'ÉNERGIE D'APRÈS LES IDÉES DE SADI CARNOT

Après vous avoir rappelé les circonstances de la découverte des principes fondamentaux de la mécanique chimique, je me propose, dans cette leçon et les suivantes, de revenir sur la nature exacte de ces principes et de vous montrer leur influence sur les progrès de la science chimique. Nous commencerons par l'étude des idées originales de Carnot :

Les idées de Sadi Carnot.

Mon intention n'est pas d'entrer dans un examen détaillé du célèbre Mémoire *Sur la puissance motrice du feu*, et encore moins de vous exposer dans son ensemble toute la science de l'énergie, née de la découverte féconde de Sadi Carnot, et dont la mécanique chimique est l'une des branches. Cette étude détaillée fait l'objet des cours de thermo-dynamique générale et de chimie physique auxquels je renvoie ceux d'entre vous qui désirent acquérir une connaissance complète de ces sciences. Je voudrais seulement vous montrer, d'une façon aussi claire que possible, les deux points extrêmes de la route parcourue, le point de départ de Sadi Carnot et le point d'aboutissement moderne à la mécanique chimique.

Nous passerons successivement en revue les trois points suivants : 1° Raisonnement de Sadi Carnot pour l'étude du rendement des machines à feu ;

2° Raisonnement de Sadi Carnot conduisant à certaines relations d'ordre scientifique relatives aux propriétés thermiques des corps ;

3° Possibilité d'utiliser les mêmes raisonnements à l'etude des phénomènes chimiques.

Sciences abstraites.

Sadi Carnot a suivi dans son étude sur les machines à feu une marche qui nous paraît singulière aujourd'hui. Il pose en principe, comme une vérité indiscutable, l'impossibilité du mouvement perpétuel et cherche quelles conséquences en résultent pour le fonctionnement de la machine à vapeur. Nous ne trouverions aucun exemple semblable dans nos méthodes actuelles d'exposition des principes fondamentaux des différentes sciences. Pour l'étude de la machine à vapeur, nous aurions recours soit à l'emploi de la méthode expérimentale, comme cela se fait tous les jours dans l'industrie pour l'essai des moteurs, soit à l'emploi de raisonnements théoriques reposant sur les principes de la mécanique ou de la physique. Du temps de Sadi Carnot les conditions étaient tout autres : les méthodes

de mesures précises étaient à peu près inconnues ; or,
aujourd'hui encore, malgré les progrès réalisés, les expériences sur la machine à vapeur passent pour être très
délicates et donner souvent des résultats incertains : toute
tentative de cette nature, faite il y a un siècle, eût conduit
à un échec complet. Sadi Carnot ne pouvait davantage
utiliser les principes de la mécanique ou de la physique,
nécessaires à l'étude de la machine à vapeur ; ces principes
n'existaient pas encore, puisque c'est lui qui les a découverts.

Postulata à la base des sciences.

Il ne sera pas inutile de faire à cette occasion une
remarque au sujet des raisonnements employés aujourd'hui
dans les sciences physiques. Prenons, par exemple, la
mécanique rationnelle, une des plus parfaites des sciences
modernes. Elle pose, au début, un certain nombre de principes généraux, de postulata analogues aux axiomes de la
géométrie, et ensuite de ces principes pris comme point
de départ, elle déduit successivement tous les théorèmes de
la mécanique. Et toutes leurs conséquences, quelque loin-
taines qu'elles soient, sont également conformes au résultat de l'expérience, elles sont absolument certaines. Mais
d'où viennent ces principes fondamentaux ? Ce ne sont certainement pas de vérités évidentes à priori, il n'est pas
davantage possible d'en démontrer l'exactitude rigoureuse
par l'expérimentation directe : on se contente, dans l'enseignement, d'en affirmer l'exactitude et l'on demande à l'étudiant un acte de foi à leur égard, comme on le fait dans
une religion à l'égard des vérités révélées, on lui affirme
que toutes les conséquences de ces principes se trouveront
toujours conformes à l'expérience, qu'il doit leur accorder
une confiance absolue.

Mais pour la découverte de ces principes, on a suivi la
marche exactement inverse, on a commencé par établir, en

s'aidant de l'expérience, un grand nombre de théorèmes particuliers de la mécanique, relatifs aux leviers, à la poulie, au choc des corps, à l'oscillation du pendule, à la chute des corps pesants : une fois ces lois particulières bien établies, et universellement admises, on est arrivé par un travail, plutôt philosophique que scientifique à découvrir la possibilité de résumer ces diverses lois particulières dans un certain nombre de principes généraux plus simples et moins nombreux, permettant ensuite, par un raisonnement inverse, de retrouver chacune des lois particulières ayant servi à leur établissement.

Rôle historique du principe du mouvement perpétuel.

Parmi les faits expérimentaux mis en œuvre dans la découverte des premiers théorèmes de la mécanique, le principe de l'impossibilité du mouvement perpétuel a joué un rôle tout à fait prépondérant. En l'appliquant aux phénomènes de la chaleur, Sadi Carnot s'est simplement conformé aux traditions scientifiques des fondateurs de la mécanique ; dans le traité de mécanique de son père, Lazare Carnot, l'organisateur de la victoire, il avait pu voir des exemples de cette méthode de raisonnement.

On rappellera ici un des exemples les plus connus des applications de ce raisonnement, la démonstration de Stévine du théorème relatif au plan incliné : un corps est placé sur un plan incliné faisant un angle α et sur lequel le coefficient de frottement est supposé nul ; pour traiter aujourd'hui cette question, on suivrait, par exemple, la voie suivante : supposons une corde attachée au corps pesant, et s'en éloignant parallèlement au plan incliné, pour aller passer sur une petite poulie et dont l'autre extrémité pendant librement suivant la verticale, un poids p destiné à faire équilibre au corps de poids P placé sur son plan incliné, il suffira d'écrire que le travail virtuel correspondant à un

déplacement infiniment petit du système compatible avec
les liaisons est nul, ce qui donne

$$p = P \sin. \alpha$$

Mais le principe du travail virtuel n'est ni une vérité évidente, ni un fait direct d'observation ; il a été déduit, en réalité, de la loi relative au plan incliné, et de beaucoup d'autres
lois semblables établies par des méthodes différentes. Pour
le plan incliné, la méthode employée par Stévine est la suivante : Soit un solide en forme de triangle rectangle, dont
un côté de l'angle droit est vertical, et dont l'hypothénuse
représente le plan incliné, supposons une chaîne sans fin
reposant sans frottement sur ce solide, on peut démontrer
qu'elle ne se mettra pas d'elle-même en mouvement car
après un premier déplacement, des maillons identiques
s'étant simplement substitués les uns aux autres, les conditions restent identiques à celles du début, le mouvement
s'il avait une fois commencé devrait se continuer indéfiniment, ce serait le mouvement perpétuel : or cette hypothèse est inadmissible, il n'y aura aucun déplacement,
toutes les forces en présence se compensent exactement, mais
on peut faire abstraction de la partie de la chaîne flottant
librement au-dessous du solide, car par raison de symétrie,
elle exerce à ses deux extrémités des efforts égaux et de
signes contraires, il n'y a donc à considérer que les deux
tronçons de chaîne appliqués sur l'hypothénuse et sur le
côté vertical de l'angle droit, ils doivent se faire équilibre et
leurs poids sont évidemment comme les deux longueurs
des côtés du triangle, soit :

$$p = P \sin. \alpha$$

C'est de la même façon que Leibnitz a établi le théorème
des forces vives et démontré la fausseté d'un théorème de
Descartes relatif aux quantités de mouvements, en combinant
le principe de l'impossibilité du mouvement perpétuel, avec

les lois expérimentalement connues de la chute des corps.

Le grand intérêt de l'emploi du principe de l'impossibilité du mouvement perpétuel, et une des raisons de la préférence qu'on lui donne sur les méthodes expérimentales directes, est que l'on pense pouvoir admettre sa rigueur absolue, et que alors toutes ses conséquences directes présentent nécessairement le même degré de précision, tandis que les résultats des mesures expérimentales ne sont jamais qu'approchés, de même les conséquences qui en sont déduites.

Exactitude du principe de l'impossibilité du mouvement perpétuel.

On est conduit à admettre la rigueur absolue du principe du mouvement perpétuel en raison du nombre incalculable d'efforts faits depuis l'origine du monde pour le mettre en défaut. Il en résulterait de si grands avantages matériels que dans tous les temps et tous les pays, les chercheurs infatigables se sont attelés à ce problème en y dépensant beaucoup d'argent, souvent aussi beaucoup de science et d'intelligence. Aujourd'hui encore, malgré le développement de l'éducation scientifique, les chercheurs de mouvement perpétuel sont plus nombreux que l'on ne croirait. On est bien renseigné sur leur nombre exact et sur la nature de leurs inventions, par leurs prises de brevets. Cette statistique a été récemment faite en Angleterre, en remontant jusqu'à l'année 1617, origine de la loi des Patents. Dans ce pays : 575 brevets ont été pris pendant ces cinquante dernières années et la proportion annuelle est encore aujourd'hui la même, de 10 à 12 par an : voici les chiffres exacts pour trois années consécutives :

1901.	13
1902.	10
1903.	9

Les dispositifs essayés sont naturellement infiniment
variés mais les principes mis en œuvre sont généralement

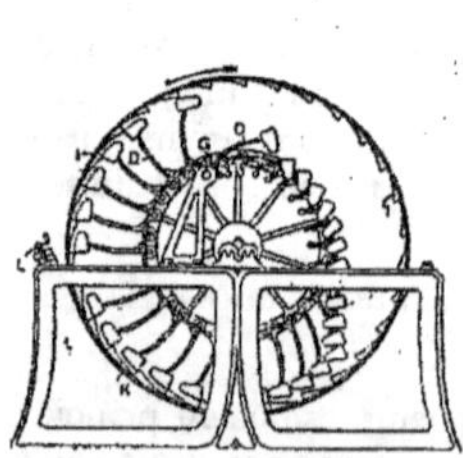

Fig. 41. — Des marteaux pesants descendent sur une circonférence de
grand diamètre et sont remontés avec
une dépense de travail supposée
moindre le long d'une plus petite circonférence

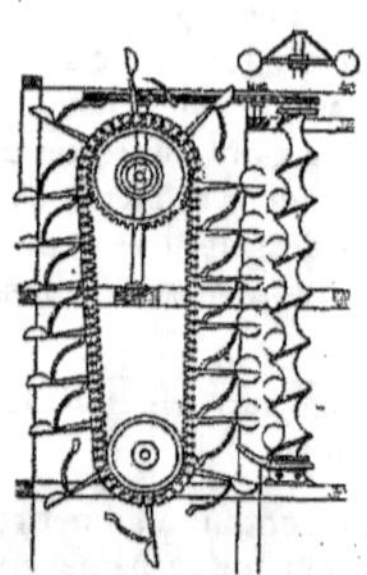

Fig. 42. —Des balles pesan-
tés descendent en entraî-
nant une courroie et sont
remontées par une vis sans
fin commandée par la courroie.

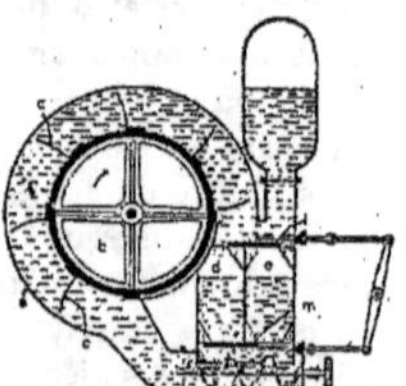

Fig. 43. — Une roue hydraulique
est actionnée par un courant
d'eau que met en mouvement
une vis commandée par la
roue elle-même.

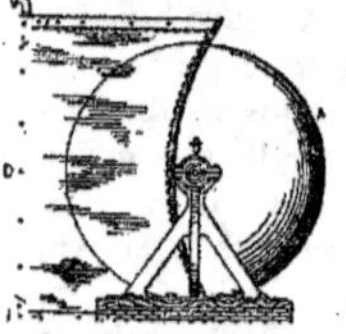

Fig. 44. — Une sphère creuse
pénètre sur la moitié de
son volume dans une capa-
cité remplie d'eau dont la
pression hydrostatique fait
tourner la sphère.

peu différents. Les figures ci-contre représentent quelques
types des machines brevetées, pour la réalisation du mou-

vement perpétuel. Le plus souvent un corps pesant descend en travaillant dans une machine telle que roue, chaîne à godets et est remonté par une seconde machine que la première est sensée pouvoir actionner sans dépenser toute sa

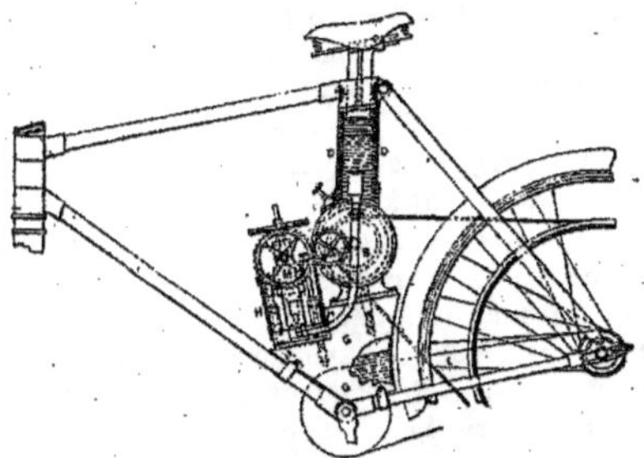

FIG. 45. — La motocyclette est actionnée par une turbine recevant le choc de jet d'eau lancé par le poids du cycliste, une petite pompe ramène l'eau sous le piston et remonte le voyageur. --

force. L'impossibilité de faire fonctionner ces dispositifs a précisément conduit au principe général du travail virtuel, mentionné plus haut : il faut dépenser autant de travail pour remonter un corps d'un niveau à un autre, que ce corps peut en produire en descendant en sens inverse et cela quelles que soient les machines, les moyens mis en œuvre : c'est une conséquence mécanique déduite directement de l'impossibilité du mouvement perpétuel.

Applications du principe.

Dans le cas de la chaleur, Sadi Carnot a déduit, du même principe, des conséquences tout à fait semblables, son raisonnement est le suivant. Il admet d'abord qu'une machine mécanique peut marcher indifféremment dans les deux sens. Une roue hydraulique peut être mise en mouvement par l'eau qui descend, et produire ainsi du travail ; réciproquement elle peut, en tournant en sens inverse, élever de l'eau avec une dépense de travail : de même, une machine à vapeur, une machine à gaz chaud peut fournir du travail quand elle marche dans le sens correspondant à une chute de chaleur du foyer vers le condenseur, et elle peut, quand on la fait tourner en sens inverse, en lui fournissant du travail, servir à remonter de la chaleur. C'est ce que font toutes les machines frigorifiques, ce sont de véritables machines à vapeur, marchant à rebours, qui enlèvent de la chaleur aux corps à refroidir pour la verser dans l'atmosphère ambiante à une température plus élevée ; la possibilité de cette double marche résulte de ce que, dans la compression ou la détente des gaz, à des changements de volumes égaux et de signes contraires, correspondent également des changements de températures égaux et de signes contraires.

Ceci admis, Sadi Carnot procède comme les inventeurs de mouvement perpétuel : il oppose deux machines à feu, dont l'une est actionnée par une chute de chaleur et l'autre sert à remonter à la température primitive, la chaleur dépensée dans la première machine. Mais contrairement aux inventeurs de mouvement perpétuel, il déclare que sa machine ne peut pas fonctionner, et en tire les conséquences suivantes : le travail fourni dans une machine parfaite, pour une dépense d'une quantité donnée de chaleur, empruntée à la source chaude, est indépendant des machines mises en œuvre et de toutes les conditions de l'expérience autres que la température des deux sources ; s'il n'en était pas ainsi le mouvement perpétuel serait réalisable : il n'y a donc pas de différence théorique au point de vue du rendement entre les machines à vapeur, les machines à éther, les machines à air chaud. Entre deux températures identiques, elles sont toutes équivalentes ; en pratique il pourra bien y avoir des différences importantes sur le prix d'ins-

tallation de la machine, les frais d'entretien nécessaires,
plus ou moins facile conduite de la machine, etc., toutes
conditions dont il n'y a pas à tenir compte dans la machine
théorique supposée parfaite à laquelle s'applique seul le
raisonnement de Carnot.

Applications à l'étude des propriétés des corps.

Il semble que nous soyons bien loin maintenant de l'étude
scientifique des propriétés des corps, le seul objet de la
thermo-dynamique générale; les considérations précédentes
sur les machines à feu y conduisent, au contraire, de la façon
la plus directe : Sadi Carnot s'en était parfaitement rendu
compte et l'avait très nettement indiqué dans son mémoire;
ce n'est pas là un de ses moindres titres de gloire : mais il
ne s'est pas étendu longuement sur cette question qui ne
présentait pour lui qu'un intérêt secondaire.

D'après le raisonnement de Carnot, le travail produit est
indépendant de la nature des machines, et par suite de la
nature des fluides mis en œuvre; pour cela il faut de toute
nécessité qu'il existe certaines relations identiques entre les
propriétés mécaniques et thermiques des différents fluides :
supposons deux gaz ayant le même coefficient de dilatation
et le même coefficient de compressibilité; si nous les sub-
stituons l'un à l'autre dans une machine à air chaud, ils
produiront exactement le même travail pour les mêmes
changements de volume et de température : il en résulte que
les chaleurs spécifiques doivent être égales, sans quoi, en
accouplant deux machines, dont celle à marche inverse utili-
serait le gaz à plus forte chaleur spécifique, on remonterait
plus de chaleur qu'on en dépenserait dans la marche directe
et cette accumulation de chaleur permettrait la réalisation
du mouvement perpétuel. Si les coefficients de dilatation et
de compressibilité ne sont pas identiques, les chaleurs spécifiques ne le sont pas, mais il existe toujours une certaine

relation nécessaire entre ces grandeurs ; par le même raisonnement Sadi Carnot établit également l'existence des relations nécessaires entre les chaleurs spécifiques à pression et
volume constants.

Application aux phénomènes chimiques.

Il n'a pas songé à étendre les conséquences de sa théorie
aux phénomènes chimiques, et s'il y avait pensé, il n'aurait
pu le faire que dans des cas très particuliers, parce que l'on
ignorait alors l'existence générale des réactions limitées et
réversibles des corps, des phénomènes de dissociation, découverts 5o ans plus tard par Sainte-Claire Deville. Mais aussitôt cette découverte faite, MM. Peslin et Moutier signalèrent
simultanément, comme nous l'avons déjà dit, la possibilité
d'appliquer, sans rien y changer, le raisonnement de Sadi
Carnot aux phénomènes chimiques. Au lieu de prendre
une machine à vapeur où nous utilisons les différences de
tension de l'eau à diverses températures, nous pouvons
prendre un corps décomposable par la chaleur, le carbonate
de chaux, et utiliser ses différences de tension de dissociation
à diverses températures : cela permet d'établir certaines
relations entre les chaleurs latentes de vaporisation ou de
dissociation et les pressions des gaz ou vapeurs, car, si ces
relations n'existaient pas, le mouvement perpétuel serait
possible.

Ou bien encore nous pouvons employer dans une machine
à air chaud un gaz dissociable, de la vapeur d'eau, par
exemple ; nous la ferons fonctionner dans un cas, en supposant le mélange gazeux de composition invariable, dans
l'autre en laissant varier sa dissociation avec la température.
Nous pourrons, de la comparaison de ces deux machines,
tirer une comparaison entre la chaleur latente de dissociation et le changement de volume résultant de la réaction
chimique. Nous n'entrerons pas dans ces calculs qui nous

entraîneraient beaucoup trop loin, vous les trouverez développés dans les traités de mécanique chimique, ou plutôt vous trouverez les mêmes relations établies par des raisonnements différents, car on a abandonné aujourd'hui la méthode suivie par Sadi Carnot, peut-être sans grand avantage. Je traiterai seulement ici d'une façon complète un exemple très simple, pour vous donner une idée des services que les chimistes doivent attendre de ces considérations générales.

Applications aux actions de présence.

L'urine renferme un composé azoté, l'*urée*, qui, sous l'action de présence d'un ferment spécial se décompose en eau et carbonate d'ammoniaque. D'autre part dans l'économie, sans doute au contact des cellules du foie, les composés ammoniacaux régénèrent de l'urée ; on s'est demandé s'il n'existait pas de ferments capables de produire en dehors du milieu vivant la synthèse de l'urée : de nombreuses expériences ont été faites dans cette voie, sans aucun résultat d'ailleurs. Il était complètement inutile, même, de tenter l'expérience, car son succès eût conduit à une solution du mouvement perpétuel. Admettons en effet que deux microbes différents, puissent par leur seule action de présence produire l'un un dédoublement de l'urée, et l'autre sa synthèse; prenons deux vases, placés au même niveau, renfermant chacun l'un des deux ferments en opération. Le dédoublement de l'urée dégage de la chaleur, et le vase où se fait la réaction s'échauffera; dans le second la réaction absorbera une quantité de chaleur égale et de signe contraire, entraînant un abaissement de température. On pourra utiliser la différence finale de température entre les deux vases pour actionner une machine à vapeur minuscule et produire du travail. Une fois l'égalité de température rétablie entre les deux vases, on permutera les ferments d'un vase dans l'autre, ce qui peut se faire sans travail, puisque nous les avons placés au même niveau horizontal. Les réactions développeront une nouvelle différence de température, et permettront de créer une nouvelle quantité de travail; l'opération pouvant se renouveler indéfiniment, ce serait une solution du mouvement perpétuel. Il est donc établi que l'intervention d'un ferment, ou plus généralement d'une action de présence quelconque, vivante ou inorganique, est incapable de renverser une action provoquée par une autre action de présence.

Si dans les êtres vivants on peut refaire de l'urée aux dépens des sels ammoniacaux, cela tient à ce que la combustion corrélative des aliments par l'oxygène de l'air fournit une puissance disponible considérable qui peut être appliquée, par un mécanisme inconnu de nous, à la régénération de l'urée. Une comparaison fera comprendre comment les choses doivent se passer : l'acide sulfurique et le zinc se combinent directement pour donner du sulfate de zinc; le sel ainsi formé ne peut se décomposer ni directement, ni sous l'influence d'aucune action de présence. Mais en brûlant du charbon, sous une chaudière, utilisant la vapeur à actionner une machine à vapeur, et la machine à vapeur, à commander une dynamo, nous produisons, aux dépens de l'oxydation du charbon de l'électricité qui nous permettra de décomposer le sulfate de zinc. Ici nous connaissons tous les intermédiaires entre la combustion du charbon et la décomposition du sulfate de zinc, tandis que nous l'ignorons dans le cas des êtres vivants. Nous ne pouvons cependant nous refuser à admettre une corrélation entre l'oxydation de nos aliments et la synthèse de l'urée.

Impossibilité de créer de la puissance.

Tous ces raisonnements reposant sur l'impossibilité du mouvement perpétuel sont certainement exacts, ils ne sont pas cependant entièrement satisfaisants à l'esprit. On ne comprend pas bien la nécessité de passer par l'intermédiaire des machines à vapeur pour établir des conclusions relatives aux ferments sur l'urée; ce long détour résulte de ce que le principe pris comme point de départ est exclusivement d'ordre mécanique, et il faut des intermédiaires pour établir un lien avec les phénomènes chimiques. En fait, le principe de l'impossibilité du mouvement perpétuel n'est qu'un cas particulier d'un principe plus général qu'il y a intérêt à mettre en évidence. Déjà Clausius, dans son exposé, devenu aujourd'hui classique, de la thermo-dynamique avait invoqué un principe relatif à la chaleur : l'impossibilité de faire passer, sans compensation, de la chaleur d'un corps froid à un corps chaud. Ce principe est au fond équivalent au principe mécanique, car de la chaleur élevée à une température plus élevée peut toujours produire du travail en redescendant à sa température initiale. Ce principe comporte une généralisation bien plus large encore, mais avan' de pouvoir l'énoncer, il est nécessaire de définir une notion d'un caractère très général, la *puissance motrice*, que Carnot avait envisagée seulement dans le cas de la chaleur.

Phénomènes spontanés et phénomènes provoqués.

L'observation la plus élémentaire des changements dont le monde, qui nous entoure, est le siège, c'est-à-dire des phénomènes naturels, nous conduit à les classer n ede ux catégories distinctes:

1°. — Les changements qui se produisent spontanément, comme la chute de la pluie et celle de tous les corps pesants, le refroidissement des corps chauds, la combustion du charbon, l'attaque du zinc par l'acide sulfurique;

2°. — Les changements qui doivent être provoqués, c'est-à-dire qui ne se produisent pas spontanément, mais

qui demandent l'intervention de l'homme ou la concomitance
de quelque autre circonstance extérieure. Pour élever une
pierre, par exemple, il faut l'intervention du bras de
l'homme ou tout au moins la descente simultanée d'un
autre corps pesant; il faut pour décomposer le sulfate de
zinc, l'intervention d'une pile électrique.

En passant en revue les phénomènes de ces deux catégories, on reconnaît bien vite entre eux des relations mutuelles évidentes ; les changements spontanés et les changements provoqués se correspondent deux à deux, étant
de même nature et ne différant que par le sens du changement, telles la descente et la montée de la pierre, la combinaison et la décomposition du sulfate de zinc, etc.

En second lieu, les circonstances extérieures nécessaires,
pour provoquer un des changements inverses, sont précisément liées à la concomitance de changements spontanés,
qui peuvent être ou non de nature semblable aux phénomènes provoqués. Par exemple, pour élever un poids, les
circonstances dont la concomitance est indispensable seront
l'une des suivantes : la descente d'un autre poids (poulie),
une chute de chaleur d'un corps chaud à un corps froid
(machine à vapeur), une réaction chimique directe (détonation de la poudre dans un canon). Et il en est de même
dans tous les cas semblables.

Définition de la puissance motrice.

Dans tous ces exemples, en même temps qu'un système
de corps se transforme spontanément et perd en même
temps la propriété de pouvoir le faire encore dans l'avenir, un autre système de corps incapable primitivement de
se transformer spontanément, acquiert cette propriété. Il y
a donc échange d'un système à l'autre, d'une propriété qui,
étant perdue par le premier, est gagnée par le second. Ces
échanges peuvent d'ailleurs se faire successivement un

nombre de fois très grand et même illimité ; dans la série suivante par exemple : combustion du charbon, échauffement de l'eau de la chaudière, travail de la machine à vapeur, production d'électricité, fabrication du carbure de calcium, préparation de l'acétylène, combustion de l'acétylène, etc. Ou bien encore la série suivante : chute de la chaleur solaire à la température ambiante, décomposition de l'acide carbonique, croissance des végétaux, croissance des animaux, dépense de leurs forces musculaires, etc.

On appelle d'une façon générale *puissance motrice*, cette propriété qu'ont certains corps de pouvoir se transformer spontanément, et de pouvoir en même temps, par le fait de leur transformation, transmettre cette propriété à d'autres corps qui ne la possédaient pas auparavant en même temps qu'ils la perdent définitivement eux-mêmes. C'est bien cette propriété que visait Sadi Carnot, quand il parlait de la puissance motrice du feu. Avec deux corps à des températures différentes, on peut utiliser la chute de chaleur de l'un à l'autre au moyen d'une machine à vapeur, à élever des poids, à charger des accumulateurs. Comme en même temps on a laissé l'équilibre de température se rétablir entre les deux sources, il ne pourra plus y avoir d'échange de chaleurs entre elles ; elles auront ainsi perdu leurs aptitudes à se transformer spontanément, tandis que par contre le poids soulevé pourra se déplacer spontanément pour revenir à son niveau primitif, l'accumulateur chargé pourra se décharger.

Le principe fondamental, dont celui du mouvement perpétuel n'est qu'un cas particulier relatif aux phénomènes mécaniques, peut s'énoncer ainsi :

IL EST IMPOSSIBLE DE CRÉER DE RIEN DE LA PUISSANCE

Rien signifiant : sans aucune autre consommation parallèle de puissance. C'est-à-dire qu'un corps ne possédant pas à un moment donné la puissance de se transformer

spontanément, ne peut pas l'acquérir sans que d'autres la
perdent. Ou encore en d'autres termes, il existe dans le
monde une somme limitée de puissance motrice, que nous
ne pouvons par aucun procédé augmenter.

La puissance est une grandeur mesurable.

En appliquant à la puissance motrice dans son acception
la plus générale, le raisonnement de Sadi Carnot, c'est-à-
dire en combinant deux à deux des sources de puissance,
dont l'action s'exerce en sens inverse sur une même machine, on démontre que la puissance gagnée par l'une des
sources sera, pour un même changement de la source active
complètement indépendante des procédés mis en œuvre, en
supposant, bien entendu, des machines parfaites. Soit par
exemple un certain poids de zinc se dissolvant dans l'acide
sulfurique. en utilisant cette réaction dans une pile pour
produire un courant électrique et en lançant cè courant
dans une dynamo, nous pourrons élever un poids à une
certaine hauteur; un même poids de zinc dissous provoquera toujours l'élévation du même poids à la même hauteur, si la pile èst parfaite, c'est-à-dire sans résistance intérieure, sans force électro-motrice de polarisation et si la
dynamo est parfaite, c'est-à-dire construite avec des fils de
cuivre dépourvus de résistance électrique, avec des fers dépourvus d'hystérésie, avec un axe roulant sans frottement
dans ses paliers, etc.

Il résulte de cette indépendance des moyens mis en œuvre
que l'on peut prendre comme mesure de la puissance dépensée dans une transformation quelconque le nombre de
kilogrammètres produits quand on l'applique à élever un
poids. Mais on peut aussi bien, c'est là une simple question
de convention arbitraire, prendre pour cette mesure, un
autre des effets produits par la dépense de puissance, par
exemple le nombre de *Joules électriques*, si on l'a appliqué

à la production de l'électricité, ou encore le nombre de *calories* créées, si on l'a appliqué à remonter de la chaleur d'une source froide à une source chaude : il existe d'ailleurs un rapport constant entre ces diverses unités 426,9 kgm. sont équivalents à 1 calor. kg ou à 4186,2 Joules.

Puissance chimique et chaleur latente de réaction.

La chaleur latente dégagée dans une réaction chimique ne donne aucunement, il faut bien le remarquer, la mesure de sa puissance, la différence pouvant être tantôt dans un sens, tantôt dans l'autre ; le plus souvent, cependant, la chaleur latente est supérieure à la puissance chimique.

La mesure précise de la puissance disponible dans les réactions chimiques constitue une opération très délicate qui n'a encore été effectuée que dans un petit nombre de cas. Sans entrer dans la discussion des méthodes employées on donnera ici, à titre d'exemple, la puissance que peut développer théoriquement la combinaison d'une molécule d'hydrogène, 2 grammes, soit 22, 32 litres avec une demi-molécule d'oxygène ou 16 grammes, se combinant pour former de l'eau supposée restée à l'état gazeux :

$$H^2 + O = H^2O \text{ donne } 53,8 \text{ Cal. ou } 23000 \text{ Kgm ou } 225000 \text{ Joules}$$

Tandis que la chaleur latente de combinaison est de 58 calories.

Le tableau suivant donne pour quelques réactions chimiques le tableau comparatif de la puissance disponible, exprimée en calories et de la chaleur latente totale de réaction, puis dans une dernière colonne le rapport de ces deux grandeurs :

Corps formé	Puissance en calories	Chaleur totale de réaction	Rapport
Ag^2O	3,6	5,9	0,60
$AgCl$	25,6	28,9	0,89
$AgBr$	23,0	23,4	0,98
AgI	15,9	14,2	1,12
Hg^2O	13,4	22,2	0,61
Hg^2Cl^2	49,4	62,0	0,80
Hg^2Br^3	42,8	49,0	0,88
Hg^2I^2	26,8	28,8	0,93
$HgCl^2$	42,6	52,6	0,81
$HgBr^2$	37,3	40,5	0,92
HgI^2	24,1	25,1	0,96
$PbCl^2$	74,8	82,7	0,90
$PbBr^2$	64,2	64,5	0,99
PbI^2	41,7	39,8	1,05
H^2Ogaz	53,8	58,9	0,92
$HClgaz$	22,3	22,2	1,0
$HBrgaz$	11,9	8,4	1,42

En général pour les réactions chimiques dégageant une quantité importante de chaleur, la puissance disponible est à peu de chose près équivalente à la chaleur latente de réaction.

RÉSUMÉ DES LOIS DE LA MÉCANIQUE CHIMIQUE

Degré de certitude de la science de l'énergie. — Des divers modes de puissance. — Loi de conservation des quantités de changement. — De l'équilibre. — Résistances passives. — Résistances passives en chimie. — Difficultés relatives à l'influence de la température. — Lois fondamentales de
la mécanique chimique. — Loi des phases. — Applications de la loi des
phases. — Représentation géométrique. — Détermination expérimentale
des points invariants. — Exemples.

Degré de certitude de la science de l'énergie.

Nous avons défini la puissance motrice et posé comme
un principe, d'une exactitude au-dessus de toute discussion,
l'*impossibilité de créer de la puissance motrice*. Ce principe est la généralisation du principe particulier, relatif à
la puissance mécanique, dit de l'impossibilité du mouvement perpétuel, sur lequel a été créée toute la mécanique
rationnelle et que Sadi Carnot avait pris comme point de
départ de son étude sur les machines à feu.

Sur ce principe de l'impossibilité de créer de la puissance,
repose toute la science de l'énergie, c'est-à-dire l'énergétique et en particulier la branche qui intéresse plus spécialement les chimistes, la mécanique chimique.

Les conséquences du principe fondamental, quelque loin-
taines qu'elles soient, sont toutes rigoureusement exactes,
pourvu qu'elles aient été déduites par des raisonnements

également rigoureux, mais ces conséquences sont peu nombreuses et l'on est conduit, pour en étendre le champ d'applications, à les combiner avec des lois expérimentales approchées, et même avec des hypothèses arbitraires complètement incertaines.

On a parfois le tort, dans les exposés classiques de la mécanique chimique, de mêler les trois ordres de conséquences, celles qui sont rigoureusement exactes, celles qui sont certainement approchées et celles qui sont seulement hypothétiques.

Des divers modes de puissance.

On distingue différentes espèces de puissance motrice suivant la nature des changements qui les mettent en jeu : la puissance *mécanique* ou travail se rattachant aux déplacements relatifs des corps matériels dans l'espace, la puissance *calorifique* aux échanges de chaleur entre différents corps, la puissance *électrique* aux changements d'électricité et enfin la puissance *chimique* aux changements chimiques.

La grandeur de la puissance mise en jeu dans un changement donné infiniment petit est proportionnelle à la grandeur de ce changement. On peut donc écrire :

$$d\,\omega = K\,d\,\gamma$$

en appelant ω la puissance mesurée avec une unité donnée, le kilogrammètre, la calorie ou le joule, suivant les cas ;

γ le changement considéré mesuré avec ses unités propres ;

K un certain coefficient dont la grandeur dépend de la nature des unités employées pour mesurer ω et γ et de l'état actuel des corps dont on envisage le changement.

En fait, il y a toujours plusieurs corps, canon et projectile, gaz tonnant et eau, etc., éprouvant simultanément des changements de même nature et c'est seulement la puissance totale résultant de l'ensemble de leurs changements que l'on mesure. Sa grandeur est donc exprimée par la somme d'une série de termes de même nature, s'appliquant chacun à des corps différents :

$$d\,\omega = K\,d\,\gamma + K'\,d\,\gamma' + \text{etc.}$$

Le coefficient K représente ce que l'on appelle en mécanique la force ; pour les autres sortes de puissance, ce coefficient K correspond à des grandeurs qui jouent un rôle analogue à celui de la force en mécanique, mais qui ont reçu dans chacun des cas des noms différents. Le tableau suivant donne cette correspondance :

Puissance mécanique = force. déplacement :

$$d\,\omega = F\,d\,l + F'\,d\,l' + \ldots = f\,(m\,d\,l) + f'\,(m'\,d\,l') + \ldots$$

F est la force totale, dl le déplacement et f la force sollicitant l'unité de masse.

Puissance électrique = force. électromotrice, quantité d'électricité :

$$d\,\omega = e\,d\,i + e'\,d\,i' + \ldots$$

e, force électromotrice, di, changement de la quantité d'électricité.

Puissance calorifique = température absolue. entropie :

$$d\,\omega = t\,d\,s + t'\,d\,s' + \ldots = dq + d\,q' + \ldots$$

t, température absolue, $d\,s = \dfrac{d\,q}{t}$, changement d'entropie et dq quantité de chaleur.

Par analogie, on peut écrire pour la puissance chimique :

Puissance chimique = force chimique, changement de masse :

$$d\,\omega = \mu\,d\,m + \mu'\,d\,m' + \ldots$$

Nous savons mesurer directement la force mécanique, la

température, la force électromotrice, mais nous ne savons pas mesurer la force chimique. Sans entrer dans la discussion de cette question, il suffit de dire que, pour pouvoir mesurer la force chimique d'un corps, il faudrait pouvoir réaliser la transmutation de tous les corps les uns dans les autres, ou au moins dans l'un d'entre eux pris comme terme de comparaison ; cela est impossible dans l'état actuel de la science.

Loi de conservation des quantités de changements.

On signalera en passant une loi très importante relative aux changements des corps qui mettent en jeu de la puissance motrice. Il y a toujours plusieurs corps éprouvant simultanément des changements de même nature et ces changements corrélatifs sont reliés dans tous les cas par une loi identique. *La somme algébrique des changements de même nature se produisant d'une façon corrélative est rigoureusement nulle*, au moins dans le cas des changements mécaniques, des changements électriques et des changements chimiques, ce qui correspond aux lois bien connues :

1° Conservation du centre de gravité ;
2° Conservation de la quantité d'électricité ;
3° Conservation de la masse (Loi de Lavoisier).

Pour la chaleur, la même loi ne se vérifie que dans le cas des transformations réversibles. Elle porte alors le nom de loi de conservation de l'entropie.

De l'équilibre.

Un système quelconque mécanique, chimique, etc., est dit en équilibre, quand, de lui-même, il ne tend pas à se transformer spontanément, mais peut le faire à volonté dans un sens ou dans l'autre sous l'influence d'une action extérieure infiniment petite. Les transformations équilibrées sont donc intermédiaires entre les transformations spontanées et les transformations provoquées. Elles résultent de l'opposition de deux transformations, l'une spontanée, l'autre provoquée, reliées entre elles de telle façon que l'accomplissement de l'une provoque nécessairement l'accomplissement de l'autre.

Un des exemples les plus simples est celui de deux corps pesants égaux suspendus aux deux extrémités d'un fil passant sur une poulie. Le système ne se déplacera pas de lui-même, mais il suffira d'un effort relativement faible pour provoquer à volonté son déplacement dans un sens ou dans l'autre. De même encore en électricité, quand on mesure les forces électromotrices par les méthodes d'opposition, on réalise un système électrique en équilibre. Il ne se produit aucun courant, mais il suffira d'une force électro-motrice très faible appliquée dans un sens ou dans l'autre pour déterminer un échange d'électricité. Il existe de même, en chimie, des réactions équilibrées. Lorsqu'on fait agir de l'hydrogène sulfuré sur du bicarbonate de soude ou de l'acide carbonique sur du sulfure de sodium, on arrive à une masse gazeuse, renfermant des proportions déterminées d'acide carbonique et d'hydrogène sulfuré, qui n'agit plus ni sur le sulfure de sodium, ni sur le carbonate de soude existant simultanément dans la solution.

A la température ordinaire, la décomposition de l'hydrate de chaux est une réaction provoquée ; la combinaison de l'eau et de la chaux est une réaction spontanée. Au contraire, à la température de 450° sous la pression atmosphérique les deux réactions précédentes sont équilibrées. Elles ne se produisent plus spontanément, mais il suffit d'un changement infiniment petit de pression ou de température, pour les provoquer à volonté dans un sens ou dans l'autre.

Cette notion de l'équilibre chimique, entrevue dans ces cas particuliers par Berthollet, étudiée systématiquement par Berthelot sur l'éthérification, n'a été mise en complète lumière que par les travaux de Henri Sainte-Claire Deville.

Malheureusement, le nom tout à fait impropre de *dissociation*, employé par ce dernier savant, a contribué pendant quelque temps à obscurcir la nature de ces phénomènes.

Résistances passives

La définition de l'équilibre telle qu'elle vient d'être donnée, repose essentiellement sur la possibilité de renverser à volonté le sens d'un phénomène avec une dépense infiniment petite de travail, de chaleur, etc. Ce n'est là qu'un cas limite dont les phénomènes réels se rapprochent seulement d'une façon imparfaite. Reprenons l'exemple de la poulie. Il n'est pas vrai de dire qu'une surcharge infiniment petite ajoutée à l'un des poids suffise pour provoquer le mouvement. Cette surcharge doit toujours être finie et varie dans des limites considérables avec la construction de l'appareil employé. Avec une poulie ordinaire, la surcharge nécessaire pourra atteindre le dixième du poids des masses suspendues au fil; avec la poulie de la machine d'Atwood, dont les axes roulent sur deux cercles, la surcharge nécessaire sera de l'ordre du millième et avec une articulation sur couteau, comme dans les balances de précision, la surcharge nécessaire n'atteindra pas le millionième. On se rapproche donc beaucoup ainsi de la surcharge infiniment petite, sans pourtant y arriver exactement. On attribue cette déviation de la définition théorique de l'équilibre à l'existence de *frottements*, de ce que l'on appelle, d'une façon plus générale, des *résistances passives*. Ces résistances passives sont caractérisées par la propriété qu'elles ont de s'opposer au mouvement, mais de ne jamais pouvoir le provoquer. Au contraire les forces actives, sont caractérisées par une tendance constante à provoquer le mouvement dans un sens déterminé, la pesanteur par exemple, vers la surface de la terre et à s'opposer par contre aux déplacements inverses. Le frottement s'oppose également au déplacement dans les deux sens.

Résistances passives en chimie.

Les réactions chimiques sont fréquemment empêchées par des *résistances passives*, qui s'opposent, non seulement aux changements chimiques dans le voisinage de l'état d'équilibre, mais même à la transformation de systèmes très éloignés de cet équilibre et présentant, par suite, une grande tendance aux transformations spontanées. Les corps combustibles au contact de l'oxygène de l'air rentrent dans ce cas. Il est intéressant de préciser les conditions dans lesquelles ces résistances sont, sinon totalement annulées, au moins rendues assez faibles pour ne pas opposer un obstacle appréciable à la réversibilité et permettre alors, avec une approximation suffisante, l'usage des relations déduites de la mécanique chimique. Les plus importantes des circonstances à prendre en considération sont : le *contact*, l'*état physique* des corps, la *température*, la *pression*, la *lumière* et les *actions de présence* ou catalytiques.

1º *Contact*. — Les réactions chimiques ne s'exercent qu'au contact même des corps, soit contact direct, soit contact indirect, par l'intermédiaire d'un troisième corps, pouvant servir d'intermédiaire entre les deux extrêmes, comme le fait l'électrolyte dans les piles.

2º *État de la matière*. — Les corps solides réagissent très difficilement l'un sur l'autre, c'était un adage bien connu des anciens, *Corpora non agunt nisi soluta*. Cependant, il y a des exceptions à cette règle : en broyant dans un mortier de l'iodure de potassium et du bichlorure de mercure bien secs, on provoque la formation d'iodure rouge de mercure.

Les gaz réagissent souvent avec plus de difficulté sur les solides que ne le font les liquides de même composition. Pour mesurer les tensions d'efflorescence des hydrates salins d'une façon exacte, il faut maintenir les cristaux humectés par un liquide, qui sert d'intermédiaire dans l'établissement de l'équilibre. Par exemple l'acide sulfurique, dans le cas des cristaux de sulfate de cuivre. Une application industrielle importante de ce fait se rapporte à la fabrication des chaux hydrauliques, dont les éléments actifs ne sont pas hydratés par la vapeur d'eau pendant l'extinction, tandis qu'ils s'hydratent ensuite rapidement au contact de l'eau liquide en produisant le durcissement final de la masse. Par un mécanisme analogue, la combinaison de la silice et de la chaux, pendant la cuisson, est grandement favorisée par la présence de fer et d'alumine qui donnent des silico-aluminates fondus, servant de dissolvants.

3º La *température* est de tous les facteurs le plus important à prendre en considération. Aux très basses températures, vers — 200°, aucune réaction chimique n'est possible : aux températures élevées supérieures à 1.000°, il n'y a pour ainsi dire plus de retard appréciable aux réactions chimiques, la réversibilité est pratiquement réalisée, à condition cependant que ces températures suffisent pour détruire l'état solide des corps en présence.

Aux températures intermédiaires, les réactions se produisent, avec une lenteur plus ou moins grande. A la température ordinaire, les alcools et les acides organiques mettent un grand nombre d'années pour atteindre leur limite de combinaison. Ils le font en quelques minutes au-dessus de 200°. L'étude des phénomènes d'équilibre chimique devrait donc se faire beaucoup plus facilement aux températures élevées, mais on est arrêté par une difficulté pratique. Il nous est impossible de manipuler et de faire des analyses aux températures élevées. Il faut ramener les corps à la température ordinaire pour les étudier, et au début du refroidissement, ils peuvent encore réagir. On ne retrouve plus au moment de l'analyse la composition primitive. En raison de ces deux difficultés contradictoires, les expériences de précision sur les équilibres chimiques ont été faites presque exclusivement dans les conditions suivantes : on opère à une température, déterminée par des tâtonnements préalables, à laquelle la réaction atteint sa limite au bout d'un temps pas trop long et compatible avec les possibilités expérimentales, mais assez long d'autre part pour que, par un refroidissement rapide, on puisse être certain de ramener le système à la température ordinaire sans changement notable de composition. On part ensuite de cette donnée unique et l'on calcule, en s'aidant des formules de la mécanique chimique, les conditions d'équilibre correspondant aux autres conditions de température.

4° *Lumière.* — La lumière facilite un groupe assez important de réactions chimiques, qui sont utilisées en photographie : l'action des sels ferriques sur les composés organiques, etc. Ce sont des réactions tendant toutes à se produire spontanément et empêchées par des résistances passives. Un certain nombre d'entre elles se produisent déjà dans l'obscurité, occasionnant l'altération des papiers photographiques; elles sont rendues infiniment plus rapides en présence de la lumière, mais la nature de la réaction n'est pas modifiée.

5° *Actions de présence.* — Un grand nombre d'actions de présence, les unes d'ordre physique, les autres d'ordre chimique contribuent, comme l'élévation de la température, à atténuer les résistances passives.

Un des exemples les plus connus est celui de la mousse de platine qui provoque, dès la température ordinaire, la combinaison de l'hydrogène et de l'oxygène. Cette action de présence de la mousse de platine est aujourd'hui employée industriellement sur une large échelle, dans la fabrication de l'acide sulfurique, dit de synthèse. On réalise la combinaison de l'acide sulfureux et de l'oxygène à une température relativement basse, à laquelle l'acide sulfurique est encore stable, tandis qu'en l'absence de mousse de platine sous l'action de la chaleur seule, la réaction ne se produirait qu'à une température plus élevée à laquelle l'acide sulfurique est partiellement dissocié et les rendements deviendraient tout à fait insuffisants. Parmi les actions de présence chimique, les plus importantes de beaucoup se rattachent aux actions microbiennes. Les ferments permettent l'accomplissement de réactions qui tendent bien à se produire spontanément, mais qui sont empêchées par les résistances passives. La fabrication du vin, la fabrication du vinaigre, sont des exemples d'applications industrielles utiles de ces actions de présence. Un grand nombre de maladies sont au contraire un exemple de leur intervention nuisible.

Difficultés relatives à l'influence de la température.

L'élévation de la température a une double influence sur les phénomènes chimiques. Elle atténue, d'une part, les *résistances passives* et facilite ainsi les réactions chimiques spontanées, mais aussi elle déplace les *conditions de l'équilibre.* Ces deux actions peuvent se produire successivement sur un même corps et donner ainsi lieu tantôt à des effets de sens opposé, tantôt à des effets de même sens. Ainsi en élevant progressivement la température d'un mélange d'hydrogène et d'oxygène, on provoque d'abord sa combinaison. Celle-ci tend à se produire spontanément dès la température ordinaire, mais est empêchée par des résistances passives, ces dernières commencent à disparaître vers 500° et la réaction se produit ; dans cette première phase le rôle de la température se borne à atténuer les résistances passives ; il est analogue à celui de l'huile dans les machines. A une température beaucoup plus élevée, au-dessus de 3.000°, les conditions de l'équilibre sont changées, l'eau tend à se transformer spontanément en hydrogène et oxygène, reproduisant ainsi l'état primitif du mélange gazeux à la température ordinaire.

Il est souvent difficile de distinguer ces deux modes d'action de la chaleur. Il en est résulté des confusions très graves. C'est ainsi que l'on a signalé pour certains corps des maxima de dissociation suivis de minima sans aucune existence réelle ou encore que l'on a voulu distinguer plusieurs catégories d'équilibre : équilibre proprement dit et faux équilibre, introduisant ainsi dans une question très simple des complications tout à fait inutiles. Quand dans une expérience, on a des doutes sur le mode d'intervention de la chaleur, il faut s'abstenir de porter un jugement, ne pas se croire obligé à affirmer coûte que coûte quelque chose au petit bonheur. Ces affirmations dépourvues de tout fondement se diffusent peu à peu dans l'enseignement scientifique et y créent une grande obscurité.

Lois fondamentales de la mécanique chimique.

Les seules lois de la mécanique chimique, intéressantes pour l'expérimentateur, sont au nombre de cinq. Trois absolument rigoureuses, deux seulement approchées par suite de l'intervention de lois expérimentales.

Les lois rigoureuses sont :

1° La loi des *phases* ;

2° La loi de *stabilité* de l'équilibre chimique ;

3° La loi d'*iso-équilibre* ou d'iso-dissociation.

Les lois approchées sont

4° La loi d'*action de masse* dans les mélanges *gazeux* homogènes. Elle s'appuie sur la loi expérimentale de Mariotte et de Gay-Lussac, sur la loi du mélange des gaz, toutes lois dont le degré d'approximation est très grand. Au point de vue des applications expérimentales, on peut considérer cette première loi comme tout à fait exacte, son degré d'incertitude étant certainement inférieur aux erreurs expérimentales inévitables dans l'étude des phénomènes chimiques.

5° Loi de l'*action de masse* dans les systèmes homogènes *liquides*.

Cette loi n'est plus que grossièrement approchée ; elle

donne cependant, au moins au point de vue qualitatif, des indications très utiles pour le chimiste expérimentateur.

Avant de donner l'énoncé de ces différentes lois, il y a lieu de rappeler une remarque générale déjà faite. Les lois de la mécanique rationnelle s'expriment en général par des relations algébriques reliant entre elles deux ordres de grandeurs distinctes, des forces mécaniques et des déplacements. On pourrait, en chimie, établir des lois analogues, mais ces lois sont sans intérêt pour l'expérimentateur, elles échappent à tout contrôle expérimental, en raison de l'impossibilité actuelle de mesurer la force chimique. Les seules lois réellement intéressantes pour les chimistes sont celles de l'énoncé desquelles on a pu faire disparaître complètement toute force chimique. C'est la raison du petit nombre des lois de la mécanique chimique signalées ici. Quand on ne se limite pas systématiquement aux relations entre des grandeurs mesurables, on peut donner à la mécanique chimique un développement analogue à celui de la mécanique rationnelle et faire sur ce sujet des volumes de plusieurs centaines de pages. Cela peut être intéressant pour le mathématicien, cela ne l'est aucunement pour l'expérimentateur.

Loi des phases.

La première et la plus générale de ces lois a été découverte par le mathématicien américain J. W. Gibbs, développée ensuite par le chimiste hollandais Bakkhuis Roozeboom. Elle invoque uniquement la définition de l'équilibre, une loi expérimentale : l'indépendance des conditions d'équilibre et des dimensions des corps en présence et l'affirmation de l'existence de forces chimiques. On commence par démontrer que la force chimique est une fonction déterminée de l'état actuel des corps, en employant un des raisonnements fondamentaux de Sadi Carnot, consistant à établir que la puissance développée dans une série de changements successifs d'un système de corps entre deux états extrêmes, ne dépend que de ces deux états extrêmes et est complètement indépendante des intermédiaires.

L'objet de la loi des phases est de définir dans un système hétérogène comprenant un certain nombre de corps différents et constitué par la juxtaposition de plusieurs masses homogènes de nature différente, le nombre des conditions du système que l'on peut faire varier arbitrairement, à la guise de l'expérimentateur sans détruire l'état d'équilibre.

Pour définir complètement l'état d'un système matériel, en faisant abstraction de toute question d'équilibre, il faudrait connaître les grandeurs suivantes :

1° Le nombre r des masses homogènes de nature différente qui entrent dans sa composition, ce que Gibbs appelle le nombre des *phases* du système ;

2° La masse de chacun des *constituants*, corps différents, simples ou composés, qui entrent dans la composition de chacune de ces phases, soit m le nombre de ces masses ;

3° La grandeur de chacune des p, conditions physiques différentes auxquelles chacune des phases peut être soumise, telles que pression, température, état électrique, etc.

Cela fait en tout $(m + p)\, r$ conditions différentes.

Mais un fait d'observation général, relatif aux phénomènes d'équilibre, montre que la variation de la masse totale de corps homogènes n'altère pas l'état d'équilibre, tant au moins que les forces capillaires ne peuvent pas entrer en jeu d'une façon appréciable, c'est-à-dire que le rayon de courbure des masses en présence ne tend pas à devenir infiniment petit.

Il suffit donc pour définir l'état d'un système, en se limitant au point de vue purement chimique, de se donner non pas la masse absolue de chacun des constituants d'une phase, mais seulement leur rapport à l'une quelconque d'entre elles. Le nombre des conditions se rattachant à la

composition chimique est donc pour chaque phase égal à
m-1 et non à m et le nombre total des conditions pour tout
le système est de $(m$-1 $+ p) r$. C'est le nombre des variations
totales différentes que nous pouvons à notre volonté, sans
contradiction avec aucune loi naturelle, faire subir au système en question, en dehors de toutes questions d'équilibre.

Tel est le nombre des conditions nécessaires pour définir
l'état chimique d'un système dont toutes les parties seraient
indépendantes les unes des autres et simplement juxtaposées. Dans le cas où les différentes phases sont en équilibre
de pression, de température et donnent lieu à des réactions
équilibrées, il est bien évident que le nombre des conditions
nécessaires pour définir son état et sur lesquelles nous pouvons agir à volonté, tout en laissant subsister l'état d'équilibre, est moindre.

Pour le calculer, nous allons chercher quelles sont les
conditions générales d'équilibre en partant de l'expression
générale de la puissance motrice :

$$d\,\pi = \Sigma\,(p\,d\,v + e\,d\,i + t\,d\,s + \mu_1\,d\,m_1 + \mu_2\,d\,m_2 + ...)$$

Quelles sont d'abord les conditions relatives à l'équilibre
mécanique entre les différentes phases du système? Soient
deux phases en contact, il faut pour l'équilibre que la variation de puissance dans un changement infiniment petit à
partir de l'état actuel effectué à volume total constant soit
nul, c'est-à-dire :

$$p\,d\,v + p'\,d\,v' = 0$$

mais du moment où le volume total est invariable, les changements de volume des deux phases sont égaux et de sens
contraire :

$$d\,v = -\,d\,v'$$

d'où l'on déduit en remplaçant $d\,v'$ par $d\,v$:

$$(p\text{-}p')\,d\,v = 0 \text{ et par suite } p\text{-}p' = 0$$

puisque par hypothèse d v n'est pas nul, c'est-à-dire que les pressions doivent être égales, condition bien connue de l'équilibre mécanique des systèmes matériels. Le calcul a été fait uniquement pour montrer qu'on peut trouver cette relation en partant de l'expression générale de la puissance et justifier l'extension qu'il sera fait de la même méthode aux phénomènes chimiques.

Un calcul identique montrerait que les forces électromotrices et la température doivent être égales entre toutes les phases.

Arrivons maintenant aux conditions d'ordre chimique, soit un corps se trouvant dans deux phases en contact pour qu'il n'y ait aucune tendance au passage du corps entre ses deux phases, c'est-à-dire pour qu'il y ait équilibre, le raisonnement fait plus haut conduit à la condition $\mu = \mu'$, c'est-à-dire que dans toutes les phases d'un système en équilibre, un corps donné a la même force chimique.

Les corps en présence peuvent donner lieu à des réactions chimiques, supposées également réversibles; puisque le système est en équilibre. Le même raisonnement que ci-dessus appliqué à une transformation infiniment petite dans le sens de la réaction envisagée conduit à la condition :

$$\mu\, dm + \mu_1 dm_1 \text{ etc...} = 0$$

expression dans laquelle dm, dm_1 etc... sont des quantités de matière entrant simultanément en réaction, dont les grandeurs relatives sont définies par l'équation de la réaction chimique.

Voyons maintenant combien cela fait de conditions.

Pour les phases en présence, l'égalité de température donne $r - 1$ condition. Si p est le nombre des actions physiques envisagées, le nombre total de ces conditions sera :

$$p\,(r - 1)$$

La condition d'égalité des potentiels de chaque corps dans les diverses phases donne pour m corps :

$$m\,(r-1)$$

Enfin, si q est le nombre des réactions chimiques réversibles distinctes auxquelles les m corps peuvent donner naissance, on aura encore un nombre de conditions supplémentaires de q.

En défalquant du nombre des variables indépendantes nécessaires pour définir l'état du système, le nombre des équations de condition que l'état d'équilibre établit entre elles, on a :

$$N = (m - 1 + p)\,r - (p + m)\,(r - 1) - q = m + p - q - r.$$

Ce nombre N est ce que l'on appelle le degré de variance du système. Il donne le nombre des grandeurs contribuant à définir l'état du système, que l'on peut faire varier simultanément et d'une façon arbitraire, sans qu'il en résulte aucune incompatibilité, sans que les phénomènes d'équilibre chimiques envisagés cessent d'être possibles.

La détermination du nombre de constituants m et du nombre de réactions réversibles q figurant dans la formule laisse place à un certain arbitraire. On peut envisager de différentes façons la composition d'un même système de corps, suivant que l'on représente sa composition par la quantité des différents corps simples ou par celle des corps composés qui le constituent. Soit par exemple, de l'hydrogène, de l'oxygène et de l'eau formant un système à l'état de dissociation. On peut prendre comme constituants hydrogène et oxygène, on a alors :

$$m = 2 \quad q = 0 \quad m - q = 2$$

ou bien prendre à la fois hydrogène, oxygène et vapeur d'eau, on a alors :

$$m = 3 \quad q = 1 \quad m - q = 2$$

La différence $m - q$ est toujours la même. Il en est ainsi dans tous les cas semblables.

L'indétermination existant dans le choix des constituants n'entraîne aucune incertitude sur la différence $m - q$ intervenant seule pour déterminer le degré de variance N.

Application de la loi des phases.

En rapprochant dans l'étude de la mécanique chimique les systèmes qui possèdent un même degré de variance, on introduit une clarté extrême. L'étude des cas simples, c'est-à-dire renfermant un petit nombre de constituants différents, est un guide précieux pour aborder l'étude des cas complexes.

PREMIER CAS N $= 0$. — *Systèmes invariants.* — On ne peut, dans ce cas, disposer d'aucune des conditions qui définissent l'état du système. Son état d'équilibre, avec le nombre des phases envisagées, ne peut subsister qu'à une seule température, une seule pression et une seule composition de chaque phase.

Soit tout d'abord le cas le plus simple de $m = 1$, c'est-à-dire celui d'un seul corps, l'eau par exemple. Il n'y a pas de réaction chimique à envisager et $q = 0$. Enfin supposons que les actions extérieures envisagées soient au nombre de deux, pression et température, on a $p = 2$. Pour avoir un système invariant, il faut donc :

$$m + p - q - r = 0 = 1 + 2 - 0 - r$$
$$\text{ou } r = 3$$

Ces trois phases seront la glace, l'eau liquide et la vapeur d'eau. La température est déterminée et égale à $+ 0°,0076$. La pression à 4,6 mm. de mercure.

Si l'on n'envisageait comme action extérieure variable que la température, en fixant *a priori* la pression à une valeur déterminée, 760 millimètres par exemple, on aurait seulement pour le système invariant deux phases nécessaires, par exemple la glace et l'eau. Ce point invariant correspond à la température de 0°.

Il peut, même dans le cas d'un seul corps, y avoir plusieurs points invariants distincts, quand le nombre des phases différentes qu'il peut donner est supérieur à trois. Ce sera par exemple le cas du soufre ; il présente dans l'état solide deux variétés allotropiques et donne en tout quatre phases distinctes, dont les combinaisons différentes trois à trois seront au nombre de quatre.

Voici les températures de ces quatre points invariants :

S. Prism.	S. Oct.	Vap.	95°,4
S. Prism.	Liq.	Vap.	120°
S. Octo.	Liq.	Vap.	114°,5
S. Octo.	S. Prism.	Liq.	135°

Soit maintenant le cas de deux corps, c'est-à-dire de $m = 2$. On a alors $r = 4$.

Dans le cas d'un sel anhydre et de l'eau, le chlorure de sodium et sa dissolution par exemple, le point invariant correspondra au point de fusion minimum —21° que l'on obtient dans les mélanges réfrigérants. Les quatre phases en présence sont le sel, la glace, la solution saturée et la vapeur.

Dans le cas d'un sel donnant plusieurs hydrates et plusieurs variétés allotropiques, comme le sulfate de soude, le nombre des quatre systèmes invariants possibles pourra être bien plus considérable. On connaît jusqu'ici quatre seulement des systèmes invariants très nombreux possibles dans le cas de l'eau et du sulfate de soude.

Vap.	Sol.	Glace	Sel 10 H^2O	—	0°,13
—	—	Sel α	— 7 H^2O	+	24°,2
—	—	—	— 10 H^2O	+	32°,4
—	—	—	— β	+	200

Ces différents exemples sont assez simples pour que l'expérience directe ait permis de les élucider avant la découverte de la loi des phases. Mais pour le cas de plus de deux corps, l'intervention de la loi des phases est un guide indispensable. Soit par exemple le cas de la décomposition par l'eau du sulfoaluminate de chaux :

$$Al^2O^3, 3CaO + 3 (SO^3, CaO) + 3oH^2O$$

corps qui joue un rôle très important dans la décomposition des mortiers à la mer. On a en présence quatre constituants différents :

$$H^2O, Al^2O^3, CaO, SO^3$$

Il faut, pour un point invariant, avoir en présence six phases distinctes. Trois sont évidentes : la vapeur d'eau, la solution et le sulfoaluminate de chaux. Il faut encore trois autres phases solides, qui pourront être l'aluminate tricalcique, le sulfate de chaux et l'hydrate de chaux. Le point invariant en question se trouve à $+ 48°$. Sans la loi des phases, on n'eût sans doute pas pensé à la nécessité de la présence de la chaux.

DEUXIÈME CAS N $+$ 1. — *Systèmes univariants.* — L'on peut disposer arbitrairement de l'une des grandeurs qui définit l'état du système, par exemple de la température.

Soit tout de suite le cas de $m = 2$, un sel et de l'eau en présence par exemple. On doit avoir $r = 3$, c'est-à-dire trois phases en présence. L'équilibre pourra exister entre le sel, la dissolution et sa vapeur à une infinité de températures différentes, que nous pourrons choisir arbitrairement. Mais une fois cette température fixée, toutes les autres grandeurs du système seront entièrement déterminées, en particulier la composition de la phase liquide, c'est-à-dire la concentration de la solution saturée et la tension de vapeur de cette solution.

C'est à ces systèmes univariants, et seulement à ces systèmes, que s'applique la loi des tensions fixes de Debray. Le carbonate de chaux met en présence en se décomposant deux phases solides, chaux et carbonate non décomposé, et une troisième phase gazeuse, l'acide carbonique. Au contraire la dissociation de l'oxyde de cuivre ne présente pas de tensions fixes, parce que ce corps est fusible et dissout l'oxyde cuivreux formé, de telle sorte que les deux corps ensemble ne forment qu'une seule phase.

Des liquides incomplètement miscibles comme l'eau et l'éther forment en présence de leur vapeur un système univariant, les deux couches liquides formant avec la vapeur les trois phases nécessaires. A chaque température la composition de chacune des couches liquides est entièrement déterminée.

La décomposition des sels par l'eau donne également des exemples intéressants de systèmes univariants. La décomposition par l'eau de l'aluminate tricalcique donne à chaque température une concentration déterminée de la solution en chaux :

$$Al^2O^3, 3\,CaO, 10H^2O = Al^2O^2, 2CaO, 6H^2O + CaO\,H^2O + 3H^2O$$

parce que les deux aluminates très peu solubles restent insolubles au contact de la dissolution et forment deux phases solides. La solution et la vapeur donnent les deux autres phases nécessaires pour un système univariant à trois constituants, qui exige quatre phases.

Dans le cas au contraire du sulfate de mercure, sel très soluble et qui reste en dissolution, s'il n'est pas en très grand excès, la décomposition suivant la réaction :

$$3\,(HgO, SO^3) + Aq = 3HgO, SO^3 + 2\,(SO^3,H^2O)$$

ne donne que trois phases en présence, par conséquent à une température donnée la dissolution n'a pas une composition fixe.

Au nombre des conséquences intéressantes de la loi des phases on peut signaler le fait que, dans une masse solide, préparée par fusion, comme les alliages métalliques, les

laitiers, certaines roches de l'écorce terrestre, le nombre des
cristaux différents, qui constituent les phases, est égal, dans
le cas où le système est arrivé à son état d'équilibre définitif,
au nombre des constituants. C'est ainsi que le granit, composé par les trois corps : SiO^2, Al^2O^3, K^2O renferme trois
sortes de cristaux : quartz, feldspath et mica.

Représentation géométrique.

Ces différentes conséquences de la loi des phases se prêtent à une représentation géométrique très simple, employée
depuis longtemps déjà, avant même la découverte de cette
loi. Prenons par exemple un système univariant. Ce mot
d'univariant veut dire qu'il suffit de fixer la valeur d'une
variable indépendante pour que toutes les autres grandeurs
du système, pression, composition des phases liquides ou
gazeuses, etc., soient entièrement déterminées. C'est-à-dire
que chacune de ces grandeurs est fonction d'une seule variable indépendante. On peut donc représenter géométriquement chacune d'elles par une courbe, obtenue en portant la variable en abcisse et la grandeur étudiée en ordonnée. C'est ainsi que l'on a toujours représenté les tensions
de vapeur, les concentrations des solutions. Mais bien
entendu pour un même système univariant il y aura autant
de courbes indépendantes à considérer que le système considéré comporte de grandeurs susceptibles de varier.

Pour un seul corps, l'eau par exemple, il n'y aura à envisager que les courbes des pressions. Cette courbe comprendra trois branches se rapportant chacune à l'un des trois
systèmes univariants possibles, eau-vapeur; glace-vapeur;
glace-eau. Ces trois courbes se coupent en un même point
où les trois états peuvent coexister, c'est le point invariant,
encore appelé point triple parce qu'il se trouve au point de
rencontre de trois courbes différentes.

Soit maintenant le cas d'un système de deux corps : eau

et sulfate de soude par exemple. Il faudra pour le représenter deux systèmes de courbes, l'un relatif aux pressions et l'autre à la composition de la phase liquide ou dissolution saturée. Dans le cas où le corps dissous serait volatil, ce qui n'est pas le cas du sulfate de soude, mais serait le cas de l'iode, il y aurait à envisager un troisième système de courbes donnant la composition de la phase vapeur, renfermant à la fois de la vapeur d'eau et de la vapeur d'iode. On donne à la fin de cette leçon les courbes relatives au système chlore-iode.

On prend généralement dans le cas des systèmes univariants, la température comme variable indépendante, mais on pourrait aussi bien prendre n'importe quelle autre grandeur, par exemple la pression; dans ce cas, on aurait la courbe des températures en fonction des pressions. Le choix de la grandeur prise comme variable indépendante est fait d'après les commodités des expérimentateurs. Dans leurs expériences, ils agissent en général sur la température pour faire varier les autres grandeurs du système, c'est donc la variable indépendante pour eux.

Revenons au cas du sulfate de soude. La courbe donnant par exemple la concentration de la solution en fonction de la température comprendra un grand nombre de branches distinctes se rapportant à chacune des phases solides possibles, qui sont au nombre de cinq : glace, sulfate décahydraté, sulfate heptahydraté, sulfate anhyre α, sulfate anhydre β. Ces courbes se couperont deux à deux en un grand nombre de points, qui sont des points invariants. Le nombre théorique de ces points serait celui des combinaisons de cinq objets deux à deux, c'est-à-dire de dix. En réalité on n'arrive pas pratiquement à observer ces courbes de solubilité dans toute leur étendue et par suite un grand nombre de ces points invariants manquent. A chaque température, il y a une seule phase solide donnant au contact de la solution un état d'équilibre permanent; les autres donnent des équilibres *labiles*, observables seulement dans des circonstances très restreintes. Le plus souvent les courbes de solubilité, telles qu'on les observe, ont la forme d'une ligne polygonale à angles saillants, dont chaque côté est un fragment d'une des courbes complètes de solubilité. Cette question des courbes de solubilité sera reprise dans une autre partie du cours à l'occasion de l'étude des sels.

Le second groupe de courbes serait celui des pressions. On aurait un nombre de branches égal à celui des branches de la courbe de solubilité, et en plus toute une série d'autres branches correspondant à la présence de deux phases solides en l'absence de toute phase liquide. Comme pour les solutions, on ne peut, bien entendu, observer directement qu'un nombre assez restreint de ces courbes multiples.

Pour représenter des systèmes divariants, c'est-à-dire comportant deux variables indépendantes, on doit nécessairement employer une représentation dans l'espace et cette représentation donne non plus une ligne mais une surface. La complexité de la représentation devient naturellement beaucoup plus grande. Sans entrer dans la discussion complète de ce cas, on citera un exemple de représentation géométrique applicable seulement à un cas particulier et dû au professeur J. Willard Gibbs. Il s'applique au cas d'un système renfermant trois constituants, on prend comme variables indépendantes la composition d'une phase homogène, phase liquide par exemple. Sa composition centésimale est entièrement déterminée par la proportion de deux de ces constituants, celle du troisième étant donnée par la différence à 100. On pourrait employer des axes de coordonnée trirectangulaires et porter sur deux d'entre eux la proportion de deux de ces constituants. Gibbs a eu l'idée ingénieuse d'utiliser pour cette représentation la propriété d'un triangle équilatéral, de présenter une somme constante pour les perpendiculaires abaissées d'un point pris à l'intérieur sur chacun de ses côtés et égale à la hauteur du triangle. En convenant que cette hauteur vaudra 100, on pourra représenter la composition centésimale quelconque d'un mélange ternaire au moyen d'un point pris à l'intérieur du triangle, chacune des trois perpendiculaires étant égale à la proportion de l'un des constituants.

On porte ensuite la fonction de ces variables indépendantes, la température par exemple, sur une ordonnée perpendiculaire au plan du triangle ; on obtient ainsi des surfaces se coupant suivant certaines lignes que l'on projette sur le plan horizontal. On peut projeter de la même façon les lignes de niveau. c'est-à-dire les lignes isothermes de ces surfaces et obtenir ainsi, sur un plan, une représentation très complète de la surface dans l'espace.

Toutes ces conséquences de la loi des phases et ces représentations géométriques sont un guide d'autant plus utile à l'expérimentateur que les phénomènes sont plus complexes, que l'on envisage des systèmes renfermant un plus grand nombre de constituants indépendants. Dans le cas de ces systèmes complexes le nombre de points invariants croît très rapidement et ils arrivent à être tellement rapprochés, que leur seule connaissance suffit souvent pour se faire une idée suffisamment exacte de l'allure des systèmes univariants et même divariants. En réunissant ces points par des droites et ces droites par des surfaces réglées, on obtient une surface, qui, si elle ne donne pas la représentation rigoureuse du phénomène étudié, en donne cependant une représentation approchée, largement suffisante pour la plupart des applications. Cette observation si simple faite par Bakkhuis-Roozeboom a été le point de départ de progrès très importants dans nos méthodes expérimentales. L'étude complète d'un système complexe est extraordinairement difficile ; la détermination des points invariants est relativement simple. En restreignant l'étude générale du phénomène à la détermination de ces points invariants, on a pu obtenir des résultats très intéressants dans des cas jugés jusque-là inabordables à l'expérience.

Détermination expérimentale des points invariants.

La détermination expérimentale des points invariants se
fait par une méthode relativement très simple, dont le principe est le suivant : on part d'un système univariant et l'on
fait varier systématiquement une des grandeurs détermi-
nant l'état du système ; on prend cette grandeur comme
variable indépendante, en général c'est la température,
quelquefois aussi la pression : ce sont, en effet, les deux grandeurs sur lesquelles il nous est le plus facile d'agir directement. En même temps que l'on fait varier la température par
exemple, on mesure parallèlement une autre grandeur, qui,
par la définition même des systèmes univariants, est une
fonction déterminée de la variable indépendante. Les grandeurs auxquelles on peut s'adresser sont extrêmement nombreuses ; on choisit dans chaque cas celle dont l'observation
est la plus facile : ce pourra être la concentration d'une
phase liquide, sa tension de vapeur, la pression, le volume
à pression constante, la conductibilité électrique, etc. En
reportant sur un papier les valeurs correspondantes de la
variable et de la fonction, on obtient une ligne continue
tant que l'on suit le même système univariant et une discontinuité quand on passe d'un système univariant à un
autre. Ce point de passage correspond précisément à un
état invariant ; voici quelques exemples de l'application de
cette méthode.

En échauffant progressivement du soufre et suivant la
variation de volume en fonction de la température, Reicher
élève de Van'tHoff, a observé, à la température de 95°,4, un
changement brusque de volume.

En étudiant la résistance électrique du fer, on observe
à la température de 900° un changement brusque dans la
direction de la ligne représentative de cette résistance.

En comprimant de l'iodure d'argent à la température
ordinaire jusqu'à des pressions allant à 5.000 atmosphères

on observe à une certaine pression intermédiaire un changement brusque de volume. Toutes ces discontinuités correspondent à des points invariants : soufre octaédrique — soufre prismatique, fer β — fer γ, iodure d'argent cubique — iodure hexagonal, etc.

Exemples.

Pour terminer cet exposé, nous résumerons deux exemples d'équilibre chimique dont l'étude, faite en s'inspirant de la loi des phases, aurait été pratiquement impossible sans ce guide ; le premier se rapporte à la dissociation des chlorures d'iode, étudiés par M. Stortenbecker et l'autre aux équilibres entre l'eau, l'acide chlorhydrique et le chlorure ferrique, étudiés par M. Bakkhuis-Roozeboom.

1° *Chlorure d'iode*. —Dans le cas des chlorures d'iode les phases solides possibles sont au nombre de cinq ; l'équilibre de chacune d'elle avec une phase liquide et une phase vapeur de même composition donne cinq systèmes :

	Température	Pression.
N° 1. — Cl^{2}.	— 102	11 atm.
N° 2. — I^{2}	+ 114,2	91 mm. de Hg.
N° 3. — $ICl\alpha$	+ 27,2	37 mm. de Hg.
N° 4. — $ICl\beta$ (instable)	+ 13,9	—
N° 5. — ICl^{3}	+ 101	16 atm.

Il existe en outre cinq autres systèmes invariants composés de deux phases solides réunies aux phases liquides et vapeur.

	Température	Pression	Composition des phases	
			Liquide	Vapeur
N° 6. — I^{2} — $ICl\,\alpha$. — Liq. Vap.	7°9	11 mm.	0,66	0,92
N° 7. — $ICl\alpha$ — ICl^{3}. — —	22°7	42 —	1,19	1,75
N° 8. — I^{2} — $ICl\,\beta$. — —	0°9	»	0,72	»
N° 9. — $ICl\beta$ — ICl^{3}. — —	12°	»	1,10	»
N° 10. — Cl^{2} — ICl^{3}. — —	< —102°	?	—	»

La composition des phases liquides et vapeur est repré-

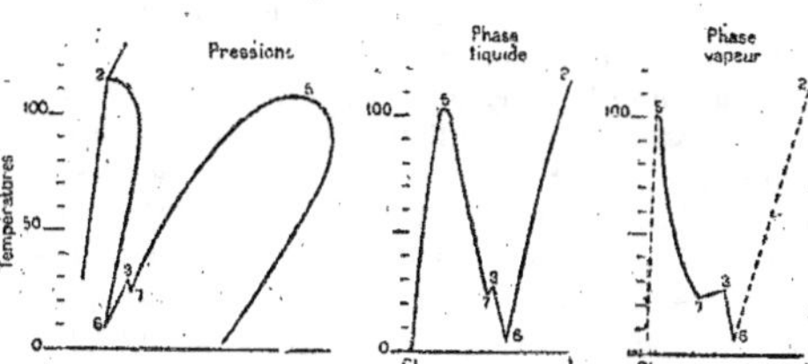

Fig. 46. — Équilibre entre le chlore et l'iode.

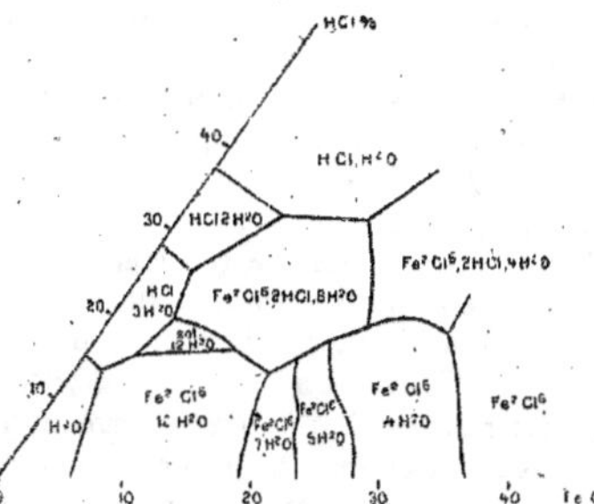

Fig. 47. — Équilibre èntre FeCl³, HCl èt H²O.

sentée sur la figure 46 par le nombre de molécules d'iode dans 100 molécules de mélange.

Pour représenter complètement les conditions d'équilibre de ce système, il faut trois groupes de courbes représentant par exemple, en fonction de la température, la composition de la phase liquide, la composition de la phase vapeur et la pression Pour faciliter la comparaison de ces trois diagrammes, il est bon de les placer l'un à côté de l'autre de façon à ce que les points correspondants de l'échelle des températures se trouvent sur une même ligne horizontale ou verticale, comme on le préférera ; il est plus commode pour le dessin de mettre les trois figures à côté l'une de l'autre, on porte alors la variable indépendante sur l'axe vertical habituellement réservé à la fonction. Les numéros inscrits sur les courbes sont ceux des systèmes invariants.

2° *Chlorure ferrique.* — L'exemple du système $FeCl^3$, H^2O, HCl, est peut-être plus probant encore pour montrer l'intérêt de la loi des phases ; sa complexité est telle qu'il eût été impossible de s'y reconnaître sans un guide théorique. Le mode de représentation employé est celui du diagramme triangulaire de Gibbs ; la figure 47 représente la projection horizontale de la surface des températures en fonction de la composition de la phase liquide.

Les points invariants qui ont permis de définir cette surface sont au nombre de 31 dont 12 sont les points de fusion de composés définis ; ils n'ont pas été représentés sur la figure. Ils ne comprennent chacun qu'une phase solide, 8 sont des invariants binaires, ne renfermant qu'un corps avec l'eau, soit le chlorure de fer, soit l'acide chlorhydrique, 12 sont des invariants ternaires, c'est-à-dire renfermant trois phases solides en plus de la dissolution et de la phase vapeur. Tous ces points sont des sommets anguleux d'une surface complexe représentant une série de systèmes bivariants dans chacun desquels une seule phase solide est en contact avec la solution et la phase vapeur. Le nom de cette phase solide est inscrit au milieu de sa région propre. Les points situés sur les arêtes représentent les points monovariants à deux phases solides appartenant aux deux nappes adjacentes. Enfin les points de rencontre de ces arêtes trois à trois correspondent aux systèmes invariants à trois phases solides appartenant chacun à l'une des trois nappes adjacentes.

LOIS DE LA MÉCANIQUE CHIMIQUE (*Suite*).

LOI DE LA MÉCANIQUE CHIMIQUE (*Suite*).

Orientation actuelle de la chimie.

Cette leçon sera à peu près exclusivement consacrée à discuter des formules algébriques. Je vous ai fait au début du cours la promesse de ne pas abuser des mathématiques, cette leçon sera la seule consacrée à des études de cette nature. Il est impossible, dans un cours de chimie générale, de passer sous silence les notions scientifiques autour desquelles les recherches sont aujourd'hui le plus activement poursuivies et le seront sans doute longtemps encore. Pendant un siècle, à la suite des découvertes de Lavoisier, les chimistes ont exclusivement consacré leurs efforts à déterminer les relations pondérales suivant lesquelles les corps entrent en combinaison, c'est-à-dire les formules des composés définis. Depuis les découvertes de H. Sainte-Claire Deville, de J.-W Gibbs, une nouvelle orientation s'est pro-

duite ; les chimistes commencent à se désintéresser de la
découverte de nouvelles combinaisons chimiques, dont le
nombre paraît être suffisant. Ils tendent plutôt à orienter
leurs efforts vers la détermination des conditions de production et de destruction des combinaisons déjà connues.
Pour ces études, la connaissance précise des lois de la mécanique chimique est indispensable.

Les chimistes d'usine ont souvent, au moins en France,
précédé dans cette voie les chimistes des laboratoires scientifiques.

Comme je vous l'ai précédemment indiqué, je ne me propose pas de vous faire un exposé complet des raisonnements
servant à établir ces lois, je voudrais seulement vous en
donner l'énoncé définitif, en vous indiquant en passant, la
nature des raisonnements qui ont servi à leur établissement.
Les lois dont il s'agit ici sont celles dont nous avons fait
usage en étudiant la dissociation de l'acide carbonique et
de l'oxyde de carbone. Nous n'en mentionnerons ici aucune
autre, c'est donc seulement une répétition, mais faite en se
plaçant à un point de vue différent de celui des chapitres
précédents.

Puissance chimique.

L'objet essentiel de la mécanique chimique est de prévoir à priori le sens des réactions chimiques, c'est-à-dire de
savoir quand elles tendent à se produire spontanément,
quand au contraire elles ne peuvent s'accomplir qu'en étant
provoquées par une cause extérieure convenable ou enfin
quand elles correspondent à un état d'équilibre, c'est-à-dire
ne tendent à se produire spontanément, ni dans un sens, ni
dans l'autre, mais peuvent le faire, sous l'influence d'une
cause infiniment petite, indifféremment dans un sens ou
dans l'autre.

D'après la définition donnée précédemment de la puis-

sance motrice, une réaction chimique, comme tout phénomène tendant à se produire spontanément, peut en s'accomplissant et en faisant perdre ainsi à certains corps la propriété de pouvoir encore se transformer, communiquer la
propriété que perdent ces corps à d'autres corps qui ne la
possédaient pas avant. Cette réaction pourra élever par
exemple un corps pesant au-dessus du niveau du sol, c'est-
à-dire communiquer ainsi à un corps différent une quantité positive de puissance. D'après l'expression de la puissance
donnée précédemment, dans laquelle μ représente la force
chimique de l'unité de masse d'un corps et dm le changement de masse de ce corps par l'effet de la réaction chimique, on a, en prenant en considération tous les corps
éprouvant des changements simultanés de masse, l'expression suivante de la puissance chimique mise en jeu par la
réaction :

$$\mu\,dm + \mu'dm' - \mu''dm''$$

Cette quantité est plus grande que o dans le cas d'une
transformation spontanée, plus petite que o dans le cas
inverse et nulle s'il y a équilibre chimique.

Prenons par exemple le cas de la combinaison de l'hydrogène et de l'oxygène :

$$H^2 + o,5O^2 = H^2O$$

si l'on prend comme unité de masse le poids moléculaire,
on a :

$$dm = 1 \quad dm' = o,5 \quad dm'' = 1$$

et par suite pour l'expression de la puissance mise en jeu
dans la combinaison de ces deux gaz :

$$\mu + o,5\,\mu' - \mu''$$

le signe de cette expression, plus grand ou plus petit que o,
dépendra des valeurs de μ, μ', μ'' qui sont elles-mêmes fonction
de toutes les conditions de température, de pression, dans

lesquelles se trouve le corps considéré. Si nous connaissions l'expression de ces forces chimiques en fonction des facteurs dont elles dépendent, le problème fondamental de la mécanique chimique serait complètement résolu.

Cette formule générale des lois de la mécanique est identique à celle du principe du travail virtuel en mécanique. La transformation spontanée d'un système est possible toutes les fois que pour les déplacements compatibles avec les liaisons du système, on a l'inégalité :

$$f\,dl + f'dl' + \text{etc.} > 0$$

Cette formule suffit à traiter la presque totalité des problèmes de la mécanique ordinaire parce que nous pouvons connaître les grandeurs de f, f' en fonction des conditions de l'expérience. Dans bien des cas d'ailleurs, cette connaissance résulte déjà de mesures antérieurement faites; par exemple, dans le cas de la chute des corps pesants, de la déformation des corps élastiques, des attractions électriques ou magnétiques, etc.

Nous ne savons rien au contraire, comme nous l'avons dit à plusieurs reprises sur la grandeur des forces chimiques; nous ne pouvons par conséquent tirer aucune conséquence pratique intéressante de la même formule appliquée aux phénomènes chimiques. Il faut, par des artifices convenables de calcul, arriver à trouver des expressions de la puissance chimique où ne figurent pas les forces chimiques, mais seulement des grandeurs mesurables, comme la température, la pression, les changements de volume, les chaleurs de réaction, etc. On peut y arriver dans un nombre très restreint de circonstances.

Système infiniment voisin de l'état d'équilibre.

Soit un système chimique qui, avec sa composition actuelle, serait en équilibre sous la pression p et sous la température t, mais qui se trouve en réalité sous les pressions et températures $p + dp$ et $t + dt$. Le raisonnement bien connu de Sadi Carnot montre que la puissance mise en jeu dans une transformation réversible quelconque ne dépend que des deux états extrêmes, c'est-à-dire est indépendante des états intermédiaires et des procédés mis en œuvre pour réaliser cette transformation. Nous choisirons le suivant qui va nous permettre de faire disparaître les forces chimiques. Ramenons d'abord le système, en supposant les résistances passives assez fortes pour s'opposer à toute réaction chimique, à la pression p et à la température t, en mesurant le travail dû au changement de volume et la puissance calorifique dépensée ou dégagée, pour fournir ou enlever la chaleur voulue au système de corps. Il suffira pour effectuer un transport de chaleur d'employer une machine dite de Carnot en communication avec un milieu indéfini à la température t. On sait qu'en appelant q la chaleur fournie à la température $T + dT$ ($T = t + 273$), la puissance dépensée pour cet échange de chaleur a pour expression :

$$dw = q \cdot \frac{dT}{T}$$

Une fois le système amené sans changement de composition chimique aux conditions P, T où il est supposé à l'état d'équilibre, on le ramène en sens inverse aux conditions initiales $P + dP$, $T + dT$ en laissant les réactions s'accomplir librement par voie réversible, c'est-à-dire sans développement de puissance chimique. On peut supposer les résistances passives complètement annulées par l'intervention d'une action de présence ou tout autre procédé analogue. On revient ainsi aux conditions initiales de pression et de température le système chimique étant revenu à l'état d'équilibre correspondant à ces mêmes conditions. La transformation spontanée tendant à se produire, a été entièrement accomplie par voie réversible. Par conséquent la

somme totale des quantités de puissance mécanique et
calorifique mises en jeu dans les deux transformations inverses, est égale à la puissance chimique cherchée.

Tout calcul fait on trouve pour cette expression :

$$\frac{1}{2}\left(425\ L\,\frac{dT}{T} + V dP\right)$$

dans laquelle L et V sont la chaleur latente et le changement de volume résultant de la réaction chimique, supposée accomplie à pression et température constantes.

On peut encore donner une forme plus symétrique à cette
expression en multipliant et divisant le second terme par P,
il vient :

$$\frac{1}{2}\left(425\ L\,\frac{dT}{T} + PV\,\frac{dP}{P}\right)$$

dans laquelle, comme on le reconnaît à première vue, les
différentielles logarithmiques de la température et de la
pression sont multipliées par la chaleur latente et le travail
mécanique correspondant à la réaction chimique effectuée
à pression et température constantes.

On a laissé de côté dans le calcul précédent l'intervention
possible des phénomènes électriques dont il serait indispensable de tenir compte dans le cas de réaction chimique se
produisant au sein d'une pile ou par voie électrolytique.
Les mêmes calculs conduisent à une expression plus complète où le facteur de la différentielle logarithmique de la
force électro-motrice est la puissance électrique mise en jeu
dans la réaction. On a l'expression :

$$\frac{1}{2}\left(425\ Q\,\frac{dT}{T} + PV\,\frac{dP}{P} + 0,103\ EI\,\frac{dE}{E}\right)$$

dans cette expression Q est la quantité de chaleur latente
dégagée par la réaction chimique, s'effectuant à pression,
température et force électromotrice constantes. Il faut remarquer que cette quantité Q est très différente de la quantité

de chaleur L mise en jeu quand il n'y a pas de phénomènes
électriques produits.

Cette expression bien que s'appliquant seulement à un
cas particulier, au voisinage immédiat de l'état d'équilibre,
va nous permettre de formuler une série de conséquences
intéressantes pour le chimiste.

Loi de stabilité de l'équilibre chimique.

On dit l'équilibre stable, lorsqu'en éloignant le corps ou
le système des corps considérés de sa position d'équilibre et
l'abandonnant ensuite à lui-même, c'est-à-dire ramenant les
conditions extérieures à ce qu'elles étaient primitivement,
le corps revient de lui-même à sa position primitive. Un
pendule, c'est-à-dire un corps pesant suspendu à un axe de
rotation plus élevé que son centre de gravité donne un
exemple d'équilibre stable. En le déplaçant un peu de sa
position d'équilibre au moyen d'une force passagère, il
revient vers sa position première aussitôt que cette force
disparaît. Au contraire un œuf débout sur sa pointe est un
exemple d'équilibre instable ; si on le déplace de sa position
actuelle, il tombe complètement, et ne peut plus se relever
à sa position première.

La condition évidente de stabilité de l'équilibre est que
la puissance disponible, quand le corps revient à sa position première, ait une valeur positive. C'est évidemment
le cas pour le pendule qui doit descendre pour revenir à sa
position première, c'est l'inverse pour l'œuf qui devrait au
contraire remonter, c'est-à-dire se déplacer en sens inverse
de l'action de la pesanteur.

Nous ne connaissons jusqu'ici en chimie que des phénomènes d'équilibre stable, nous pouvons donc, pour tous les
phénomènes d'équilibre connus, écrire que la condition de
stabilité est remplie, que la puissance disponible dans le
retour à la position première est positive.

Soit un système en équilibre dans les conditions T, P, E. Faisons varier chacune de ces conditions en les augmentant de dP, dT, dE, le système va se transformer d'une certaine quantité pour prendre l'état d'équilibre correspondant à cette nouvelle condition. Ramenons ensuite les conditions à leur valeur première T, P, E, il faut pour que l'équilibre soit stable que la puissance actuellement disponible dans le système pris dans les conditions T, P, E, mais avec une composition chimique correspondant aux conditions P $+$ dP, T $+$ dT, E $+$ dE, soit plus grande que 0. D'après l'expression donnée plus haut, nous aurons, en tenant compte du sens contraire de l'écart, la condition :

$$1/2 \left(425 \, L \frac{dT}{T} + PV \frac{dP}{P} + 0{,}103 \, EI \frac{dE}{E} \right) < 0$$

Déplacement avec la température.

Voyons maintenant la signification expérimentale très simple de cette formule. Prenons d'abord des réactions à force électro-motrice nulle, c'est-à-dire sans aucune intervention de phénomènes électriques, soit par exemple l'influence d'un changement de température sur l'état d'équilibre, la pression étant supposée constante, l'expression ci-dessus se réduit à :

$$\frac{1}{2} \left(425 \, L \, \frac{dT}{T} \right) < 0$$

ou en supprimant les facteurs nécessairement positifs $1/2$, 425, T à :

$$L \, dT < 0$$

Ceci veut dire en langage ordinaire, que lorsqu'on élève la température d'un système actuellement en équilibre et maintenu à pression constante, la réaction chimique se produit dans un sens tel qu'elle soit accompagnée d'une absorption de chaleur. L'élévation de température augmente la vaporisation de l'eau et de tous les corps, cette vaporisation étant toujours accompagnée d'absorption de chaleur ; la dissociation du plus grand nombre des corps, qui est le plus souvent accompagnée d'une absorption de chaleur, par exemple du carbonate de chaux, de la vapeur d'eau, de l'acide carbonique. Elle augmente également la solubilité du plus grand nombre des corps, leur dissolution se produisant généralement avec absorption de chaleur, comme celle du chlorure de potassium, du sulfate de soude déca-ou-hepta hydraté, etc... Elle diminue au contraire la dissociation des corps quand cette dissociation est accompagnée d'un dégagement de chaleur, comme c'est le cas pour l'oxyde de carbone, pour l'acétylène, pour le bioxyde d'azote, corps dont la stabilité augmente avec la température, à tel point que certains d'entre eux ne peuvent être obtenus qu'à la température de l'arc électrique. Elle diminue également la solubilité des corps se dissolvant avec dégagement de chaleur, comme le sulfate de soude anhydre, l'hydrate de chaux, etc.

Quand la réaction ne dégage ni n'absorbe de chaleur, l'état d'équilibre correspondant n'est pas modifié par les variations de température ; c'est le cas par exemple de la solubilité du sulfate de chaux qui présente un maximum de solubilité vers 33°, c'est-à-dire une variation nulle de solubilité autour de cette température.

Cette loi a été entrevue pour la première fois par Lavoisier et Laplace, dans le cas des phénomènes de fusion et de vaporisation.

L'expression mathématique tout à fait générale en a été donnée en 1877 par J.-Willard Gibbs sous la forme :

$$\eta \, dT >$$

expression dans laquelle η représente la variation d'entropie, $\eta = \eta \dfrac{dQ}{T}$, correspondant à la réaction chimique

considérée, mais il n'avait pas indiqué que la variation
d'entropie est de même signe que la chaleur latente de
réaction, et personne ne s'est douté au premier moment que
les conséquences de cette formule pussent avoir une portée
expérimentale quelconque.

Van'tHoff, dans ses études de dynamique chimique, a formulé cette loi sous le nom de principe de l'*équilibre mo-
bile des températures*. Il a indiqué que les phénomènes de
dissociation, de changement d'état et toutes les réactions
chimiques proprement dites variaient avec la température
dans un sens déterminé par le signe de la chaleur de réaction, mais il ne croyait pas cette formule applicable aux
phénomènes de dissolution. En réalité, elle s'applique rigoureusement à tous les phénomènes, mais à condition de
définir exactement, ce qu'avait négligé van'tHoff, les conditions auxquelles se rapporte la chaleur de réaction intervenant dans la formule ; c'est la chaleur correspondante
à un changement chimique infiniment petit effectué à partir des conditions actuelles. Par exemple, c'est la chaleur
de dissolution dans une solution infiniment voisine de l'état
de saturation, et non pas dans l'eau pure, comme le pensait
van'tHoff. Or, il y a de très grands écarts, non seulement
dans la grandeur, mais encore dans le signe des chaleurs
de dissolution, suivant les conditions de leur mesure. Le
chlorure cuivrique dégage de la chaleur en se dissolvant
dans l'eau pure et pourtant sa solubilité croît avec la température, ce qui semble, à première vue, en contradiction
avec la règle précédente. Mais sa chaleur de dissolution, en
solution presque concentrée, la seule qui figure réellement
dans la formule, correspond bien à une absorption de la
chaleur, comme le veut la loi.

Le nombre des applications de cette loi en chimie est,
en quelque sorte, illimité et son emploi rend souvent des
services précieux. Il est quelquefois difficile, pour les corps
dont les transformations sont gênées par de puissantes

résistances passives, de se faire expérimentalement une
idée précise de leurs conditions relatives d'équilibre. Par
exemple, la transformation du graphite en diamant n'a
pu être réalisée jusqu'ici. Cette transformation, d'après la
différence des chaleurs de combustion des deux corps, correspond à un dégagement de chaleur. C'est donc nécessairement aux basses températures qu'appartient la région de
stabilité du diamant, et aux températures élevées, la région
de stabilité du graphite. On est arrivé, en effet, à transformer
le diamant en graphite dans l'arc électrique. Pour obtenir la
transformation inverse, il faudra opérer à basse température, en trouvant, et c'est là toute la difficulté du problème,
des artifices capables d'annihiler les résistances passives,
généralement très importantes aux basses températures.

Influence de la pression.

Si nous considérons au contraire l'influence d'un changement de pression à température constante, la formule
générale se réduit à :

$$V \, dP < 0$$

c'est-à-dire que par une augmentation de pression, la
réaction se produit dans le sens correspondant à une diminution de volume. La dissociation de l'acide carbonique
diminue par l'augmentation de pression parce qu'elle est
accompagnée d'une augmentation de volume de 50 p. 100;
celle de l'oxyde de carbone augmente au contraire parce
qu'elle est accompagnée d'une réduction de volume. L'équilibre entre la vapeur d'eau et l'oxyde de carbone, se faisant
sans changement de volume, n'est pas influencé par le
changement de pression. La dissociation de l'acide chlorhydrique, se produisant également sans changement de
volume, doit être indépendante de la pression; on ne l'a pas
encore vérifiée parce que cette réaction ne se produit qu'à
des températures très élevées. Celle de l'acide iodhydrique

au contraire, bien que la réaction soit tout à fait semblable à la précédente, diminue avec la pression, en raison de l'anomalie bien connue de la densité de vapeur de l'iode.

La solubilité des sels augmente en général avec l'accroissement de pression, parce que, dans tous les cas, sauf pour le chlorhydrate d'ammoniaque, la dissolution est accompagnée d'une contraction; mais les changements de volume étant relativement faibles par rapport à ceux qui se produisent dans les mélanges gazeux, il faut des changements de pression énormes pour produire des effets peu importants. Cette influence se fait cependant sentir, parfois d'une façon gênante, par exemple dans l'extraction des eaux salées dans les mines de sel au moyen de sondages artésiens. On retire avec des pompes l'eau saturée de sel dans la profondeur du sol, sous des pressions de plusieurs centaines de mètres. Cette eau en remontant à la surface du sol tend à laisser cristalliser l'excès de sel qu'elle a dissous sous des pressions de 30 à 40 atmosphères. Cet excès est très faible, mais il suffit d'une petite quantité de sel déposée chaque jour pour amener à la longue l'obstruction complète des colonnes et des pompes. Pour éviter cet inconvénient, il faut s'arranger de façon à ce que la solution n'ait pas le temps de se saturer complètement dans la profondeur du sol.

Cette influence de la pression se fait encore sentir lorsqu'une partie seulement des corps en équilibre chimique sont soumis à l'action de la pression. Cette condition est possible à réaliser dans le cas de corps solides en présence de liquides ou de gaz, par exemple dans les cas de glace au contact de l'eau liquide, ou dans le cas d'un sel solide au contact de sa dissolution. En plaçant ces matières dans un cylindre et les pressant avec un piston non jointif, les matières solides transmettront de proche en proche les pressions produites par le piston, tandis que le liquide ou le gaz, pouvant s'échapper par la fuite entre le piston et le cylindre, ne supporteront aucune pression.

C'est par ce mécanisme que se produit dans les glaciers le phénomène du regel, la soudure des cristaux de neige pour former des blocs de glace compacts ; c'est par le même mécanisme que les éléments des terrains sédimentaires de l'écorce terrestre, et surtout les corps plus solubles, comme le sulfate et le carbonate de chaux, se sont soudés, sous l'action prolongée de la pression, en blocs compacts ; de même encore les mortiers hydrauliques, soumis à des efforts mécaniques continus, soit par l'action de forces extérieures, soit par l'action intérieure de corps expansifs, comme la chaux, gonflent en s'hydratant, se déforment progressivement et arrivent à prendre des flexions ou des gonflements relativement très considérables, sans rupture apparente. Par l'effort continu d'un poids sur une plaque de plâtre humide, de quelques millimètres d'épaisseur, on arrive, après plusieurs mois, à obtenir des flèches de plusieurs centimètres, quand, sous l'action d'un effort rapide, la rupture se produirait pour une flèche élastique ne dépassant pas un ou deux millimètres.

Ces agglomérations et déformations de masses semi-solides, semi-liquides, s'expliquent ainsi : Les parties solides comprimées ont un coefficient de solubilité plus grand que les parties non comprimées et tendent à se dissoudre dans le liquide remplissant les vides de la matière solide, mais la solution sursaturée ainsi obtenue laisse immédiatement cristalliser dans les vides le même corps sans pression. De proche en proche, les parties comprimées se dissolvent, en même temps que les vides se remplissent et la matière arrive, sous l'action d'une pression continue, à se souder sur elle-même, à devenir absolument compacte.

Sous l'action des tensions, on obtient la même augmentation de la solubilité, mais les déformations produites finissent à la longue par amener la rupture de la masse, le volume des vides augmentant au lieu de diminuer.

Influence de l'électricité.

Si, laissant la pression et la température constantes, on fait varier la force électro-motrice, le sens du phénomène produit est également régi par le sens de la variation d'électricité. On l'observe dans la charge des accumulateurs, l'électrolyse des solutions aqueuses :

$$I \, d E < 0$$

Enfin, dans le cas général où la pression, la température et la force électromotrice varieraient simultanément, le sens du changement chimique serait défini par l'inégalité générale donnée plus haut; mais ce cas ne se présente pas habituellement dans les applications pratiques que l'on peut avoir à faire de cette loi.

On peut donner de cette loi un énoncé général très simple, sans faire usage d'aucune formule algébrique. *La modification d'une quelconque des conditions, pouvant influer sur l'état d'équilibre chimique d'un système de corps, provoque une réaction dans un sens tel qu'elle tende à amener une variation de sens contraire de la condition extérieure modifiée.* Une élévation de température provoque une réaction tendant à produire un abaissement de température, c'est-à-dire une réaction avec absorption de chaleur. Une augmentation de pression produit une réaction tendant à amener une diminution de la pression, c'est-à-dire une réaction avec une diminution de volume, de même pour l'électricité.

Influence de l'action de masse.

Cette même loi est encore exacte pour l'action de masse : l'augmentation dans un système homogène de la masse d'un des corps en équilibre provoque une réaction tendant à diminuer la masse du même corps. Dans un mélange en équilibre de vapeur d'eau, d'hydrogène et d'oxygène, l'introduction d'une nouvelle quantité d'hydrogène provoquera la combinaison d'une certaine quantité de ce gaz avec l'oxygène pour former de l'eau, ce qui tend par suite à diminuer la proportion totale d'hydrogène libre.

Loi d'isoéquilibre.

Dans le cas où les changements de pression, de température ou de force électromotrice, à partir d'un certain équilibre, sont telles, que le système chimique se trouve encore en équilibre avec la même composition dans les nouvelles conditions où il est placé, il faut, d'après la définition même de l'équilibre, que la puissance motrice disponible dans ces nouvelles conditions soit encore nulle, c'est-à-dire :

$$1/2 \left(425\ Q\ \frac{dT}{T} + V dP + 0{,}103\ I dE\right) = 0$$

et dans le cas où on laisserait de côté les phénomènes électriques et où l'on ne considérerait que les réactions chimiques ordinaires :

$$1/2 \left(425\ L\ \frac{dT}{T} + V dP\right) = 0$$

S'il s'agit d'un système univariant, on peut, de proche en proche, appliquer cette égalité à des pressions et températures indéfiniment variables et écrire que l'intégrale de cette différentielle est nulle, c'est-à-dire que pour toute la succession des états d'équilibre d'un système univariant, on a rigoureusement la relation :

$$\int \left(425\ L\ \frac{dT}{T} + V dP\right) = 0$$

Pour réaliser cette intégration et pouvoir l'appliquer à l'étude d'un phénomène particulier, il faut avoir l'expression

·de L et de V en fonction de T et P. Mais, cette expression donnée par l'expérience n'est connue que d'une façon approchée, et la rigueur absolue dé la formule primitive disparaît.

Soit, par exemple, le cas de gaz, soit seuls, soit en présence de corps solides et liquides; on peut, dans une première approximation, négliger le volume des corps solides et liquides, vis-à-vis de celui des corps gazeux, et appliquer à ces derniers les lois de Mariotte et de Gay-Lussac, on obtient alors l'expression :

$$500 \int L \frac{dT}{T^2} + n LgP = K$$

n est le changement du nombre des molécules gazeuses dans la réaction dégageant la quantité de chaleur L.

Cette formule permet, lorsque l'on connaît les conditions d'équilibre à une pression et à une température déterminées, de calculer toute la série des pressions et des températures pour lesquelles le même état d'équilibre subsiste. Sachant, par exemple, que à 100° la tension de la vapeur d'eau est de 1 atmosphère, quelles que soient les proportions relatives d'eau et de vapeur en présence, on pourra, par le moyen de cette formule, calculer à toute température la pression de la vapeur d'eau, pourvu, d'une part, que l'on connaisse la variation avec la température de la chaleur latente de vaporisation de l'eau et que, d'autre part, l'on ne cherche pas à appliquer la formule jusqu'à des températures, et par suite, des pressions trop élevées pour lesquelles, le volume de la vapeur diminuant, on ne pourrait plus négliger celui du liquide sans une erreur notable.

Réciproquement, cette formule permet, lorsqu'on connaît les tensions de vapeur et de dissociation d'un corps aux différentes températures, de calculer à chacune de ces températures la chaleur latente de vaporisation ou de dissociation.

Dans le cas d'équilibre chimique de systèmes homogènes,

dans la dissociation de la vapeur d'eau ou celle de l'acide carbonique, par exemple, la même formule permet de calculer, en partant d'une seule donnée expérimentale, toute la série de pressions et de températures pour lesquelles l'état de dissociation de la masse reste la même. Nous avons précédemment indiqué comment ce calcul avait permis de savoir que la dissociation de l'acide carbonique et de la vapeur d'eau ne joue aucun rôle pour limiter la puissance des explosifs.

La formule complète, où intervient la force électro-motrice, permet, en l'appliquant aux piles à gaz et en faisant varier progressivement la force électro-motrice jusqu'à l'annuler, d'arriver à définir les conditions d'équilibre, en dehors de toute intervention de l'électricité. Il est possible ainsi, en partant de la force électro-motrice de la pile à gaz tonnant $H^2 + O$, évaluée à 1 volt 2, de calculer la dissociation aux températures élevées, et l'on trouve ainsi 0,15 à 3.000°.

Loi de l'action de masse dans les systèmes gazeux.

Le même raisonnement servant pour établir l'influence des changements de température, de pression, etc., pourrait de suite s'appliquer à l'influence de la variation relative de la masse des corps en présence dans un mélange homogène, si l'on avait un moyen de faire varier la masse d'un corps par voie réversible, comme on fait varier la température, en dépensant seulement de la puissance.

Van't Hoff avait imaginé un procédé hypothétique très ingénieux, consistant à supposer que les molécules ont des grosseurs différentes et qu'il doit être possible, au moyen de tamis fonctionnant comme de véritables filtres, de laisser sortir à volonté d'un mélange gazeux certaines molécules et de retenir les autres. Il admettait de plus que l'équilibre de part et d'autre d'un semblable tamis existe quand la pression partielle du gaz des deux côtés de la paroi était la même. Ces parois fictives constituent ce qu'il a appelé les *parois semi-perméables*. Rien n'autorise à supposer l'existence réelle de parois semblables, et par conséquent toutes les conclusions établies sur cette base sont hypothétiques. Mais on peut faire sortir les gaz d'un mélange par un autre procédé, réellement applicable dans certains cas, et que l'on peut par suite admettre comme légitime dans tous les cas. Soit un mélange d'azote et de vapeur d'iode à saturation au contact d'iode solide. En comprimant légèrement le mélange, ce qui nécessite une dépense connue de puissance mécanique, on condensera à l'état solide une certaine quantité d'iode et on pourra isoler cet iode solide du mélange, en le prenant avec une pince par exemple, ce qui est une opération certainement possible et ne demandant aucune dépense de travail. Puis on vaporisera à nouveau dans une autre enceinte cet iode, sous une pression réduite, qui sera égale, si la température n'a pas changé, à la pression partielle de ce corps dans le mélange, ceci en vertu de la loi expérimentale du mélange des vapeurs. En décomprimant le mélange d'azote et d'iode, de façon à ramener la pression partielle de l'azote à sa valeur initiale, on aura, si la loi du mélange des gaz est exacte et si la tension maxima d'une vapeur est la même en présence d'un gaz inerte que dans le vide, une somme de travaux nuls pour l'ensemble de ces changements, qui ont permis de faire sortir le gaz de son mélange ; par conséquent, on peut dire que cette sortie a été effectuée d'une façon réversible. On pourrait aussi bien utiliser les phénomènes de dissociation. D'une façon générale, la séparation d'un mélange de gaz en chacun de ses constituants, conservés chacun avec leur pression partielle propre, doit être considérée comme une opération réversible. C'est la conclusion prise comme point de départ hypothétique dans le raisonnement de van't Hoff.

On trouve alors par le même raisonnement que celui

fait pour la température et la pression, que la puissance disponible à une température donnée dans un mélange qui est en équilibre aux pressions partielles p, p', p'' et que l'on place sous les pressions partielles $p + dp$, $p' + dp'$ p'', $+ dp''$ a pour expression.

$$1/2 \ V \ (ndp + n'dp + ... - n'' \ dp'' + ...)$$

ou V est le volume de une molécule gazeuse prise sous la pression et la température de l'expérience. On peut avec la lôi de Mariotte éliminer V

$$pV = Rt \ \text{où} \ R = 0,84 \ \text{(Si les unités sont le mètre et le kilo)}$$

Il vient en faisant la substitution de V

$$1/2 \ RT \left(n \ \frac{dp}{p} + n' \frac{dp'}{p'} = + ... - n'' \frac{dp''}{p''} + - ... \right)$$

Ou, en remarquant que $\dfrac{dp}{p}$ est la différentielle logarithmique de p, on peut écrire cette expression sous la forme :

$$1/2 \ RTd \ (\text{Log} \ p^n \ p'^{n'} \ / p''^{n''})$$

Nous aurons immédiatement la condition à remplir par les variations simultanées des pressions partielles des différents gaz compatibles avec l'état d'équilibre, en écrivant que cette expression est égale à o. C'est-à-dire, si on laisse de côté les termes qui par leur nature ont une grandeur finie :

$$dn \ \frac{p}{p} + n \ \frac{dp'}{p'} + ... - n'' \ \frac{dp''}{p''} - ... = 0$$

Pour les applications, il peut être utile de transformer cette formule, car les pressions partielles ne se mesurent pas directement; on les calcule en partant de la mesure de la pression totale et de la composition en volume de la masse gazeuse. Si c, c', c'', représentent ces compositions en volume rapportées au volume total pris comme unité, on a par définition la relation :

$$p = cP \qquad p' = c'P \qquad p'' = c''P, \text{ etc.}$$

reportant ces valeurs dans l'expression ci-dessous, il vient :

$$(n + n'... - n''...)\,\frac{dP}{P} + n\,\frac{dc}{c} + n'\,\frac{dc'}{c} ... - n\,\frac{dc''}{c''} ... = 0$$

C'est sous cette forme que l'on emploie le plus communément la loi de l'action de masse à température constante. Elle montre par exemple que le changement de concentration de tel ou tel gaz pourrait être compensé par un changement correspondant dans la concentration d'un autre gaz suivant un rapport dépendant du nombre des molécules n,n' entrant simultanément en réaction chimique. Par exemple, dans une masse de vapeur d'eau, d'hydrogène ou d'oxygène à l'état d'équilibre, une augmentation de 1 p. 100 dans la teneur en hydrogène pourra être compensée par une augmentation égale dans la proportion de la vapeur d'eau ou par une diminution double dans la proportion relative d'oxygène.

En combinant cette loi de l'action de masse avec la loi d'isoéquilibre précédemment donnée, on obtient la relation générale dont nous avons antérieurement fait usage à l'occasion de la dissociation de l'acide carbonique et de l'oxyde de carbone :

$$500\,\frac{L\,dT}{T^2} + (n + n' - n'')\,\frac{dP}{P} + n\,\frac{dc}{c} + n'\,\frac{dc'}{c'} - n''\,\frac{dc''}{c''} = 0.$$

Cette formule peut être intégrée et donne la relation générale :

$$500 \int \frac{L\,dT}{T^2} + (n + n' - n'')\,\mathrm{Log.}\,P + \mathrm{Log.}\,\frac{c^{n}c^{n'}}{c''_{n''}} - = K$$

Pour se servir de cette formule, il faut connaître les chaleurs latentes de réaction, leur variation en fonction de la température et en plus les conditions complètes d'équilibre dans un cas déterminé, c'est-à-dire : pression,

température et composition de la masse gazeuse, on s'en
sert pour déterminer la valeur de la constante d'intégration.

Le professeur Nernst de Berlin a formulé une hypothèse
très ingénieuse relative à ce qui se passe au zéro absolu,
qui permet, si on l'admet, de déterminer à priori la valeur
de la constante sans aucune donnée expérimentale relative
à une des conditions d'équilibre. Sans entrer dans l'explication détaillée de cette hypothèse, un peu délicate à formuler, on donnera seulement quelques exemples des applications qui en ont été faites. Les tableaux suivants donnent
la comparaison des résultats expérimentaux avec les résultats déduits par le calcul de l'hypothèse. Les températures
sont les températures absolues :

$$T = t + 273$$

1° *Dissociation de l'eau :*

x o/o	t obs.	t calculée
0,019	1480	1455
0,20	1800	1745

2° *Dissociation de l'acide carbonique :*

0,0042	1300	1369
0,029	1478	1552

3° *Formation du bioxyde d'azote :*

Les résultats se rapportent à la formation du bioxyde
d'azote par chauffage de l'air ordinaire sec, x indique le
volume du bioxyde d'azote formé p. 100 volumes d'air :

0,37	1825	1624
1,0	2205	1898

4° *Dissociation de l'acide chlorhydrique :*

En appliquant la formule complète où interviennent les
forces électro-motrices, on peut de la même façon calculer

à priori la force électro-motrice de la pile chlore-hydrogène. La comparaison des résultats de l'observation et du calcul donne les résultats suivants :

Observée 1,160   calculée 1,168

5° *Procédé Deacon;*

La réaction d'équilibre :

$$4HCl + O^2 = 2H^2O + 2Cl^2$$

donne lieu à l'équation d'équilibre :

$$c^1 \, c'/c''^2 \, c'''^2 = K$$

le tableau suivant donne pour la valeur de K les résultats comparés du calcul et de l'observation.

T — 273	K obser.	K calc.
450°	31,0	31,9
600°	0,89	0,93
650°	0,40	0,37

6° *Formation de l'acide sulfurique :*

La réaction :

$$2SO^2 + O^2 = 2SO^3$$

donne la relation :

$$c^2, c'/c''^2 = K$$

La comparaison des températures observées et calculées pour une même valeur de K est donnée dans le tableau ci-dessous :

K	t. obser.	t. calc.
0,0053	852	885
0,29	1.000	1.036
7,81	1.170	1.202

Cet accord est d'autant plus remarquable que l'on ne connaît que très imparfaitement les variations de chaleur de réaction aux très basses températures.

La connaissance de cette loi approchée eût évité bien des tâtonnements aux chimistes dans les recherches si nom-

breuses faites au sujet de la dissociation de l'acide carbonique, de la vapeur d'eau, de l'acide chlorhydrique, de
l'hydrogène sulfuré, de l'anhydride sulfurique, de l'ammoniaque, etc. Pour vérifier l'exactitude complète de cette loi,
il faudra déterminer les chaleurs spécifiques de corps jusqu'aux très basses températures, afin de pouvoir calculer
toute la variation des chaleurs de réaction. Ce travail se pour-
suit en ce moment au laboratoire du professeur Nernst.

Loi de l'action de masse dans les solutions diluées.

Le problème de l'action de masse dans les solutions diluées a d'abord été traité par van'tHoff de la même façon
qu'il l'avait fait pour les mélanges gazeux, en admettant
l'existence de parois semi-perméables permettant de laisser
passer à volonté tel ou tel des corps de la dissolution. Ce
passage serait accompagné du développement d'une pression dite *osmotique*, de l'ordre de grandeur de pression
produite par le même poids du corps occupant à l'état
gazeux le même volume que dans la solution.

On peut traiter ce problème d'une façon beaucoup moins
hypothétique en remarquant qu'un grand nombre de corps
peuvent exister à la fois en dissolution et à l'état gazeux,
le passage d'un de ces états à l'autre étant essentiellement
une opération réversible.

On admet ensuite que les conséquences établies pour les
corps volatils peuvent s'étendre aux corps dits non volatils;
à proprement parler, en effet, tous les corps sont volatils,
la tension de vapeur est seulement plus ou moins grande.

Dans ces solutions on fait le calcul de la puissance motrice
pour une transformation à partir d'un état infiniment
voisin de l'équilibre, au moyen des opérations suivantes :

    1° Vaporisation des corps hors de dissolvant;
    2° Réaction entre les corps gazeux;
    3° Redissolution des produits de la réaction.

Loi de Raoult.

Pour ce calcul, il suffit de connaître à toute température la relation entre la concentration de la dissolution et la tension de vapeur du même corps émise par la dissolution. Les expériences de Raoult ont conduit, au moins pour les solutions très diluées, à une relation très simple. Si l'on appelle c la concentration de la dissolution définie par le rapport du nombre de molécules du corps considéré au nombre total des molécules des corps en présence, p la tension de vapeur du même corps en équilibre avec la dissolution et P la tension de vapeur du même corps pur, on a la relation :

$$c = \frac{p}{P}$$

Voici par exemple les résultats d'expériences obtenues par Raoult pour des dissolutions d'éther et de salycilate de méthyle.

$c = $ proport. de molécul. d'éther dans 100 mol. de mélange	$\frac{p}{P} = $ Rapport des tensions observées
98,9	99,6
97,9	99,3
95,2	96
92,8	91,4
84,9	87
76,8	81,1
51,6	63,36
15	29,2

Voici les résultats d'expériences semblables relatives à la dissolution d'éther et de benzoate d'éthyle :

95,6	94,9
90,4	90,9
73	75,2
47	52,9
24,5	30
5,6	12,4

Loi de Van't Hoff.

La différentielle logarithmique prise à température constante de l'égalité :

$$c = \frac{p}{P}.$$

donne la relation :

$$\frac{dc}{c} = \frac{dp}{p}$$

Utilisant cette relation et partant de la condition d'équilibre établie précédemment pour les mélanges gazeux :

$$n\,dp/p = n'dp'/p' \ldots - n''\,dp''/p'' = 0$$

on obtient pour l'équilibre entre les mêmes corps à l'état de dissolution la relation :

$$n\,dc/c + n'\,dc'/c' \ldots - n''\,dc''/c'' = 0$$

Cette relation en c, c' diffère de la relation analogue obtenue pour les mélanges gazeux en ce qu'il n'y a plus de terme relatif à pression totale. La disparition de ce terme tient à ce que l'influence de la pression est négligeable par rapport au degré d'approximation restreint de la formule. L'influence de la pression dépend en effet de la grandeur des changements de volume qui sont toujours très petits dans les réactions au sein de dissolutions par rapport à ce qu'ils sont dans les mélanges gazeux.

D'après les chiffres donnés plus haut, la loi est assez approchée pour les solutions étendues dans l'éther. Il en est de même dans les liquides organiques analogues; mais cette loi est complètement en défaut pour les solutions aqueuses; l'eau, comme toujours, se montre anormale dans toutes ses propriétés. Par conséquent, dans le cas des solutions aqueuses, les plus intéressantes cependant pour le chimiste, les formules ci-dessus ne sont même plus approchées.

Van'tHoff a montré que l'on pouvait établir pour ces solutions une relation un peu différente. Sans insister ici sur l'hypothèse théorique par laquelle on cherche à justifier cette formule, l'hypothèse de la dissociation électrolytique des corps dissous, on donnera seulement ici le résultat final. Dans le cas des solutions aqueuses la formule de Raoult doit être modifiée par l'introduction d'un coefficient numérique :

On remplace $c = \dfrac{p}{P}$ par $ic = \dfrac{P}{p}$

i étant un coefficient numérique dépendant de la nature du corps dissous et du dissolvant, qui deviendrait égal à l'unité dans le cas des liquides normaux organiques.

En combinant cette formule avec celle d'isoéquilibre et négligeant le terme relatif à l'influence de la pression extérieure, il vient :

$$500\,\frac{L\,dt}{t^2} + \frac{in\,dc}{c} + \frac{i'n'dc'}{c'} + \frac{i''n''dc''}{c''} = 0$$

Lorsqu'on considère une solution saturée, mais assez diluée d'un corps, d'un sel dans l'eau, par exemple, la variation de concentration de l'eau est assez faible pour être négligée et la formule peut être ramenée à l'expression simple :

$$500\,\frac{L\,dt}{t^2} + \frac{i\,dc}{c} = 0$$

ou en intégrant

$$500\int \frac{L\,dt}{t^2} + i\,\mathrm{Log}\,c = K$$

qui donne la variation de solubilité en fonction de la température.

Au point de vue des applications pratiques, on peut faire à ces formules l'objection que, pour chaque corps, il faut commencer par déterminer expérimentalement le coefficient i, ce que l'on fait en partant des conditions d'équilibre que l'on veut précisément étudier et que la formule par conséquent ne permet de rien prévoir. Mais il faut remarquer que le même coefficient i s'applique dans tous les cas très variés où le même corps intervient dans un phénomène d'équilibre, par exemple dans la congélation de la solution diluée, dans la cristallisation de la solution saturée ou dans les équilibres entre plusieurs corps différents. On peut donc déterminer i au moyen d'une expérience relativement simple, en général l'abaissement des points de congélation et ensuite se servir de cette valeur de i pour calculer à priori des conditions d'équilibre différentes. Voici par exemple une application faite par van'tHoff à la solubilité des sels. Il détermine la grandeur de i par des expériences sur l'abaissement du point de congélation de solutions étendues et fait deux expériences de solubilité du même sel à deux températures différant en général d'une dizaine de degrés. Partant de ces solubilités et de la formule donnée plus haut, il calcule la chaleur latente de dissolution et la compare à celle donnée par des mesures calorimétriques directes.

Corps	i	Q. calc.	Q. obs.
Acide oxalique..	1,25	— 8,2	— 8,5
Alcool amylique	0,93	+ 3,1	+ 2,8
Chaux	2,59	+ 2,8	+ 2,8
Alun de potasse	4,45	— 21,9	— 20,2
Acide borique.	1,11	— 5,8	— 5,6
Borax.	3,57	— 27,4	— 25,8

Des applications semblables ont été faites aux doubles décompositions salines en solutions aqueuses ou à la décomposition des sels par l'eau par exemple la décomposition

$$PbI^2\ 2KI\ 2H^2O = PbI^2 + 2KI + 2H^2O$$

En appliquant à l'iodure de potassium la valeur de $i = 1,9$ et faisant le calcul de la chaleur latente d'après la concentration de la solution d'iodure de potassium, on retombe exactement sur la chaleur latente de décomposition donnée par l'expérience.

LOIS PONDÉRALES DE LA CHIMIE

ÉTATS DE LA MATIÈRE. — Structures homogène et hétérogène. — États amorphe et cristallisé. — Corps solides, liquides et gazeux. Mélanges homogènes. — Allotropie.
LOIS PONDÉRALES. — Loi de conservation de la masse. — Lois de conservation des éléments. — Loi des combinaisons définies. — Lois des proportions multiples. — Loi d'équivalence. — Poids proportionnels. — Poids équivalents. — Lois de Gay-Lussac. — Poids moléculaires. — Poids atomiques.

ÉTATS DE LA MATIÈRE

Les notions et les lois générales de la chimie se rapportent à deux points de vue essentiellement distincts. Les unes se rapportent aux propriétés de la matière et aux quantités des corps qui entrent en réaction ; les autres, dites de la mécanique chimique, se rapportent aux conditions de production des réactions, à ce que l'on appelle, à proprement parler, les phénomènes chimiques. Nous nous sommes particulièrement attachés dans les leçons précédentes à développer les lois de la mécanique chimique, parce qu'elles sont laissées de côté dans l'enseignement secondaire où l'on s'appesantit plus particulièrement sur les lois pondérales. Nous avons cependant fait constamment usage de ces dernières lois en les considérant, il est vrai, comme déjà connues ; cela était indispensable pour faire l'étude des différentes combinaisons du carbone. Il ne sera pas inutile, cependant, de revenir sur ces lois pondérales et d'en donner un résumé rapide en s'attachant plus particulièrement à discuter quelques difficultés auxquelles l'application de ces lois peut donner naissance.

Structures homogène et hétérogène.

Les corps matériels présentent deux structures bien distinctes, la structure *homogène* dans laquelle il est impossible de reconnaître aucune différence de propriétés entre différents points voisins, tels les verres, les liquides, les gaz, les sels cristallisés transparents.

On donne en chimie le nom de *phase*, comme nous l'avons déjà dit, aux matières homogènes considérées, abstraction faite de leur masse totale et de leur forme extérieure. Une masse de verre ou ses divers fragments après rupture constituent une même phase ; de même, des quantités quelconques d'eau, des cristaux différents d'un même sel, pourvu bien entendu qu'ils soient pris sous le même état chimique (proportion d'eau d'hydratation et état allotropique identiques).

Les corps *hétérogènes* résultent de la juxtaposition de corps homogènes de nature différente, tels les roches terrestres. Le granit, par exemple, est un corps hétérogène constitué par la juxtaposition de cristaux de quartz, de feldspath et de mica ; chacun de ces cristaux est, au contraire, une masse homogène et tous les cristaux d'une même espèce, ceux de feldspath, par exemple, sont une même phase. Les diverses parties des végétaux sont encore des exemples de matières hétérogènes. Le bois, les feuilles sont constitués par des cellules ligneuses dans lesquelles sont enfermés des liquides.

Quand les éléments ainsi juxtaposés sont très fins, il est parfois assez difficile de reconnaître l'hétérogénéité. Pendant longtemps, par exemple, on a considéré comme homogènes les alliages métalliques, on les a souvent assimilés à des verres. Les dimensions de leurs cristaux sont toujours très faibles, elles tombent parfois au-dessous du dix-millième de millimètre, arrivant ainsi à la limite de séparation des meilleurs microscopes.

Il subsiste aujourd'hui encore des doutes sur la nature des *solutions colloïdales*. Pendant longtemps, on les a considérées comme homogènes au même titre que les solutions des sels dans l'eau. La tendance actuelle est plutôt de les considérer comme résultant, les unes de la suspension des particules solides très fines dans un liquide, les autres de la juxtaposition des matières semi-liquides, de gelées formant une sorte d'émulsion.

D'une manière générale, les corps hétérogènes sont opaques, même quand ils sont formés de corps transparents et c'est là un des caractères de l'hétérogénéité les plus faciles à employer. Cette opacité tient à ce que lorsqu'un rayon lumineux traverse la surface de séparation de deux corps différents, n'ayant pas en général le même indice, une fraction de la lumière incidente est réfléchie en quantité proportionnée à la différence des indices. Après un certain nombre de réflexions semblables, la totalité de la lumière est diffusée, par suite la quantité transmise est nulle et le corps est opaque. Des corps hétérogènes pourront être semi-transparents lorsque les différences d'indice seront suffisamment faibles. Un des exemples les plus remarquables est celui du fluosilicate de potasse dans l'eau. Les précipités chimiques insolubles sont en général complètement opaques à cause de leur indice de réfraction beaucoup plus elevé que celui de l'eau. Le fluosilicate de potasse précipité produit à peine une légère opalescence dans le liquide parce qu'étant cubique, ses cristaux ont dans toutes les directions le même indice et cet indice diffère à peine de celui de l'eau. L'opacité de la peinture à l'huile formée de deux corps transparents, l'huile et le carbonate de plomb, ou l'huile et l'oxyde de zinc anhydre, tient à la différence d'indice des deux corps. Le pouvoir couvrant est d'autant plus grand que cette différence d'indice est plus élevée. La craie, le kaolin, l'oxyde de zinc hydraté dont l'indice est trop faible, ne donnent pas de peintures couvrantes.

État amorphe et état cristallisé.

La matière homogène présente deux états distincts, l'état amorphe et l'état cristallisé. Dans l'état amorphe, les propriétés sont identiques dans toutes les directions, autour de chaque point, on ne trouve aucune trace d'orientation quel que soit le procédé d'examen employé ; si l'on déplace une masse d'eau en faisant tourner le vase qui la renferme, aucun procédé au monde ne permet de reconnaître après coup la quantité dont elle a tourné. Les liquides, les gaz, certaines matières organiques naturelles comme les résines, les gélatines, sont des corps amorphes.

Les corps amorphes solides sont assez rares dans la chimie minérale ; il n'y a guère que les matières renfermant une quantité un peu importante de silice, d'acide phosphorique ou d'acide borique que l'on puisse facilement amener à cet état. Peut-être aussi le chlorure de zinc fondu et rapidement refroidi reste-t-il amorphe, c'est encore le cas du soufre mou refroidi brusquement par la trempe.

L'état cristallisé, au contraire, est caractérisé par des différences très nettes dans les diverses propriétés suivant différentes directions.

La *dureté*, par exemple, est extrêmement variable dans les cristaux de gypse. Sur les grandes lames de clivage, l'ongle fait une raie profonde sans aucune difficulté ; sur faces naturelles des cristaux perpendiculaires à ces plans de clivage, l'ongle n'a au contraire aucune prise. On retrouve dans tous les cristaux des différences analogues quoique moins importantes, nécessitant pour être mises en évidence des procédés de mesure plus précis.

La *conductibilité calorifique* est également variable avec la direction. Sur une lame à faces parallèles taillée dans un cristal et chauffée en un point central, les courbes isothermes à un moment quelconque sont des ellipses ; on le reconnaît en enduisant la surface de la lame d'un corps fusible comme la cire ou d'un corps changeant de couleur sous l'action de la chaleur comme l'iodure double de mercure et de plomb. Cette inégale répartition des températures indique une propagation de la chaleur, c'est-à-dire une conductibilité plus ou moins considérable suivant la direction envisagée.

Les *propriétés optiques* dans les cristaux transparents accusent cette orientation d'une façon beaucoup plus nette encore. Une lame cristalline placée entre deux nicols croisés rétablit la lumière quand le cristal possède la double réfraction, mais l'intensité de la lumière ainsi transmise varie avec l'orientation et s'annule pour deux directions à angle droit correspondant aux plans principaux de la lame. Ces directions d'extinction sont les mêmes dans tous les points d'une même lame cristalline.

Il est d'autres caractères d'une observation beaucoup plus facile, au moins sur les gros cristaux, puisque leur observation ne nécessite l'emploi d'aucun appareil ; ce sont par exemple les plans de *clivage* ou de rupture facile, comme ceux du gypse ou du mica. Dans un même cristal, l'orientation de ces plans de décollement est la même ; mais tous les cristaux ne possèdent pas des plans de clivage et leur observation est difficile dans les cristaux de petites dimensions. C'est donc un caractère de l'état cristallisé beaucoup moins certain que les précédents.

Un autre caractère bien mieux connu encore des cristaux est tiré des *formes géométriques* qui les limitent souvent extérieurement. Presque tous les cristaux obtenus en partant de solutions aqueuses présentent des formes de cette nature, qui nous sont par suite très familières.

Certains minéraux naturels, le quartz, la calcite, les sulfures métalliques se trouvent aussi dans la nature, quoique
plus rarement, avec des formes géométriques très nettes.
C'est là cependant un mauvais caractère de l'état cristallisé
parce qu'il n'en subsiste aucune trace dans un fragment
brisé d'un cristal, dont l'état cristallisé est pourtant identiquement le même qu'avant la rupture. Ce caractère manque
complètement pour les matières cristallisées en masse par
refroidissement d'une matière fondue. Les cristaux enche-
vêtrées se limitent les uns les autres sans avoir pu prendre
aucune forme régulière. Enfin, certains corps ne semblent
aucunement posséder la propriété de prendre ces formes
simples ; c'est précisément le cas de la plupart des métaux.
Si l'on excepte l'antimoine et le bismuth, tous les cristaux
des métaux usuels sont constitués par un entrelacement
de fibres nettement orientées, mais entrelacées comme des
feuilles de fougères mises en paquets. Cette définition des
cristaux par les formes géométriques est sans usage pour
l'étude des métaux et de la plupart des silicates constituant
les laitiers de la métallurgie et les roches de l'écorce terrestre.

Il existe souvent des doutes sur l'existence ou l'absence
de l'état cristallisé. En se contentant du simple examen à
l'œil, on décrit comme amorphes les principaux précipités
utilisés dans l'analyse chimique, quand ils sont le plus
souvent au contraire parfaitement cristallisés, comme on
peut le vérifier par un examen microscopique attentif.

Le point essentiel à retenir est que dans le langage scientifique courant, on applique à chaque instant le mot *amorphe* à
des corps parfaitement cristallisés et il faut se méfier des confusions possibles. Parmi les composés solides de la chimie
minérale, un très petit nombre est réellement amorphe. De
tous les métaux et alliages, on n'en connaît aucun, non seulement qui soit certainement amorphe, mais même pour lequel
il y ait une indication quelconque de la possibilité de cet état,

Corps solides, liquides et gazeux.

On distingue habituellement dans l'étude des propriétés
de la matière, non pas comme nous l'avons fait ici, l'état
amorphe et l'état cristallisé, mais les trois états solide;
liquide et gazeux. Ce mode de classification est tout à fait
défectueux, il ne repose sur aucune base scientifique. Il
n'y a entre ces prétendus états différents que des variations
en plus ou en moins dans la grandeur du coefficient de vis-
cosité. Il y a continuité complète de l'un à l'autre, cela est
particulièrement facile à reconnaître dans l'état amorphe
où un même corps, par la seule action de la chaleur, passe
progressivement de l'état solide à l'état pâteux, puis à l'état
visqueux, à l'état liquide ; enfin, si on a le moyen d'achever le chauffage sous des pressions notablement supérieures à la pression atmosphérique, mais ne dépassant pas
une centaine d'atmosphères, il passe encore progressivement
de l'état liquide à l'état critique et de celui-là à l'état gazeux.

Mélanges homogènes.

Les matières homogènes peuvent être *simples*, c'est-à-dire
qu'il est impossible d'en retirer deux matières différentes,
c'est le cas de ce que l'on appelle, en chimie, les éléments
ou corps simples, tels l'oxygène, le fer, le charbon. D'autres matières homogènes peuvent renfermer plusieurs corps
différents. Ces mélanges de plusieurs corps différents se
classent en deux groupes absolument distincts : *combinaisons* et *solutions*.

Les mélanges à proportions définies ou *combinaisons
chimiques* sont des mélanges dont la composition reste
rigoureusement invariable quelles que soient les conditions
de leur production. La découverte de l'existence de ces
combinaisons définies a eu une influence considérable sur
le développement de la chimie. Peut-être cependant l'atten-

tion s'y est-elle trop exclusivement fixée et a fait négliger les mélanges à proportions variables dont l'abondance et l'importance ne sont pas moindres dans la nature. Cette concentration exclusive de la chimie sur les combinaisons définies a été un obstacle très sérieux à un grand nombre des applications industrielles de cette science.

Solutions.

Les mélanges homogènes à proportions variables sont plus fréquents encore que les mélanges à proportions définies et méritent une étude approfondie. On leur donne, suivant les circonstances, des noms très différents semblant établir ainsi des démarcations, là où en réalité il n'en existe aucune. Les mélanges gazeux, les solutions liquides, les verres, les mélanges isomorphes sont tous des mélanges à proportions variables jouissant comme tels de propriétés identiques. On tend de plus en plus à les désigner uniformément par le mot *solution*, en faisant suivre ce mot de l'indication de l'état : solide ou liquide.

Dans le cas de l'état amorphe, les mélanges à proportions variables sont connus depuis longtemps, mélanges de gaz, mélanges de liquides. Les mélanges des solides cristallisés avec les liquides pour former une masse liquide, comme les solutions des sels dans l'eau sont également bien connus. Dans l'état amorphe, les mélanges solides ne donnent lieu non plus à aucune difficulté, les gommes, les résines, les gélatines sont des mélanges bien connus.

Au contraire, pour les mélanges dans l'état cristallisé, les idées les plus erronées ont eu cours pendant longtemps et ne sont pas encore complètement abandonnées. On a enseigné en chimie une loi, dite Mitscherlich, d'après laquelle les corps cristallisés ne pourraient donner de mélanges à proportions variables que s'ils ont même forme cristalline et même constitution chimique. On cite toujours le cas

dés aluns à l'appui de cette loi. S'il est vrai que les corps
satisfaisant à ces deux conditions de similitude se mêlent
plus facilement pour constituer des mélanges à proportions
variables, il n'en est pas moins vrai que l'on peut obtenir
dans bien des cas des mélanges de même nature en partant
de corps ayant des constitutions chimiques et des formes
cristallines tout à fait différentes.

C'est là un point particulièrement important à retenir
quand on aborde l'étude des métaux, car ceux qui ont reçu
le plus grand nombre d'applications dans les arts industriels sont précisément dans ce cas. L'acier trempé est un
mélange cristallisé et homogène de fer et d'un carbure de
fer, Fe^3C dans lequel les proportions de carbone peuvent
varier de 0,5 à 1,5 o/o. Le premier corps, le fer, est cubique, et le second, le carbure de fer, présente une symétrie
moindre, peut-être hexagonale. Les bronzes et les laitons
sont des mélanges homogènes de cuivre avec les composés
$SnCu^3$ et $ZnCu^2$, de même pour les alliages du cuivre avec
l'antimoine et l'aluminium.

Ces mêmes mélanges cristallisés, à proportions variables,
se rencontrent non moins fréquemment dans les silicates
naturels constituant les roches de l'écorce terrestre. Le
refus d'admettre la possibilité de ces mélanges a été pendant longtemps un obstacle insurmontable au développement de la chimie des silicates et les préjugés à ce sujet
donnent sans doute l'explication du silence absolu gardé
dans les vieux traités de chimie sur une classe de combinaisons dont l'importance et l'intérêt sont si considérables.

Allotropie.

Les propriétés physiques des corps, dureté, couleur,
magnétisme, etc., varient plus ou moins rapidement avec
les changements de pression et de températures pour re-
prendre en général leur grandeur primitive quand la pres-

sion et la température reprennent la leur. Il y a cependant des exceptions. L'iodure rouge de mercure chauffé jusqu'à 150° et refroidi rapidement devient jaune, change de forme cristalline et de densité. Le phosphore blanc chauffé longtemps en vase clos devient rouge, sa densité augmente considérablement, etc. On dit alors que le corps en question possède plusieurs états allotropiques ou encore quand il s'agit d'un corps cristallisé, qu'il est polymorphe. L'allotropie est donc caractérisée par l'existence pour un corps pris dans les mêmes conditions de pression et de température de divers états sous lesquels toutes ces propriétés sont plus ou moins différentes. Cette particularité s'observe également, mais plus rarement dans le cas des corps amorphes. Ainsi le soufre mou trempé et le soufre liquide en surfusion à la température ordinaire sont deux états allotropiques différents de l'état amorphe du soufre.

En général, des diverses variétés, il n'y en a qu'une normalement stable dans des conditions données de pression et de température. Les autres ne se conservent souvent qu'un temps très court et leur observation est plus ou moins difficile. L'iodure jaune de mercure repasse après quelques minutes à l'état d'iodure rouge, le soufre prismatique après quelques heures à l'état du soufre octaédrique. L'azotate de potasse rhomboédrique, après quelques secondes, à l'état prismatique. Le plus souvent même, il n'y a qu'une seule température, pour une pression donnée, à laquelle on puisse observer simultanément les deux variétés différentes ; de même que l'état cristallisé et l'état amorphe d'un corps ne s'observent généralement à la fois qu'au seul point de fusion. En échauffant l'iodure d'argent, il éprouve à un certain moment une augmentation brusque de densité, un changement de symétrie cristalline et de conductibilité électrique. L'existence à ce point de transformation de deux états du corps avec des propriétés dont la grandeur diffère d'une quantité finie, suffit pour caractériser l'allotropie.

LOIS PONDÉRALES DE LA CHIMIE

L'objet principal de cette leçon sera de donner un résumé
rapide des lois expérimentales de la chimie pondérale — La
leçon sui vante sera consacrée à l'exposé des théories imagi-
nées pour coordonner ces lois et à l'énoncé de quelques-
unes des applications de ces mêmes lois.

Loi de conservation de la masse.

La loi de conservation de la masse dans les combinaisons
chimiques a été découverte par Lavoisier ; elle se manifeste
principalement par la conservation du poids, grandeur proportionnelle à la masse. Cette loi avait pendant longtemps
échappé aux chimistes, en raison de l'ignorance où ils
étaient au sujet de la nature et même de l'existence des différents gaz. On voyait, dans les calcinations effectuées habituellement à l'air, le poids des corps éprouver des changements capricieux, tantôt des augmentations, tantôt des dimi-
nutions. On attribuait à la chaleur seule ces phénomènes
contraires, dus, en réalité, soit aux dégagements de certains corps gazeux, l'acide carbonique, la vapeur d'eau,
dans la distillation des matières organiques, soit à la fixation
de l'oxygène dans la transformation des métaux en terres.
La découverte de cette loi a été le point de départ de toute
la chimie scientifique. Elle a permis de faire des analyses
chimiques précises et complètes en dosant certains corps
par différence. Aujourd'hui encore, elle est constamment
mise à profit dans toutes les analyses, à commencer par
celles qui servent à la détermination des poids atomiques.

Loi de conservation des éléments.

La loi précédente a permis d'étudier, d'une façon précise,
la balance à la main, les conditions de la décomposition
des corps, de reconnaître qu'il y avait une limite à cette

décomposition, que l'on arrivait finalement à certains éléments indécomposables, au moins par les moyens actuellement à notre disposition dans les laboratoires. La masse
de ces éléments reste invariable dans toutes les combinaisons
où on les engage. On peut toujours, à un moment quelconque,
que, les retirer avec un poids égal à celui primitivement
mis en expérience. Un poids donné de cuivre, successivement oxydé, combiné à l'acide sulfurique pour former du
sulfate, puis retiré du sulfate par électrolyse, redonne exác-
tement le poids initial. C'est par cette concordance entre
le poids mis en expérience et le poids final retrouvé que
l'on juge du degré de perfection d'une méthode analytique. La possibilité de la transmutation des métaux, si longtemps admise par les alchimistes, fut définitivement con-
damnée aussitôt soumise au contrôle de la balance.

Cette loi a cependant souvent été mise en doute. A des
époques relativement récentes, quelques chercheurs ont
prétendu arriver à retirer de l'or de l'antimoine et de certains autres métaux. Des expériences précises ont montré
que l'or ainsi retiré par des procédés parfois très compliqués existait préalablement dans le métal mis en traitement
et pouvait être isolé, sans aucune apparence de transmutation par les méthodes usuelles de l'analyse chimique.

Tout récemment Sir William Ramsay a annoncé la possibilité de transformer le radium en hélium et sous l'action
de la radiation du radium, le cuivre en lithium et en calcium. Les quantités de matières ainsi produites sont infini-
tésimales et de l'ordre de grandeur des erreurs expérimentales possibles. Lord Kelvin a d'ailleurs fait cette très grave
objection que l'hélium accompagnant toujours le radium
dans ses minerais, le lithium et la chaux existant dans le
verre des appareils servant aux expériences, il fallait se
montrer très réservé tant que des poids notables de matières n'auront pas été ainsi transformés. Si les faits annoncés
par Sir Ramsay sont exacts, ils n'infirment en rien la loi

de conservation des éléments qui s'applique seulement aux
conditions normales de production des phénomènes chimiques dans les laboratoires. L'intervention du radium met
en jeu une nouvelle manifestation de l'énergie, dont les effets
peuvent être entièrement différents de ceux produits par
les autres modes de l'énergie, travail, chaleur, électricité.

Loi des combinaisons définies.

La réunion de plusieurs corps différents en une seule
masse homogène constitue une combinaison chimique,
dans le sens au moins attribué à ce mot par Lavoisier, Berthollet et les fondateurs de la chimie moderne. La dissolution d'un sel dans l'eau, la préparation d'un verre par fusion,
en proportions variables de silice, chaux et soude, donnent
donc des combinaisons chimiques.

La loi en question consiste en ce que certaines de ces
combinaisons se reproduisent avec des propriétés identiques à elles-mêmes, quand on fait varier dans des limites
assez étendues les conditions de leur production. Au nombre
de ces propriétés invariables, la plus importante d'entre
elles, dont toutes les autres dépendent, est l'invariabilité de
la proportion des éléments entrés en combinaison. Par
exemple, en attaquant du cuivre par de l'acide sulfurique
à chaud, en dissolvant à froid du carbonate ou de l'oxyde
de cuivre dans de l'acide sulfurique étendu, en oxydant au
rouge sombre du sulfure de cuivre par l'oxygène de l'air, et
faisant cristalliser par dissolution dans l'eau et évaporation
la combinaison de soufre, cuivre, oxygène et hydrogène
ainsi produite, on obtient des cristaux bleus de sulfate de
cuivre qui ont toujours la même composition, quel que
soit le mode de préparation employé, les conditions de concentration des réactifs, les températures mises en œuvre et
les mêmes propriétés physiques.

C'est là un fait expérimental tellement connu aujourd'hui

qu'il nous semble en quelque sorte évident, mais les anciens alchimistes ne soupçonnaient pas l'existence de cette loi. Lavoisier, dans son premier travail sur le plâtre, s'était particulièrement attaché à établir une relation entre les aspects différents des cristaux de ce corps et leur composition chimique. Même en se servant de la balance, il commettait inévitablement de graves erreurs dans les analyses, tendant à confirmer la variabilité indéfinie des combinaisons chimiques, parce que, ne connaissant pas encore la loi de conservation de la masse, il devait, pour faire une analyse chimique, arriver à retirer d'une combinaison chacun de ses éléments pour le peser isolément; il retirait ainsi successivement la chaux, le soufre, par des procédés très détournés, comportant de nombreuses causes d'erreurs.

Deux ou plusieurs corps peuvent donner entre eux une série de combinaisons définies différentes, par exemple, l'oxyde de carbone et l'acide carbonique, les deux oxydes du cuivre, l'oxyde cuivreux et l'oxyde cuivrique, qui renferment pour un même poids de carbone ou de cuivre des quantités d'oxygène doubles l'une de l'autre. La combinaison définie est caractérisée dans ce cas par la discontinuité dans les proportions et dans les propriétés des deux corps. Souvent, il est fort difficile d'arriver à reconnaître d'une façon certaine la juxtaposition de plusieurs combinaisons définies différentes, dans une masse solide insoluble où elles sont juxtaposées à l'état de cristaux très petits et dont la composition globale varie alors et d'une façon continue. Il en est résulté, et il en résulte encore fréquemment aujourd'hui, de très grandes erreurs dans la détermination des combinaisons définies de la chimie minérale. Cela a été particulièrement le cas d'un grand nombre d'alliages métalliques, du mélange des oxydes de fer fondus où l'on a décrit les combinaisons les plus fantaisistes, etc.

La découverte de cette loi des combinaisons définies a eu une très grande influence sur le développement de la chimie. Elle a permis de classer avec une très grande clarté un grand nombre de faits qui précédemment étaient l'objet d'une confusion extrême. En raison même de la clarté introduite dans la chimie par la notion des combinaisons définies, on s'est attaché, pendant longtemps, d'une façon à peu près exclusive, à l'étude de ces combinaisons. On a négligé l'étude des combinaisons à proportions variables, solutions solides, cristaux mixtes, dissolutions, dont l'intérêt et l'importance n'est pas moind e au point de vue de l'étude des phénomènes naturels, et, fait plus grave encore, on s'est souvent laissé aller à nier l'existence de ces mélanges à proportions variables et à les remplacer par des séries de combinaisons définies fictives, assez nombreuses pour que l'expérience fût impuissante à démontrer l'existence réelle d'une discontinuité entre elles.

Loi des proportions multiples.

Quand deux ou plusieurs corps se combinent dans des proportions différentes, les poids suivant lesquels ces corps forment leurs différentes combinaisons sont entre eux dans des rapports simples. Par exemple, dans les composés oxygénes de l'azote, les poids d'oxygène se combinant à un même poids d'azote sont comme les nombres 1, 2, 3, 4 et 5.

	Az	O	Rapports
Az^2O	28	16	1
Az^2O^2	—	32	2
Az^2O^3	—	48	3
Az^2O^4	—	64	4
Az^2O^5	—	80	5

Quelquefois cependant, lorsque les combinaisons sont extrèmement nombreuses, comme c'est le cas des composés de la chimie organique, c'est-à-dire des combinaisons formées par le carbone, l'hydrogène et l'oxygène, les rapports de combinaisons peuvent devenir plus complexes. Si l'on

rapproche néanmoins des poids de ces différents composés
renfermant une même quantité de l'un des éléments, de
carbone, par exemple, les rapports des poids d'un autre
élément, figurant dans ces différentes combinaisons, l'hydrogène, par exemple, pourront toujours être exprimés par
des rapports de nombres entiers.

Composés	C	H	Rapports
CH^4	12	4	1
$CHCl^3$	—	1	1/4
1/10 $(C^{10}H^8)$	—	0,8	1/5
1/2 (C^2H^6O)	—	3	3/4

Loi d'équivalence.

L'existence de cette loi importante a été reconnue d'abord
dans l'étude des sels métalliques, puis généralisée à toutes
les combinaisons chimiques sans exception. L'analyse chimique permet de déterminer les poids de bases combinées
à un même poids d'un certain anhydride, par exemple à
80 grammes d'anhydride sulfurique :

Oxyde d'argent.	232 gr.	Oxyde de fer	72 gr.
Oxyde de cuivre	79 —	Oxyde de baryum . . .	252 —
Oxyde de calcium . . .	56 —	Oxyde d'hydrogène . .	18 —

Lorsqu'il existe plusieurs combinaisons définies d'un
même métal avec l'acide considéré, elles obéissent à la loi
des proportions multiples et les poids de base combinés à
un même poids d'anhydride sont entre eux dans un rapport
simple.

On peut faire ensuite la même détermination pour une
autre famille de sels, les azotates par exemple. En prenant
le poids d'anhydride azotique se combinant au poids de
chaux de 56 grammes du tableau précédent, soit 124 grammes, et, cherchant le poids des différents autres oxydes qui

s'y combinent également, on retrouve exactement tous les chiffres du tableau précédent ou des multiples simples.

C'est-à-dire que les poids d'oxydes basiques reconnus équivalents vis-à-vis d'un même acide, pouvant en saturer un même poids, seront encore équivalents vis-à-vis de tout autre acide.

La vérification de cette loi a pu se faire très simplement pour les sels solubles en étudiant les conditions de déplacement de leurs bases l'une par l'autre. En versant une solution de soude dans un sel de cuivre, on déplace un poids d'oxyde facile à déterminer. De même l'oxyde de cuivre mis dans un sel d'argent déplace l'oxyde d'argent, etc.

La même loi est encore vraie des composés divers, chlorures, oxydes, sulfures. Les poids des différents métaux se combinant à un même poids de chlore, c'est-à-dire équivalents vis-à-vis de ce corps, se combinent également à un même poids d'oxygène, de soufre, etc. De même les poids des différents métalloïdes, chlore, soufre, oxygène, etc., équivalents vis-à-vis d'un métal donné seront encore équivalents vis-à-vis d'un autre métal.

Cette première partie de la loi d'équivalence permet donc de dresser une série de tableaux, soit pour les corps simples, soit pour les corps composés, définissant leur rapport d'équivalence dans un certain nombre de familles de combinaisons.

Cette loi comporte une seconde partie non moins importante. Certains oxydes appelés oxydes indifférents, l'alumine, par exemple, peuvent se combiner indifféremment pour former des sels avec un anhydride acide en jouant alors le rôle de base ou avec un oxyde basique en jouant le rôle d'acide. On connaît un sulfate d'alumine et plusieurs aluminates de chaux. L'expérience montre que, dans ce cas, les poids équivalents, les poids proportionnels de combinaison de l'alumine sont les mêmes, qu'elle joue le rôle de base ou d'acide. 80 grammes d'anhydride sulfurique se

combinent avec 56 grammes d'oxyde de calcium ou 34
grammes d'alumine, pour former des sulfates et précisément
ces 34 grammes d'alumine se combinent avec 56 grammes
de chaux pour donner l'aluminate tricalcique. Il existe, il
est vrai, plusieurs aluminates de chaux, mais, suivant la
loi des proportions multiples, les poids d'alumine se combinant au même poids de chaux sont respectivement pour
l'un le tiers et pour l'autre les deux tiers du poids contenu
dans l'aluminate précédent; ces poids sont dans des rapports simples.

Il en est exactement de même pour les corps simples que
pour les oxydes métalliques, par exemple, les poids de carbone et d'hydrogène qui se combinent à un même poids
d'oxygène pour donner l'acide carbonique et l'eau, c'est-à-
dire 12 grammes de carbone et 4 grammes d'hydrogène
pour 32 grammes d'oxygène se combinent précisément dans
le rapport de 12 à 4 pour former le méthane :

$$CH^4$$
$$C . 12 - H . 4$$
$$CO^2 \quad O . 32 \quad 2H^2O$$

D'une façon plus générale, si A et B sont les poids de
deux corps simples ou composés se combinant à un même
poids d'un troisième corps C, les deux premiers corps, s'ils
peuvent se combiner ensemble, le feront dans le rapport $\dfrac{A}{B}$
ou dans un multiple simple de ce rapport $\dfrac{mA}{nB}$, m et n étant
des nombres entiers généralement assez petits.

Poids proportionnels.

Cette loi permet de déterminer, pour chaque corps simple,
un certain poids proportionnel ou poids de combinaison

(combining weight) tel que les rapports suivant lesquels ces corps se combinent entre eux soient des multiples simples du rapport de leurs poids proportionnels. Si A et B sont les poids proportionnels de deux corps donnés, tous les rapports de combinaison possibles seront donnés par l'expression générale :

$$\frac{mA}{nB}$$

dans lesquels m et n sont des nombres entiers généralement assez petits. Dans les combinaisons organiques, cependant, ces nombres entiers arrivent à atteindre 50.

Cette existence de poids proportionnels de combinaison permet d'exprimer d'une façon très simple, au moyen de formules littérales comme les formules algébriques, la composition des différents corps composés. On convient de représenter le poids proportionnel de chaque corps par une lettre, généralement la première de son nom, et pour écrire la composition d'un corps composé, on juxtapose les symboles de ses différents éléments constituants en plaçant en exposant, pour la facilité des écritures, le multiplicateur entier qu'il faut appliquer à chaque symbole. Dans ces formules, les exposants n'ont donc pas du tout la même signification que dans le langage algébrique.

L'acide carbonique est composé de carbone et d'oxygène; si on prend 12 pour poids proportionnel du carbone, représenté par le symbole C et 16 pour l'oxygène, représenté par O, la formule de l'acide carbonique sera :

$$CO^2$$

ce qui veut dire que dans l'acide carbonique à 12 de carbone sont combinés 2 fois 16 $=$ 32 d'oxygène.

Il existe, dans la détermination de ces formules des corps composés, une double indétermination que l'on doit lever au moyen de conventions spéciales.

En premier lieu, les corps se combinant en plusieurs proportions, on peut prendre arbitrairement comme poids proportionnel un multiple entier quelconque du poids de ce corps se combinant à un autre corps pris comme terme de comparaison. Si, pour déterminer le poids proportionnel de l'oxygène, on avait pris comme point de départ l'acide carbonique, on aurait été conduit à prendre comme poids proportionnel de l'oxygène 32 et sa formule eût été :

$$CO$$

qui est au contraire celle de l'oxyde de carbone, dans la notation habituelle correspondant à $O = 16$ et l'on eût écrit alors l'oxyde de carbone :

$$C^2O$$

En second lieu, on peut, indifféremment, dans les formules des corps composés, multiplier par un même facteur tous les exposants de chaque poids proportionnel sans modifier les rapports de poids représentés par la formule ; CH, C^2H^2, C^6H^6 représentent les mêmes rapports de combinaison. Il y a donc une seconde convention arbitraire à faire sur çe point.

Poids équivalents.

Une première convention, sur laquelle tout le monde est d'accord, est que les composés analogues doivent avoir des formules semblables. L'analogie entre la chaux et la baryte est évidente, tous les composés correspondants de ces deux métaux doivent avoir les mêmes formules. Si l'on prend 20 pour le poids équivalent du calcium, comme on le faisait autrefois, on doit prendre 68,5 pour l'équivalent du baryum. Dans la notation actuelle, où l'on prend 40 pour le poids proportionnel du calcium, on doit nécessairement prendre 137 pour celui du baryum.

Il existe ainsi une série de corps formant des groupes bien nets, les halogènes, la famille de l'oxygène, les métaux alcalins, la série magnésienne, etc. Une fois le choix d'un des équivalents de la série déterminé, tous les autres s'en suivent nécessairement. Le choix du premier terme seul est arbitraire. Un certain nombre de corps sont isolés, hors série et ne présentent aucune analogie chimique évidente, comme le cuivre, l'argent, le carbone, etc. Pour le choix du premier terme de chaque série et dans le cas des corps isolés, on a fait des conventions passablement arbitraires et souvent modifiées. Par exemple, lorsqu'un métal ne donnait qu'un oxyde, on lui attribuait autrefois la formule MO, lorsqu'un métalloïde, comme le bore, donnait un seul oxyde acide, on admettait que dans la formule de ses sels les plus fréquents, il devait y avoir un seul poids proportionnel de bore pour 1 de métal. Le choix de ces différentes conventions arbitraires a donné lieu à des discussions d'autant plus passionnées entre les chimistes qu'il était impossible de donner de preuves précises de la supériorité d'aucune d'elles. Il est, d'ailleurs, assez naturel à l'esprit humain de se passionner d'autant plus pour une question qu'elle a moins d'importance en elle-même.

Aujourd'hui, toutes ces difficultés ont disparu ; un accord unanime s'est fait pour le choix des poids proportionnels des éléments et des formules des combinaisons. Le point de départ des idées actuelles a été la découverte, par Gay-Lussac, des lois qui portent son nom, relatives au volume dans les combinaisons gazeuses.

Lois de Gay-Lussac.

Dans les combinaisons des corps gazeux, les volumes se combinant sont dans des rapports simples entre eux et le

volume du composé produit est dans un rapport simple
avec celui de chacun de ses composants. Ce volume du
composé est en général le double du plus petit volume des
composants :

$$1 \text{ vol. } H + 1 \text{ vol. } Cl = 2 \text{ vol. } HCl$$
$$2 \text{ vol. } H + 1 \text{ vol. } O = 2 \text{ vol. } H^2O$$
$$3 \text{ vol. } H + 1 \text{ vol. } Az = 2 \text{ vol. } AzH^3$$

En réalité, cette loi n'est pas rigoureusement exacte, et
ne peut pas l'être, parce que les différents gaz n'ont pas le
même coefficient de dilatation ni de compressibilité. Elle
est cependant très approchée. Les écarts observés n'atteignent pas en général 1 p. 100.

Si l'on rapproche cette loi de l'existence des poids proportionnels de combinaison, on voit que le volume de ces
poids proportionnels et les volumes des composés rapportés
aux formules, c'est-à-dire contenant des multiples entiers
des poids proportionnels de chacun des composants, sont ou
bien égaux ou bien des multiples simples les uns des autres.

Cette remarque a été le point de départ de deux courants
d'idées tout à fait différents au début qui se sont fusionnés
par la suite, l'un, dû à Avogadro (1810), se rattache à des
hypothèses sur la constitution des corps gazeux, l'autre, dû
à Gerhardt (1840), se rapporte à l'étude des composés organiques.

Poids moléculaires.

Gerhardt avait remarqué qu'un grand nombre des réactions entre les corps organiques, et surtout celles qui se
produisent le plus facilement, ont lieu entre des quantités
de matières occupant des volumes égaux.

$$C^2H^4 + Cl^2 = C^2H^4Cl^2$$
$$CH^4 + Cl^2 = CH^3 Cl + HCl$$
$$C^2H^6O + HCl = C^2H^5Cl + H^2O$$
$$C^2H^4O^2 = CH^4 + CO^2$$

Cela le conduisit à penser qu'il y aurait avantage à rapporter toutes les formules des combinaisons gazeuses à des volumes égaux. On savait du reste, depuis longtemps déjà, que des quantités équivalentes des différents alcools ou encore de carbures homologues occupaient des volumes égaux. Peu à peu, l'usage s'est introduit dans la science, et est devenu aujourd'hui absolument général, de rapporter les équivalents des corps composés à un même volume, voisin de celui de 2 grammes d'hydrogène, c'est-à-dire égal au double du volume du poids proportionnel de l'hydrogène, $H = 1$ gramme. Ce volume, rapporté à la température de $0°$ C. et à la pression de 760 millimètres de mercure, est en moyenne pour les différents corps :

22,32 litres.

Cette façon de déterminer les poids proportionnels des corps composés a toujours satisfait, sans aucune exception, aux analogies observées, ne s'est jamais trouvé en contradiction avec une seule d'entre elles. Ces poids rapportés à un même volume gazeux sont aujourd'hui, appelés *poids moléculaires*, en raison d'une hypothèse sur la constitution des gaz à laquelle ils se rattachent et qui sera rappelée plus loin. On a étendu cette règle aux éléments simples. On a l'habitude, dans les formules des réactions chimiques, d'écrire le multiple du poids proportionnel adopté pour l'élément correspondant à ce même volume de 22,32 litres. Cela a l'avantage de permettre de reconnaître, à la seule lecture de l'équation de la réaction chimique, les changements de volume accompagnant cette réaction.

$CO + 0{,}5O^2 = CO^2$. Contraction de 1/3 du volume initial.
$CO + H^2O = CO^2 + H^2$ Pas de changement de volume.
$C^2H^2 + O^2 = 2CO + H^2$ Augmentation de 1/2 du volume initial.

Les écarts entre le poids moléculaire chimique exact et le

poids moléculaire physique approché diffèrent généralement fort peu, comme le montre le tableau suivant :

Formules		Poids moléculaires	Volumes moléculaires
Hydrogène	H^2	2 gr. »	22,25 lit.
Azote	Az^2	28 »	22,40 —
Oxygène	O^2	32 »	22,40 —
Argon	Arg.	40 »	22,57 —
Chlore	Cl^2	71 »	22,05 —
Mercure	Hg	200 »	22,24 —
Eau	H^2O	18 »	22,25 —
Acétylène	C^2H^2	26 »	22,25 —
Oxyde de carbone	CO	28 »	22,25 —
Acide chlorhydr.	HCl	36 »	22,24 —
Acide carbonique	CO^2	48 »	22,25 —
Éther méthylique	C^2H^6O	46 »	22,25 —

Les écarts de part et d'autre de la moyenne ne dépassent donc pas en général 1 p. 100. Ce degré d'exactitude est largement suffisant pour l'usage que l'on fait de cette loi. Un écart de 1 p. 100 est bien inférieur aux différences existant entre les poids proportionnels successifs multiples l'un de l'autre entre lesquels on a à faire un choix.

Cette convention de rapporter les formules de tous les corps simples ou composés au même volume a, en outre, l'intérêt de donner lieu à quelques relations intéressantes entre certaines propriétés physiques des différents corps rapportés ainsi au même volume. Dans l'état gazeux, les chaleurs spécifiques tendent à devenir égales lorsqu'on les prend à des températures de plus en plus basses ; dans les solutions, l'abaissement des tensions de vapeur présente une relation simple avec le nombre des poids moléculaires en présence; les tensions superficielles des liquides donnent lieu à des remarques analogues. On utilise même parfois ces propriétés, comme nous le montrerons dans la prochaine leçon, pour la détermination des poids moléculaires des corps non volatils.

Poids atomiques.

L'idée la plus simple pour le choix des poids proportionnels des corps simples serait de prendre leur poids moléculaire même, et c'est la première idée qui s'est présentée. On
s'est bien vite rendu compte que l'adoption de cette règle
conduirait à employer des exposants fractionnaires dans les
formules des composés chimiques, ce qui serait une complication gênante et une cause d'obscurité. On a admis en
principe que toutes les formules des corps composés rapportées à leurs poids moléculaires devraient pouvoir s'exprimer avec des multiples entiers des poids proportionnels
de chaque corps simple. Pour l'acide chlorhydrique, par
exemple, si l'on avait voulu prendre, comme poids moléculaire de l'hydrogène, le poids de 22,32 litres, c'est-à-dire
2 grammes, et pour le chlore le poids correspondant, c'est-
à-dire 71 grammes, il eût fallu écrire la formule de l'acide
chlorhydrique :

$$Cl + H = 2\,(H^{1/2}\,Cl^{1/2})$$

En prenant au contraire un poids proportionnel égal à la
moitié du poids moléculaire, c'est-à-dire $H = 1$ et $Cl = 35,5$,
la formule de l'acide chlorhydrique devient HCl et l'on
écrit la réaction :

$$H^2 + Cl^2 = 2\,(HCl)$$

Il eût suffi, pour tous les corps, de prendre ainsi la moitié du poids moléculaire pour satisfaire à la condition des
exposants entiers que l'on s'était imposé. Cette convention
n'a pas été faite à cause, d'une part, des préoccupations
théoriques auxquelles les auteurs de la nouvelle notation
attachaient une très grande importance et aussi parce qu'un
très grand nombre de corps simples, la grande majorité,
presque tous les métaux par exemple, sont trop peu volatils
pour être étudiés à l'état gazeux. On a fait la convention

suivante : on prend comme poids proportionnel d'un corps simple le plus petit poids de ce corps existant dans un poids moléculaire d'un quelconque de ses composés. Cette règle suffit évidemment pour donner, dans tous les cas, des formules à exposant entier. Elle est d'une application plus générale que la convention précédemment indiquée parce que beaucoup de corps non volatils donnent des composés volatils; les chlorures, les fluorures de carbone, de silicium, de bore et de beaucoup de métaux sont dans ce cas. Cette convention s'est trouvée justifiée après coup par le fait qu'un certain nombre des propriétés des corps simples rapportés à ce système de poids proportionnels présentent des relations très remarquables (loi des chaleurs spécifiques des corps solides de Dulong et Petit, loi de périodicité de Mendéléeff).

Ces poids proportionnels sont connus sous le nom de *poids atomiques* en raison des idées théoriques qui ont contribué à leur rapide adoption, mais, en fait, la convenance de leur emploi est absolument indépendante de toute hypothèse ; les idées théoriques invoquées au début pour les justifier seraient-elles reconnues dépourvues de tout intérêt ou même certainement inexactes, qu'il n'y aurait cependant aucune raison pour modifier la convention faite. En effet, ce choix des poids moléculaires et des poids atomiques, basé au début sur des conventions bien arbitraires et sur des hypothèses bien problématiques, a permis d'établir, entre différents phénomènes, des corrélations si remarquables que la convenance de leur adoption ne peut plus être mise en discussion.

POIDS MOLÉCULAIRES ET POIDS ATOMIQUES

Théories chimiques. — Théorie atomique. — Bernouilli. — Proust. — Dalton. — Avogadro.
Lois relatives aux poids moléculaires et aux poids atomiques. — Poids moléculaires. — Densités gazeuses. — Tensions superficielles. — Solutions. — Loi de Raoult. — Tonométrie. — Lois de van't Hoff — Ebullioscopie. — Cryoscopie. — Poids atomiques.
Anomalies. — Loi de Gay-Lussac. — Loi de Raoult. — Loi de Ramsay.

—

THÉORIES CHIMIQUES

Théorie atomique.

L'adoption générale des poids moléculaires et des poids atomiques aujourd'hui en usage dans la chimie a été provoquée beaucoup plus par l'engouement pour certaines idées théoriques que par les raisons d'ordre expérimental données dans la leçon précédente.

De tout temps, les hommes ont eu la tendance d'expliquer les phénomènes naturels en les rattachant à des hypothèses d'ordre mécanique. La possibilité de créer à volonté de la force avec nos muscles, de produire avec cette force du travail comme le font les agents naturels et surtout la conscience que nous avons de l'effort produit nous font considérer les phénomènes mécaniques comme plus simples et plus facilement accessibles à notre imagination. Chaque fois que nous réussissons à rattacher un phénomène de nature différente à une explication mécanique, il nous semble que nous en acquérons une connaissance plus complète. C'est précisément là le service rendu en chimie par la théorie atomique.

Le point de départ de cette théorie est très ancien; les philosophes de l'antiquité admettaient déjà que la matière est composée de petites particules séparées les unes des autres par des intervalles vides plus ou moins considérables, que la chaleur, la lumière résultent du transport de certaines particules matérielles. Lucrèce dans le *De Natura Rerum* a développé une explication très ingénieuse des phénomènes lumineux. Il l'a fait bien entendu, d'une façon purement qualitative, puisqu'aucune loi numérique n'était encore connue a cette époque.

Descartes, Newton, Huyghens ont les premiers essayé, dans la théorie de la lumière, de donner à ces hypothèses un caractère quantitatif.

Bernouilli.

Enfin l'un des Bernouilli formula, vers le milieu du dix-huitième siècle, une théorie de la constitution des gaz, qui a été le point de départ de la théorie atomique actuelle. Pour expliquer la loi de Mariotte, c'est-à-dire la variation de la pression d'une masse d'air en raison inverse de son volume, il suppose les gaz formés de petites particules très éloignées les unes des autres et animées de vitesses énormes. La pression contre les parois des récipients résulte du choc de ces particules qui rebondissent pour repartir ensuite dans une direction opposée. Un vase rempli d'un gaz serait comme une ruche d'abeilles où les mouvements se produisent dans tous les sens et sont limités seulement par les arrêts

contre les parois. Dans cette théorie, la vitesse des particules gazeuses ne dépend que de la température et reste constante tant que celle-ci ne change pas. Par conséquent, la
pression moyenne produite par le choc d'une molécule
contre la paroi est, invariable à température constante.
Quand on vient à comprimer la masse gazeuse, de façon à
réduire son volume à moitié, il y a dans un volume donné
deux fois plus de molécules et par conséquent deux fois
plus de chocs dans le même temps et sur une même étendue
de la paroi. La pression totale sur cette surface doit donc
être deux fois plus grande. C'est bien là l'énoncé de la loi
de Mariotte.

Pour expliquer les coefficients de dilatation semblable des
gaz, et différentes analogies dans quelques autres de leurs
propriétés, on compléta l'hypothèse de Bernouilli en admettant que des volumes égaux de différents gaz renfermaient
tous le même nombre de molécules de chacun de ces gaz,
c'est-à-dire que le poids des molécules des différents gaz
était proportionnel au poids de l'unité de volume de ces gaz
mesuré sous la même pression et à la même température.

Proust.

L'extension de cette hypothèse moléculaire sur la constitution des corps aux phénomènes chimiques fut faite par
Proust. Il admit que la combinaison résultait de l'accolement d'un certain nombre de particules différentes; par
suite, les rapports suivant lesquels les corps se combinaient
étaient déterminés par le rapport des poids des particules
de chacun d'eux ou par des multiples simples de ce rapport.
Ce rapport devait donc être défini. Cela a été le point de
départ de la découverte de la loi des combinaisons définies.
Il chercha à confirmer ses prévisions théoriques par des
analyses, souvent fort mauvaises, et donna, comme preuve
de l'exactitude de la loi, des compositions de corps n'ayant

jamais existé. Il soutint à ce sujet une lutte mémorable
contre Berthollet qui n'admettait les proportions définies
que dans le cas de certaines combinaisons particulièrement
stables et insolubles, comme le sulfate de baryte et le chlorure d'argent. Il demandait que, pour les autres, on attendît
avant de se prononcer que des analyses suffisamment précises aient définitivement établi la constance des proportions. Cette prudence, d'un caractère essentiellement scientifique ne fut pas comprise et tous les chimistes séduits par
la simplicité de l'idée théorique de Proust admirent sans
discussion la loi des combinaisons définies. A un certain
point de vue, il résulta de cette précipitation un progrès
très rapide dans nos connaissances chimiques. La loi de
Proust était exacte dans un très grand nombre de cas. En
admettant à priori cette exactitude, on évita de perdre un
temps précieux à la contrôler expérimentalement. Par
contre, on ralentit considérablement les progrès de nos
connaissances dans une direction voisine; les combinaisons
à proportions variables ou solutions, les systèmes en équilibre chimique dont Berthollet avait étudié un grand
nombre, furent pendant soixante ans laissés de côté.

Dalton.

Un chimiste anglais, Dalton, suivant la voie tracée par
Proust, déduisit de la même hypothèse sur la nature des
phénomènes chimiques une seconde conséquence non moins
importante: *la loi des proportions multiples* ou *des rapports
simples*. Si la combinaison résulte bien de l'accolement d'un
certain nombre de particules de nature différente, lorsque les
combinaisons se font en plusieurs proportions, les poids relatifs entrant ainsi en combinaison doivent toujours être des
multiples entiers du poids d'une molécule. En comparant les
différents poids d'un même corps se combinant à une quantité donnée d'un autre corps, les rapports de ces poids doivent

être entre eux comme des nombres entiers vraisemblablement assez petits et à l'appui de sa loi, Dalton, comme
Proust, donna des analyses complètement fausses. C'est à
Wollaston et à Berzélius qu'appartient le mérite d'avoir
donné la démonstration expérimentale de cette loi.

Avogadro.

Aussitôt la découverte des lois de Gay-Lussac sur les
volumes des combinaisons gazeuses, un chimiste italien,
Avogadro, chercha si, en combinant l'hypothèse de Bernouilli sur la constitution des gaz et celle de Proust sur les
phénomènes chimiques, il ne serait pas possible de donner
l'explication mécanique de ces lois. Les hypothèses antérieures, comme il fut facile de le reconnaître, se trouvèrent
incompatibles avec les lois de Gay-Lussac. Soit par exemple,
la combinaison de l'hydrogène et du chlore. Ils se combinent à volumes égaux. D'après l'hypothèse de Bernouilli,
chacun de ces volumes renferme le même nombre de molécules de chacun des deux gaz. D'après l'hypothèse de Proust,
la combinaison chimique résulte de l'accolement de ces
molécules de nature différente; puisqu'il y en a le même
nombre des deux côtés, elles devront se réunir deux à deux.

Le nombre des molécules d'acide chlorhydrique ainsi
formé sera donc le même que celui des molécules de
chlore ou celui des molécules d'hydrogène. Par suite, le
volume de l'acide chlorhydrique sera égal à celui du chlore
ou à celui de l'hydrogène. Or, l'expérience montre qu'il en
est le double.

Pour faire disparaître cette anomalie, Avogadro intro-
duisit l'hypothèse nouvelle que les molécules des corps
simples gazeux ne sont pas des particules indivisibles, insécables, comme on l'avait admis, mais sont déjà des sortes
de combinaisons résultant de la réunion en un même
groupe d'un certain nombre de parties plus petites qui

furent appelées *Atomes* (Insécable). La molécule de chlore, la molécule d'hydrogène renfermeraient, l'une deux atomes de chlore, l'autre deux atomes d'hydrogène. Dans la combinaison du chlore et de l'hydrogène, il ne se produit pas à proprement parler une addition de deux molécules différentes, mais une substitution d'une demi-molécule, c'est-à-dire d'un atome de chlore à une demi-molécule d'hydrogène. De telle sorte que le nombre total des molécules ne change pas.

Cette hypothèse fait comprendre pourquoi on a pris pour définition du poids atomique le plus petit poids de ce corps existant dans les poids moléculaires de ses différents composés. On considéra alors comme définitivement établi que l'atome était absolument indivisible, qu'aucun procédé physique ou chimique ne pouvait le fractionner. Mais aujourd'hui cette hypothèse s'est modifiée encore. A la suite de l'étude du spectre des gaz incandescents, des mesures de chaleur dégagée dans les réactions chimiques, des mesures électriques et de la découverte de la radio-activité, on est arrivé à admettre que cet atome, supposé d'abord insécable, était en réalité un petit monde d'une complexité extraordinaire, comparable au moins à celle de notre système solaire.

LOIS RELATIVES AUX POIDS MOLÉCULAIRES ET AUX POIDS ATOMIQUES

Tensions superficielles.

Un certain nombre de propriétés physiques présentent, quand elles sont rapportées au poids moléculaire, de très grandes analogies entre les différents corps. Les relations sont parfois assez précises pour être envisagées comme de véritables lois physiques. Indépendamment de l'intérêt général de ces relations au point de vue scientifique général, elles peuvent encore être utilisées pour la détermination des poids moléculaires, dans le cas où le défaut de volatilité du corps, ou toute autre raison, s'oppose à une détermination précise de sa densité gazeuse.

Eötvös, Ramsay et Shields ont signalé une relation de cette nature pour les tensions capillaires des corps liquides en présence de leur vapeur saturée.

En appelant γ la tension superficielle d'un liquide en dynes (1 gr. = 981 dynes), cette tension étant mesurée perpendiculairement à une ligne de 1 centimètre de longueur, en appelant V, le volume occupé par un poids moléculaire du liquide, le produit $\gamma V^{2/3}$ représente ce que l'on appelle l'énergie capillaire superficielle. $V^{2/3}$ est la face d'un cube ayant un volume égal au volume moléculaire du corps. Le produit $\gamma V^{2/3}$ est, par conséquent, le travail à dépenser pour étendre la surface du liquide d'une quantité égale à la face de ce cube. Le travail varie avec la température T suivant la relation :

$$\gamma V^{2/3} = K\,(\Theta - T)$$

où Θ représente la température critique du corps, diminuée de 5°.

La constante K est indépendante de la nature du corps comme le montrent les résultats suivants :

$$
\begin{array}{ll}
CS^2 & 2,022 \\
SiCl^4 & 2,033 \\
CCl^4 & 2,105 \\
C^6H^6 & 2,104 \\
C^6H^5\,(AzH^2) & 2,053 \\
Az^2 & 2,002 \\
PhCl^3 & 2,097 \\
CO & 1,996 \\
\end{array}
$$

Loi de Raoult.

La dissolution dans un liquide d'un autre corps, solide, liquide ou gazeux, modifie la tension de vapeur du dissolvant. Il existe une relation générale très importante entre l'abaissement de la tension de vapeur d'un liquide où un autre corps est dissous et le rapport du nombre des poids moléculaires des deux corps mêlés ensemble, soit :

F la tension du liquide pur et F′ celle du même liquide additionné d'une petite quantité d'un autre corps.

Soit N le nombre de poids moléculaires de ce liquide contenus dans une certaine quantité de la dissolution et n le nombre de poids moléculaires du second corps dans la même quantité de dissolution.

Le rapport du nombre de molécules du corps dissous au nombre total de molécules existant dans la dissolution est ce que l'on appelle la concentration c du corps dissous.

La loi de Raoult est exprimée par la relation :

$$\frac{F - F'}{F} = \frac{n}{N + n} = c$$

Il est plus commode, pour certaines applications, de mettre cette relation sous une forme un peu différente. Une simple transformation arithmétique donne :

$$\frac{F'}{F} = 1 - c$$

et dans le cas où c est suffisamment petit pour que l'on puisse réduire le développement de log $(1 - c)$ à son premier terme — c, on a :

$$\log \frac{F'}{F} = \log (1 - c) = - c$$

La loi de Raoult est une loi limite ne se vérifiant d'une façon un peu exacte que pour les solutions assez diluées. Elle suppose expressément que les vapeurs occupent le

volume moléculaire normal de 22, 32 l. Au voisinage du
point de saturation, il y a généralement des écarts notables
dans la densité des vapeurs et pour en tenir compte dans
l'énoncé exact de la loi de Raoult, on doit écrire :

$$\frac{F - F'}{F} = k.c$$

formule dans laquelle $k = d'/d$, d' étant la densité réelle de
la vapeur et d sa densité théorique. Mais pour l'application
de cette loi à la détermination des poids moléculaires, on
peut faire abstraction de cette correction et prendre $k = 1$.

Le tableau suivant montre comment cette loi se vérifie
pour la dissolution d'essence de térébenthine dans l'éther,
les résultats se rapportent à la température de 20°.

$\dfrac{F - F'}{F}$	$\dfrac{n}{N + n}$	K
0,060	0,058	1,02
0,219	0,233	0,94
0,559	0,602	0,93
0,918	0,947	0,97

Tonométrie.

Cette relation permet d'instituer une méthode pour la
détermination des poids moléculaires reposant sur une
mesure de la diminution de tension de vapeur d'une solution du corps étudié. Elle est connue sous le nom de *tonométrie*. Son usage s'est peu répandu dans les laboratoires, en
raison des difficultés que présentent les mesures précises
des tensions de vapeur.

On peut cependant utiliser les déterminations de poids
moléculaires faites par cette méthode, pour vérifier le degré
de précision de la loi. L'on prend K égal à l'unité et l'on
transforme la relation donnée plus haut, par une simple
opération arithmétique de façon à la mettre sous la
forme :

$$\frac{F - F'}{F'} = \frac{n}{N}$$

De la mesure de l'abaissement (F — F') de la tension de vapeur rapportée à la tension de vapeur F' de la dissolution, on déduit de suite le rapport du nombre n de poids moléculaires du corps dissous au nombre N des poids moléculaires du dissolvant. Cela permet, si l'on connaît l'un des deux poids moléculaires, de calculer l'autre.

Voici deux exemples de cette méthode : en premier lieu une application à la détermination du poids moléculaire du dissolvant :

Corps	Pm exact	Pm calculé
H^2O	18	18,5
$PhCl^3$	137,5	149
CS^2	76	80
C^6H^6	78	83
CH^3I	142	149
CH^4O	32	33
C^2H^6O	46	47

Les écarts n'atteignent donc pas 5 p. 100.

Ramsay a appliqué la même méthode à la détermination du poids moléculaire de corps dissous, de métaux en dissolution dans le mercure. On mesurait la diminution de la tension de vapeur du mercure à 260°.

Corps	Pm exact	Pm calculé
Li	7,03	7,03
Ag	108	109,2
Sn	119	116
Pb	207	196

Lois de Van't Hoff.

Raoult a signalé également différentes lois rattachant la concentration des dissolutions, aux abaissements des points de congélation de ces dissolutions ou à l'élévation de leurs

points d'ébullition. Ces lois, telles qu'il les a présentées,
semblaient distinctes de celle de la tonométrie. Van't Hoff
et Arrhénius ont montré plus tard qu'elles étaient en réalité une conséquence directe de la première loi de Raoult
et que pour les établir il suffisait de combiner à cette loi de
tonométrie, la loi de Clapeyron-Carnot, qui donne la relation entre les variations des tensions de vapeur et celles des
températures. Dans l'exposé de ces lois, on fait souvent
intervenir toute une série de coefficients, peut-être intéressants au point de vue des applications pratiques, mais tendant à obscurcir les démonstrations. On les passera ici
sous silence pour les rétablir seulement dans un chapitre
ultérieur où l'on montrera l'usage que l'on fait de ces lois
pour la détermination des poids moléculaires.

Ébullioscopie.

Si, au lieu de mesurer le changement de tension à une
température fixe, on cherche les températures différentes
auxquelles le liquide pur et sa dissolution ont la même
tension de vapeur, par exemple les températures d'ébullition sous la pression atmosphérique des deux liquides, les
différences entre ces points d'ébullition auront une relation
déterminée avec la composition de la dissolution ; cette relation se déduit facilement de la loi de Raoult combinée avec
la formule de Clapeyron-Carnot. Cette dernière loi a pour
expression, quand on considère des intervalles de températures assez faibles pour que l'on soit en droit de négliger les variations de la chaleur latente d'évaporation

$$500\,\frac{L}{T} + \log F = 500\,\frac{L}{T_0} + \log F_0$$

Cette même équation s'applique également soit aux ten
sions de vapeur du liquide pur, soit à celles de la dissolution,
lorsque l'on considère, du moins, des solutions assez éten-

dues pour que leur chaleur de dilution soit nulle ; dans ce cas la chaleur de vaporisation L est la même pour le liquide pur et pour la dissolution. On peut donc écrire :

$$\text{Liquide pur} \quad 5oo \; \frac{L}{T} + \log F = 5oo \; \frac{L}{T_0} + \log F_0$$

$$\text{Dissolution} \quad 5oo \; \frac{L'}{T'} + \log F' = 5oo \; \frac{L'}{T_0'} + \log F_0'$$

Nous appliquerons ces deux équations dans les conditions suivantes. Les premiers membres se rapporteront à l'ébullition sous une *même pression*, la pression atmosphérique, par exemple, et les seconds membres à une *même température*, la température ambiante, par exemple ; d'après ces conventions, nous aurons :

$$F = F' \qquad\qquad T_0 = T_0'$$

D'autre part, pour les solutions diluées, nous avons, comme on l'a dit plus haut :

$$L = L'$$

Enfin, appelons ΔT la différence $T' - T$, nous aurons :

$$T' = T + \Delta T$$

En introduisant ces diverses conditions dans les deux équations, en les retranchant membre à membre, et en remarquant que d'après l'expression approchée de la loi de Raoult on a :

$$\log F_0' - \log F_0 = \log \frac{F'}{F_0} = - c$$

il vient finalement :

$$5oo \, L \left(\frac{1}{T + \Delta T} - \frac{1}{T} \right) = - 5oo \, L \, \frac{\Delta T}{T^2} = \log \frac{F'}{F_0} = - c$$

d'où l'on tire :

$$\frac{\Delta T}{c} = \frac{1}{5oo} \, \frac{T^2}{L}$$

formule dans laquelle T est la température absolue d'ébullition sous la pression atmosphérique et L la chaleur latente d'ébullition du dissolvant rapportée à un poids moléculaire.

Cryoscopie.

Quand on fait dissoudre un corps dans un dissolvant congelable par refroidissement, comme l'eau, la benzine, etc.; la présence du corps dissous abaisse le point de congélation d'une quantité, fonction de la concentration de la dissolution et de la chaleur latente de fusion du dissolvant. La relation entre ces différentes grandeurs peut, comme dans l'exemple précédent, être établie en combinant la loi de Raoult avec celle de Clapeyron-Carnot.

On applique cette dernière loi, d'une part, à la dissolution étudiée, d'autre part, au dissolvant congelé. La chaleur latente de vaporisation du dissolvant congelé est égale à celle de vaporisation L du liquide augmentée de la chaleur de fusion S du solide. Nous avons alors les deux équations :

$$\text{Solide}\qquad 500\,\frac{L+S}{T}+\log F = 500\,\frac{L+S}{T_0}+\log F_0$$

$$\text{Dissolution}\quad 500\,\frac{L}{T'}+\log F' = 500\,\frac{L}{T_0'}+\log F_0'$$

Pour faire usage de ces équations, nous supposerons que le premier membre s'applique à la température de congélation de la solution étudiée, et le second membre à la température de congélation du liquide pur. Nous aurons donc :

$$T = T' \qquad T_0 = T_0' \qquad F = F'$$

L'égalité des tensions au point de congélation de la solution résulte de ce principe général de mécanique chimique que deux systèmes en équilibre entre eux seront tous deux encore en équilibre avec un troisième système déjà en équilibre avec l'un d'entre eux. Le dissolvant congelé et la solution étant en équilibre entre eux au point de congélation, doivent avoir la même tension de vapeur.

Posons enfin :

$$T = T_o - \Delta T$$

En retranchant membre à membre les deux équations du solide et de la dissolution, nous aurons :

$$500\ S \left(\frac{1}{T_o - \Delta T} - \frac{1}{T_o} \right) = \log \frac{F_o}{F_o} = - c$$

ou, tout calcul fait :

$$\frac{\Delta T}{c} = - \frac{1}{500} \frac{T_o^2}{S}$$

Poids atomiques.

Il existe pour les poids atomiques, comme pour les poids moléculaires, certaines relations intéressantes rattachant quelques-unes des propriétés physiques des corps à la grandeur de leurs poids atomiques, et l'on peut également, de ces relations, déduire des mesures indirectes des poids atomiques. La plus intéressante de ces relations est la loi relative aux chaleurs, spécifiques qui porte le nom de Dulong et Petit. Les corps solides, dont les poids atomiques ont pu être déterminés conformément à la définition, possèdent une chaleur spécifique sensiblement la même pour un poids de matière égal au poids atomique et voisine de 6,4. Voici à l'appui de cette loi quelques chiffres déjà cités dans une leçon précédente :

Al	Sb	Br	Fc	Mg	Mn	Au	Ph	Pb	Th	Zu
5,5	6,6	6,7	6,4	5,9	6,7	6,4	5,9	6,5	6,8	6,2

On doit encore mentionner, comme se rattachant au même point de vue, la classification périodique des éléments de Mendeléeff.

ANOMALIES

Les lois précédentes, relatives aux poids moléculaires et atomiques sont des lois seulement approchées. Leurs différents degrés d'approximation ont été indiqués à propos de chacune d'elles. Mais de plus, ces lois comportent un certain nombre d'exceptions complètes. Leur nombre est assez petit cependant pour que l'existence réelle d'une loi ne puisse pas être contestée.

Lois de Gay-Lussac.

L'acide acétique, l'acide formique s'écartent considérablement du volume moléculaire de 22,32 l. au voisinage de leur point d'ébullition. En général, pour tous les liquides, on constate un certain écart au voisinage de ce point d'ébullition, mais assez faible, comme le montrent les chiffres relatifs à l'eau et même un peu incertain en raison d'une cause d'erreur grave résultant de la condensation possible de la vapeur sur la paroi des vases au voisinage du point de saturation.

Acide acétique P.M = 60		Eau P.M = 18	
Point d'ébullition = 120°		Point d'ébullition = 100°	
125°	15,4 l.	105°	21,6 l.
150°	16,8	150°	22,3
200°	20,8	250°	22,4
250°	22,2		

Des écarts plus grands encore s'observent avec certaines vapeurs de corps composés : le chlorhydrate d'ammoniaque, le perchlorure de phosphore, le bromhydrate d'amylène, dont les poids moléculaires ne sont que moitié de ce qu'ils devraient être. On a réussi dans ce cas à démontrer, par

des méthodes expérimentales variées et précises, que ces
corps à l'état de vapeur étaient dissociés en deux corps différents et que le volume observé s'accordait parfaitement
avec le mode de dissociation. Dans le cas du bromhydrate
d'amylène C^5H^{10}, HBr, on peut, à basse température, de 150
à 180°, observer la densité normale correspondant au
volume moléculaire de 22,32 l. pour le composé, tandis qu'à
une température élevée le corps se dédouble en acide brom-
hydrique et en amylène, et à 360° la densité est diminuée
de moitié, soit deux molécules au lieu d'une seule.

Certains corps, comme le soufre, l'iode, le peroxyde
d'azote présentent des volumes moléculaires variant avec la
température. On explique ces anomalies d'une façon absolument logique en admettant qu'il se produit des polymérisations de ces corps, analogues à de véritables combinaisons du corps avec lui-même, qui diminuent naturellement
le volume moléculaire. Pour le soufre, le poids moléculaire,
calculé d'après la densité gazeuse, varie suivant la température de S^6 à S^2 et pour l'iode de I^2 à I. Le tableau ci-dessous donne les résultats relatifs à l'iode.

IODE

t	P,Mol.
800	254
1.000	200
1.250	160
1.400	150

Lois de Raoult et Van't Hoff.

Les poids moléculaires calculés d'après les variations de
propriété des dissolutions donnent lieu à deux sortes
d'anomalies. Certains corps semblent posséder des poids
moléculaires différents, suivant le dissolvant où ils sont
étudiés. C'est par exemple le cas de l'iode, du phosphore,
du soufre, dont les poids moléculaires peuvent ainsi varier
du simple au double et même au triple. On admet qu'il se

produit dans les liquides des polymérisations différentes.
L'existence de différences dans l'état d'un même corps dissous dans différents réactifs s'accuse parfois par des différences de coloration, comme pour l'iode qui, suivant les
cas, prend la couleur violette ou la couleur brune. Quelques métaux dissous dans le mercure donnent lieu à des
écarts du même genre :

	PM	
	vrai	calculé
Na	23	12
Ba	137	75
Ca	40	20

Une autre anomalie bien plus importante est celle à
laquelle donnent lieu les solutions aqueuses. Certains corps
organiques comme le sucre dissous dans l'eau, ne présentent
aucun phénomène spécial. Au contraire, les solutions des
sels métalliques, qui ont la propriété d'être conductrices de
l'électricité, donnent toutes lieu à des anomalies complètes.
L'abaissement dans la tension de vapeur de l'eau est bien
plus considérable pour une molécule d'un sel, comme le
chlorure de sodium, que pour une molécule de sucre. Il
est 1,8 fois plus grand pour ce sel, mais ce rapport varie
suivant la nature des sels. On doit alors modifier la loi de
Raoult, et la mettre sous la forme :

$$\frac{F - F'}{F} = i.c.$$

i étant un coefficient dépendant de la nature du sel et toujours plus grand que l'unité.

Arrhénius a rattaché ces particularités à une théorie bien
connue relative à la dissociation électrolytique des sels dissous en ions.

Loi de Ramsay.

La loi relative aux tensions capillaires de Ramsay et
Shields donne lieu à quelques anomalies semblables ; elle
conduirait, pour l'acide acétique et l'acide formique, à des
poids moléculaires beaucoup plus élevés que ceux déduits
des analogies chimiques :

	PM vrai	PM calculé
Acide acétique. . . .	6o	97
Acide formique . . .	46	7¹

Ces deux corps sont donc anormaux à l'état liquide
comme à l'état de vapeur.

DÉTERMINATION EXPÉRIMENTALE DES POIDS MOLÉCULAIRES

Généralités. — Mesure des densités gazeuses. — Méthode de Dumas. — Précision des mesures. — Méthode de Gay-Lussac. — Précision des mesures. — Méthode de Victor Meyer. — Précision des mesures. — Mesure des tensions superficielles. — Méthode de Ramsay et Shields. — Précision des mesures. — Ébullioscopie. — Dispositif expérimental. — Précision des mesures. — Cryoscopie. — Dispositif expérimental. — Précision des mesures.

Généralités.

La détermination expérimentale de la grandeur des poids moléculaires est une opération importante de la chimie. Chaque fois que l'on prépare un nouveau corps, il y a intérêt à connaître exactement son poids moléculaire, parce que de cette connaissance découle souvent, d'une façon immédiate, toute une série de renseignements relatifs aux propriétés de ce corps. Cela est particulièrement vrai des composés de la chimie organique. Le poids moléculaire est une constante chimique bien plus importante encore que les constantes physiques : densité, points de fusion et d'ébullition, indice de réfraction dont on se sert constamment pour caractériser et identifier chaque corps. Il est donc indispensable de se familiariser avec les méthodes expérimentales servant à ces déterminations et de connaître le degré de précision qu'elles comportent.

(1) Cette leçon n'a pas été professée par suite du manque de temps.

Quand on est en présence de corps gazeux ou volatils on emploie de préférence les mesures de densité gazeuse, puis - qu'elles servent précisément de base à la définition des poids moléculaires. Mais bien des corps ne peuvent pas pratiquement être amenés à l'état de vapeur, soit que leur point d'ébullition corresponde à une température difficile à réaliser au laboratoire, comme cela arrive avec un grand nombre des corps réfractaires de la chimie minérale, soit qu'ils se décomposent sous l'action de la chaleur avant de se vaporiser, comme le font un grand nombre des compo- sés organiques. Dans les cas semblables, on doit recourir à des méthodes particulières, fondées sur quelques-unes des lois, relatives aux poids moléculaires, étudiées dans la leçon précédente.

Mesure des densités gazeuses.

Par définition, le poids moléculaire d'un corps est celui des multiples entiers de son poids proportionnel de combi- naison qui occupe, à $0°$ et 760 millimètres, un volume sensiblement égal à $22,32$ litres. La méthode la plus directe pour la détermination du poids moléculaire consiste donc à mesurer, dans des conditions convenables de pression et de température, le poids d'un volume donné du gaz ou de la vapeur ; de cette mesure on déduit ensuite par le calcul, en tenant compte des pressions et des températures obser- vées au moment de l'expérience, le poids d qu'occuperait un litre de cette vapeur à $0°$ et 760 millimètres. Le poids mo- léculaire M est alors donné par la relation :

$$M = 22,32\ d.$$

Le poids du litre d se déduit de la mesure du volume V, de celle de la température $T = t + \alpha\left(\frac{1}{\alpha}\right.$ étant le coefficient de di- latation du gaz, soit $1/273$ pour les gaz parfaits), de celle de la pression h exprimée en millimètres de mercure et de celle du poids P du corps employé. On s'appuie pour cela sur les lois de Mariotte et de Gay-Lussac en commençant par calculer le volume V_0 qu'occuperait le même poids du corps à o et 760 :

$$\frac{760 \cdot V_0}{\alpha} = \frac{h \cdot V}{t+\alpha}$$

$$\text{d'où } V_0 = V \frac{h}{760} \cdot \frac{\alpha}{t+\alpha}$$

divisant ensuite P par V_0 on a :

$$d = \frac{P}{V} = \frac{760}{h} \cdot \frac{t+\alpha}{\alpha} \cdot P$$

et pour le poids moléculaire

$$M = 22,32 \cdot \frac{P}{V} \frac{760}{h} \cdot \frac{t+\alpha}{\alpha}$$

Méthode de Dumas.

Dans la détermination des poids moléculaires, on peut employer trois méthodes différentes pour la mesure de la densité d; la plus précise, la seule employée lorsque l'on se propose d'obtenir des résultats très exacts est la méthode dite de Dumas, qui a été étudiée d'abord par Dulong et Petit, puis perfectionnée successivement par Dumas, Regnault, Sainte-Claire Deville, Leduc. Elle consiste à peser le poids de gaz ou de vapeur remplissant dans des conditions données de pression et de température, un ballon d'un volume déterminé. Cette méthode s'applique également aux gaz et aux vapeurs, son application a été poussée par Sainte-Claire Deville jusqu'à des températures supérieures à 1.000°, en remplaçant les ballons de verre de Dumas par des ballons de porcelaine. Le volume des ballons employés, lorsqu'il s'agit seulement de détermination de poids moléculaires, est voisin de un demi-litre ; pour les mesures de haute précision sur les gaz, on a employé des ballons de plusieurs litres.

Le principe de la méthode consiste à peser successivement le ballon rempli du gaz et le même ballon vide. Quand il s'agit de gaz, permanents à la température ordinaire, on ferme le ballon avec un robinet ; quand il s'agit au contraire de vapeurs peu volatiles, obligeant à remplir le ballon à une température élevée, on le termine par une pointe effilée que l'on ferme à la lampe d'émailleur, ou avec le chalumeau oxhydrique dans le cas des ballons en porcelaine.

Pour remplir le ballon de gaz ou de vapeurs sans y laisser d'air, on procède de la façon suivante : s'il s'agit d'un gaz, on fait le vide dans le ballon d'une façon aussi parfaite que possible, on le remplit une première fois de gaz, on fait le vide une seconde fois et on le remplit à nouveau de gaz. On peut considérer alors le remplissage comme parfait après la seconde opération. Si en effet on a fait le vide à un demi-millimètre de mercure, ce que les pompes à mercure

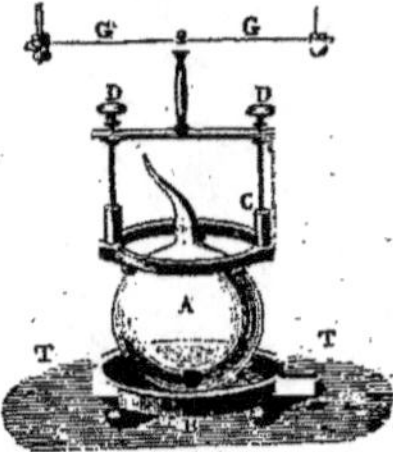

Fig. 48.

permettent de réaliser facilement, le volume d'air resté en mélange après le premier remplissage représentera moins de un millième du volume total et après le second remplissage, moins de un millionième. S'il s'agit d'une vapeur, on introduit dans le ballon le corps volatil en quantité plus que suffisante pour le remplir, on le porte dans un milieu à température constante, généralement un bain d'huile dont la température est précisément celle à laquelle on veut faire la mesure. On observe le dégagement de la vapeur par l'orifice effilé et aussitôt que le dégagement s'arrête, on ferme à la lampe. La figure 48 montre la disposition employée par Dumas, le ballon en verre est pris dans une armature métallique qui permet de le maintenir plongé dans le bain d'huile. La figure 49 montre le dispositif de Sainte-Claire Deville pour chauffer les ballons de porcelaine dans des bains de vapeur à température fixe d'ébullition, soufre, cadmium ou zinc.

Au lieu de peser le ballon vide, il peut être plus simple

Fig. 49.

de le peser rempli d'air sec, en mesurant bien entendu la pression et la température correspondant au remplissage et d'ajouter le poids de cet air, facile à calculer d'après le volume du ballon, à l'augmentation de poids observée après remplissage par la vapeur.

Précision des mesures.

Il est toujours très important dans toute expérience de mesure de se rendre compte du degré de précision possible à atteindre dans les conditions expérimentales où l'on se place. Il faut pour cela établir la relation existant entre les erreurs commises sur chaque mesure et l'erreur qui peut en résulter sur le résultat cherché. Dans le cas où le résultat cherché se déduit des grandeurs mesurées, par de simples multiplications ou divisions, on obtient immédiatement la relation qui rattache l'erreur relative sur le résultat aux erreurs relatives commises sur chacune des variables de la fonction en prenant la différentielle logarithmique des deux membres de l'égalité. En appliquant cette méthode à la formule donnée plus haut pour exprimer le poids moléculaire, on obtient la relation suivante entre les erreurs relatives :

$$\frac{d\mathrm{M}}{\mathrm{M}} = \frac{d\mathrm{P}}{\mathrm{P}} - \frac{d\mathrm{V}}{\mathrm{V}} - \frac{dh}{h} + \frac{d(t+\alpha)}{t+\alpha} - \frac{d\alpha}{\alpha}$$

Voyons maintenant quelle est l'importance relative de chacun de ces termes :

α). Le coefficient de dilatation $\dfrac{1}{\alpha}$ n'est pas connu, il n'est d'ailleurs pas mesurable jusqu'à la température ordinaire pour les vapeurs condensables. On prend dans tous les cas le coefficient de dilatation des gaz parfaits, c'est-à-dire $\alpha = 273$. Pour les différents gaz, dont le coefficient de dilatation a pu être mesuré, l'écart avec celui des gaz parfaits, à condition de le prendre suffisamment loin du point de liquéfaction, est inférieur à 1 p. 100.

$t + 273$). La température absolue $t + 273$ comporte une double erreur possible, l'une provenant de la mesure de la température et l'autre de la valeur 273, prise arbitrairement pour α. L'erreur de ce dernier chef étant de signe contraire à celle du terme précédent relatif à α, il se produit une compensation d'autant plus complète que la température t à laquelle on a fait l'expérience est plus voisine de celle de la glace fondante. L'erreur sur le coefficient de dilatation $1/\alpha$ n'intervient plus, bien entendu, si la mesure a été faite exactement à $0°$.

L'erreur sur la mesure de la température est facilement inférieure à $1°$ au-dessous de $100°$, à $5°$ au-dessous de $500°$ et à $20°$ au-dessous de $1.000°$, ce qui correspond à des erreurs croissant de $0,2$ à 2. p. 100.

h et V). Le volume du ballon est généralement d'un demi-litre, la pression voisine de 760 mm., il est facile de mesurer chacune de ces grandeurs à moins de $0,1$ p. 100 près.

P). La détermination du poids P de la substance est celle qui comporte les causes d'erreurs les plus nombreuses et les plus considérables. Ce poids est presque toujours inférieur à 1 gramme, et peut descendre jusqu'à $0,2$ gr. Il est obtenu par différence entre deux pesées, celle du ballon plein et celle du ballon vide ; le poids de ce ballon devient considérable quand on emploie des ballons en porcelaine. D'autre part, le volume d'air déplacé par le ballon nécessite une correction qui est de l'ordre de grandeur du poids même de la vapeur pesée. Les conditions atmosphériques d'ailleurs ne restent pas longtemps constantes et il faut une correction différente lors de la pesée du ballon plein et du ballon vide. Regnault a apporté un très grand perfectionnement à cette méthode en employant comme tare un ballon fermé ayant exactement le volume de celui qui renferme la vapeur.

Une autre cause d'erreur notable provient de la condensation de la vapeur d'eau à la surface du verre des ballons et de leur électrisation quand on les frotte avec un linge sec pour les essuyer. Le même phénomène se produit sur les deux ballons, mais d'une façon trop irrégulière pour que la compensation soit parfaite. Dans les expériences de grande précision, on s'astreint à faire les pesées dans l'air complètement sec en laissant pendant plusieurs heures les ballons sur la balance pour qu'ils aient le temps de se sécher et de se désélectriser.

Dans les mesures rapides, telles que celles que l'on fait pour la détermination des poids moléculaires, on arrive facilement à commettre sur cette pesée de la vapeur ou du gaz des erreurs de quelques centièmes; on peut cependant dans tous les cas et sans beaucoup de soin obtenir des poids moléculaires exacts à moins de 5 p. 100 près.

Nous n'avons discuté ici que les erreurs de mesures proprement dites. Il y a encore des causes d'erreur d'une autre nature ne se rattachant pas à des grandeurs mesurées et ne figurant pas dans la formule, parce qu'elles sont supposées à priori non existantes.

La première de ces erreurs se rapporte au degré de pureté des corps étudiés; il est difficile d'obtenir des produits rigoureusement purs et il suffit de petites quantités d'impuretés dans le cas des vapeurs pour fausser considérablement les résultats. Un grand nombre de produits organiques sont purifiés par distillation fractionnée. Les impuretés laissées par cette méthode sont presque toujours des corps moins volatils que le corps étudié. On introduit dans le ballon à densité un excès du corps pour chasser l'air, de cette façon les parties les moins volatiles s'accumulent dans la matière vaporisée en dernier, et la proportion finale d'impuretés se trouve ainsi multipliée par le rapport du poids de matière employée à celui du poids de la vapeur qui remplit le ballon.

Une seconde cause d'erreurs du même ordre se rattache au mode de remplissage du ballon. Si on le ferme avant la fin de la volatilisation, on a une surcharge, si on le ferme au contraire trop tard, il se produit des rentrées d'air par diffusion; de même si on n'emploie pas un excès convenable du corps volatil, l'expulsion de l'air est incomplète. On peut vérifier, à la fin de l'expérience, l'absence d'air en cassant la pointe du ballon sous du mercure ou sous de l'eau, récemment bouillie pour en expulser l'air dissous. La présence d'une bulle d'air indique l'existence de cette erreur et permet, en mesurant son volume, de faire la correction voulue. Avec un peu d'expérience, on arrive rapidement à annuler l'importance de cette cause d'erreur.

Méthode de Gay-Lussac.

La méthode de Dumas a pour les chimistes l'inconvénient de nécessiter une dépense de temps exagérée, sans comporter, dans les conditions où ils l'emploient, une précision très grande. La méthode de Gay-Lussac, surtout avec les perfectionnements apportés par Hofmann, a l'avantage d'être d'un emploi beaucoup plus rapide, mais elle ne s'applique ni aux corps gazeux ni aux corps qui sont volatils seulement au-dessus de 250°. L'appareil se compose essentiellement d'un tube barométrique de 1 mètre de hauteur, 15 millimètres de diamètre intérieur, portant à la fois une division en longueur pour mesurer la hauteur de la colonne de mercure et en capacité pour mesurer le volume de la vapeur. Il est chauffé à une température déterminée et on introduit dans la chambre barométrique primitivement vide le corps volatil pesé à l'avance. On l'enferme pour cela dans une petite ampoule fermée avec un bouchon à l'émeri et on fait pénétrer cette ampoule à travers le mercure par l'orifice intérieur du tube barométrique. L'ampoule monte au niveau supérieur du mercure ; elle s'y échauffe bientôt et la pression de la vapeur chasse le petit bouchon à l'émeri ; la vapeur, se répand dans l'espace vide et fait baisser par sa pression la colonne de mercure. On mesure au moyen de la double graduation du tube le volume occupé par la vapeur, la hauteur restante de la colonne mercurique qu'il faudra retrancher de la hauteur du baromètre pour avoir la pression et enfin la température.

Pour le chauffage du tube barométrique, Gay-Lussac employait un manchon en verre rempli d'huile plongeant dans une marmite en fonte remplie de mercure ; on chauffait cette marmite par le dessous et des agitateurs dans le bain d'huile servaient à égaliser la température. Il fallait naturellement introduire le corps quand tout l'appareil était froid et attendre pour faire la mesure que tout l'appareil fût échauffé, ce qui demandait plus d'une heure.

Le perfectionnement apporté par Hofmann a consisté, comme le montre la figure 50, à chauffer la partie supérieure du tube au moyen d'un courant de vapeur à température d'ébullition fixe. On a l'avantage ainsi d'avoir une température rigoureusement constante, un chauffage beaucoup plus rapide, tout en conservant froide la partie inférieure du tube. On trouvera dans un tableau donné plus loin les points d'ébullition de quelques-uns des liquides dont la vapeur peut servir au chauffage du tube. Avec ce perfectionnement, la méthode de Gay-Lussac permet de faire une mesure de densité de vapeur en moins d'une heure, quand par la méthode de Dumas il faut une demi-journée.

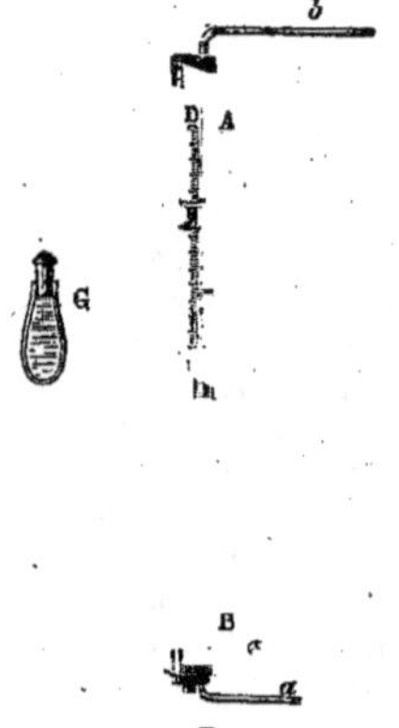

Fig. 50.

Précision des mesures.

La discussion des causes d'erreurs de cette méthode peut

être faite rapidement en se reportant à ce qui a été dit à l'occasion de la méthode de Dumas. La grande différence est que le volume et par suite le poids de matière employée sont de cinq à dix fois moindres que dans la première méthode. L'erreur sur des pesées, portant rarement sur un décigramme, est de beaucoup la plus importante. L'attention doit principalement se porter de ce côté. Par contre, on a le grand avantage de ne pas s'exposer à laisser de l'air dans la vapeur, ni à multiplier la proportion d'impuretés initialement contenues dans le produit. On peut également arriver par cette méthode à des résultats exacts à moins de 5 p. 100 près.

Méthode de Victor Meyer.

Cette méthode qui est aujourd'hui la plus employée dans les laboratoires est de beaucoup la plus simple comme manipulation et expose par suite à de moindres erreurs les expérimentateurs inexpérimentés. Elle ne s'applique pas facilement aux gaz, mais elle convient pour tous les corps volatils, même aux températures les plus élevées, puisque Nernst l'a appliquée avec succès jusqu'à des températures de 2.000°, en employant des vases en iridium.

Le principe de la méthode consiste essentiellement à laisser tomber un poids connu d'une substance volatile dans le réservoir d'un gros thermomètre en verre, porcelaine ou iridium suivant les cas, chauffé notablement au-dessus du point d'ébullition de la matière et à mesurer à la pression et à la température ordinaires le volume d'air déplacé par cette vapeur. De la mesure des volumes, pression et température de cet air, on déduit son poids P'. Le rapport du poids de la matière P au poids P' de cet air est précisément égal au rapport du poids moléculaire cherché au poids de 22,32 l. d'air, soit 28,86 gr. Pour s'en rendre compte il suffit d'appliquer la formule donnée plus haut pour le calcul du

poids de 22,32 l. d'un gaz, c'est-à-dire du poids moléculaire, successivement à la vapeur et à l'air. Ce qui donne
les deux équations :

$$M = 22,32 \cdot \frac{P}{V} \cdot \frac{760}{h} \cdot \frac{t+\alpha}{\alpha}$$

$$28,86 = 22,32 \cdot \frac{P'}{V} \cdot \frac{760}{h} \cdot \frac{t+\alpha}{\alpha}$$

Divisant membre à membre, en remarquant que pour la
vapeur et l'air qui se
remplacent à l'intérieur
du réservoir du pyro-
mètre, les volumes, pres-
sions et températures
sont identiques, en né-
gligeant la différence entre le coefficient de dilatation inconnu de la va-
peur et celui de l'air, il
vient :

$$M = 28,86 \cdot \frac{P}{P'}$$

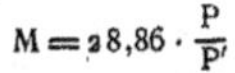

Pour les mesures cou-
rantes, faites aux tem-
pératures inférieures à
500°, on emploie très
commodément des liqui-
des à point d'ébullition
fixe, qui permettent de
réaliser facilement des
températures uniformes
dans des enceintes de
grande dimension, con-
dition absolument essen-

Fig. 51.

tielle pour l'application exacte de cette méthode. Leur emploi permet en outre de connaître la température exacte de l'expérience. La connaissance de cette température est inutile pour les calculs puisqu'elle ne paraît pas dans la formule, elle est cependant intéressante à connaître, au moins dans certains cas exceptionnels où le poids moléculaire varie avec la température.

Voici les points d'ébullition de quelques liquides employés souvent à cet usage :

Corps	Température	Tension de vapeur
Sulfure de carbone, CS^2	40°	617,5
	50°	857,1
Benzine chlorée, C^6H^5Cl	120°	542,8
	130°	719
Aniline C^6H^7Az	180°	677,2
	185°	771,5
Salicylate de méthyle, $C^8H^8O^3$	220°	710,2
	224°	779,9
Mercure Hg	350°	658,0
	359°	770,9
Soufre S	443°	700
	452°	800

Précision des mesures.

Le calcul habituel donne, pour l'erreur sur le poids moléculaire ainsi déterminé, la valeur :

$$\frac{dM}{M} = \frac{dP}{P} - \frac{dP'}{P'}$$

La grandeur de ces deux poids, et par suite l'importance des erreurs à prévoir, dépend des dimensions du réservoir du thermomètre où se produit la vaporisation. Pratiquement aux températures inférieures à 500° on emploie des récipients en verre de 100 centimètres cubes environ de capacité. Entre 500° et 1.500°, des récipients en porcelaine d'environ 20 centimètres cubes, et de 1.500° à 2.000°, des récipients en iridium d'environ 5 centimètres cubes. Les poids de matières employées décroissent rapidement à me-

sure que la température d'expérience s'élève par la double
raison que les volumes des récipients diminuent et qu'en
même temps la dilatation de la vapeur par la chaleur diminue sa quantité, sa densité, et par suite son poids dans un
volume donné. Ce poids peut ainsi varier de quelques déci-
grammes à quelques milligrammes. On voit par suite les
erreurs des pesées, sans grande importance dans les expériences faites à basse température, prendre une très grande
importance aux températures élevées.

Le poids de l'air déplacé se déduit de la mesure de son
volume. C'est du degré de précision de la mesure du volume que dépend exclusivement la précision avec laquelle
est connu le poids P′ de l'air. Les volumes ainsi mesurés
varient de près de 100 centimètres cubes à moins de 0,5 centimètre cube.

On voit par cette discussion que la méthode comporte
une précision relativement très grande aux basses températures où elle permet des mesures exactes à 1 p. 100
près. Vers 2.000°, elle est encore satisfaisante et paraît pouvoir donner des mesures exactes à moins de 10 p. 100 près.
C'est donc pour les expériences courantes des trois méthodes, de beaucoup la plus précise et la plus simple.

Mesure des tensions superficielles.

La formule d'Eötvös donne une relation entre la tension
superficielle d'un liquide et son poids moléculaire.

$$\gamma V^{2/3} = K (\Theta - T) \quad \text{où } K = 2,1 \text{ en moyenne}$$

γ tension superficielle par centimètre linéaire exprimée
en dynes ;

V, volume moléculaire ;

Θ, température critique diminuée de 5° ;

T, température actuelle du liquide.

Pour mettre en évidence dans cette formule le poids moléculaire M cherché, nous remarquerons que l'on peut écrire :

$$V = M\nu$$

où ν serait le volume de 1 gramme.

L'équation devient alors :

$$\gamma \, (M\nu)^{2/3} = K \, (\Theta - T)$$

En mesurant toutes les grandeurs autres que M contenues dans cette formule, on pourra s'en servir pour calculer M.

Quelques-unes des grandeurs figurant dans cette formule ne sont pas mesurées directement, mais déduites de la mesure de certaines autres grandeurs. Il est préférable de mettre ces dernières en évidence.

On ne mesure pas directement la tension superficielle γ, mais on la déduit de la mesure de la hauteur d'ascension du liquide dans un tube capillaire de diamètre connu. Pour obtenir la relation permettant de calculer ainsi γ, on écrit que la tension superficielle sur tout le périmètre du tube fait équilibre au poids de la colonne liquide soulevée :

$$2\pi r \, . \, \gamma = 981 \, . \, \pi r^2 \, . \, d \, . \, h$$
$$\gamma = 490,5 \, r \, . \, d \, . \, h$$

r, rayon du tube en centimètres;

h, hauteur du liquide soulevé ;

d, densité, masse de 1 centimètre cube en grammes.

Le coefficient 981 est introduit pour passer des forces exprimées en grammes aux forces exprimées en dynes.

On ne mesure pas directement le volume de 1 gramme, mais bien au contraire, la masse d de 1 centimètre cube.

$$v = \frac{1}{d}$$

On mesure directement les températures.

En introduisant dans la formule d'Eötvös les grandeurs mesurées directement, on arrive finalement à la relation :

$$490,5 \, . \, M^{2/3} r h d^{1/3} = K(\Theta - T)$$

Pour se rendre compte du degré de précision avec laquelle la valeur de M est ainsi déterminée, il faut établir la relation qui relie l'erreur relative sur la valeur de M aux erreurs relatives des autres termes de la fonction. Il suffit pour cela de prendre comme précédemment la différentielle logarithmique des deux membres.

$$\frac{2}{3}\frac{\Delta M}{M} + \frac{\Delta r}{r} + \frac{\Delta h}{h} + \frac{1}{3}\frac{\Delta d}{d} = \frac{\Delta K}{K} + \frac{\Delta(\Theta - T)}{\Theta - T}$$

ou après simplification :

$$\frac{\Delta M}{M} = 1{,}5\frac{\Delta K}{K} + 1{,}5\frac{\Delta(\Theta - T)}{\Theta - T} - 1{,}5\frac{\Delta r}{r} - 1{,}5\frac{\Delta h}{h} - 0{,}5\frac{\Delta d}{d}$$

Discutons successivement la valeur de chacun des termes du second membre :

$1{,}5\dfrac{\Delta K}{K}$). La valeur moyenne de K pour les différents corps étudiés est de 2,1 ; mais avec des variations extrêmes en plus ou en moins de 10 p. 100 sans parler des corps tout à fait anormaux. L'erreur possible de ce chef, sur la détermination de M, est de 15 p. 100.

$1{,}5\dfrac{\Delta(\Theta - T)}{\Theta - T}$). L'écart $\Theta - T$ est en général d'au moins 250° ; la mesure de la température T de l'expérience peut se faire à 1/10 de degré près. La température critique, dans le cas, du moins, des corps pour lesquels elle a été mesurée, peut être connue à 1° près. L'erreur provenant de ce terme semblerait donc, à première vue, devoir être très faible, inférieure à 1 p. 100. Mais en fait, on connaît depuis longtemps le poids moléculaire de tous les corps dont on a déterminé la température critique ; pour eux, la méthode en question est donc sans intérêt. La détermination de la température critique des corps pour lesquels elle n'est pas connue est une opération extrêmement longue et délicate, impossible d'ailleurs, dans la grande majorité des cas, pour la plupart des substances organiques qui se décomposent déjà à des températures inférieures au point critique.

De ce seul fait, l'utilisation directe de la formule d'Eötvös est donc pratiquement impossible. Il n'y a donc pas lieu d'insister davantage sur les incertitudes résultant des erreurs commises dans la mesure des trois autres grandeurs de la formule r, h, d.

Méthode de Ramsay et Shields.

MM. Ramsay et Shields ont très ingénieusement remarqué que l'on pouvait, en combinant deux séries de mesures faites à des températures différentes, faire disparaître la température critique. En écrivant la formule d'Eötvös pour deux températures T_0, T_1 et les retranchant membre à membre, il vient :

$$490,5\ M^{2/3}(r_1 h_1 d_1^{1/3} - r_0 h_0 d_0^{1/3}) = K(T_1 - T_0)$$

Pour discuter l'incertitude sur la détermination de M, nous négligerons les variations de r et d avec la température qui peuvent être connues avec une précision relative tellement grande qu'elles sont sans importance pour le résultat cherché et nous écrirons :

$$490,5\ M^{2/3} r d^{1/3}(h_1 - h_0) = K(T_1 - T_0)$$

dont la différentielle logarithmique donne la relation :

$$\frac{\Delta M}{M} = 1,5\ \frac{\Delta K}{K} + 1,5\ \frac{\Delta(T_1 - T_0)}{T_1 - T_0} - 1,5\ \frac{\Delta r}{r} - 1,5\ \frac{\Delta(h_1 - h_0)}{h_1 - h_0} - 0,5\ \frac{\Delta d}{d}$$

Reprenons la discussion de l'influence des erreurs commises sur chaque terme.

$1,5\ \dfrac{\Delta K}{K}$) représente comme on l'a dit plus haut 15 p. 100.

$1,5\ \dfrac{\Delta(T_1 - T_0)}{T_1 - T_0}$). On est limité pour la grandeur de la différence de température T_1—T_0 qu'il y aurait intérêt à rendre aussi forte que possible, par la difficulté de maintenir la température constante dans tout l'appareil tout en se laissant des regards pour faire les visées. On se contente en général d'un écart de 25° ; chacune des températures T_1 et T_0 peuvent être mesurées à 1/10e de degré près ; en supposant que les deux erreurs soient de signe contraire et par suite s'ajoutent, l'erreur relative résultante pour M sera :

$$\frac{1,5 \cdot 0,2}{25} = 1,2 \text{ p. } 100.$$

$1,5\ \dfrac{\Delta r}{r}$). La nécessité d'avoir une différence suffisamment grande des hauteurs d'ascension du liquide oblige à employer des tubes très fins de 0,01 cm. de rayon. La mesure de ces diamètres très fins est une opération très délicate, d'autant plus qu'il est impossible d'avoir un tube rigoureusement cylindrique, le diamètre varie d'un point à l'autre grâce à un artifice extrêmement ingénieux. MM. Ramsay et Shields sont arrivés à faire cette mesure à quelques millièmes de millimètre près, de telle sorte que l'erreur relative résultant du terme $1,5\ \dfrac{\Delta r}{r}$ peut être rendue inférieure à 5 p. 100.

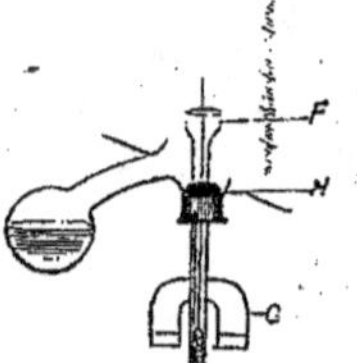

Fig. 52.

$1,5\ \dfrac{\Delta(h_1 - h_0)}{h_1 - h_0}$). Avec des tubes de 0,01 cm. de rayon, et des différences de température de 25°, les différences de hauteur peuvent atteindre 5 millimètres. Si l'on fait à 0,01 cm. près les pointés sur le ménisque et sur la surface du liquide libre, soit en tout quatre mesures pour les deux températures, on aura dans le cas où toutes les erreurs s'ajouteraient $1,5 \cdot \dfrac{0,04}{0,5} = 12$ p. 100.

$0,5 \dfrac{\Delta d}{d}$). Les densités peuvent facilement être mesurées à un millième près, l'erreur de ce fait est donc négligeable : 0,05 p. 100.

En récapitulant l'influence des différentes erreurs de mesures sur la précision avec laquelle est déterminé M, on trouve, dans le cas où toutes les erreurs s'ajouteraient :

$$\frac{\Delta M}{M} = (15 + 1,2 + 5 + 12 + 0,05) \text{ p. } 100 = 33,25 \text{ p. } 100$$

La précision espérée est donc très médiocre et encore faut-il des expériences extrêmement soignées pour y arriver. On ne doit donc songer à employer cette méthode que dans les cas précis où les autres procédés pour la détermination des poids moléculaires se trouvent en défaut. En fait, elle n'est à peu près jamais employée dans les laboratoires de chimie.

Cryoscopie.

La loi de Raoult et Van't Hoff relative à l'abaissement du point de congélation des solutions salines peut être utilisée pour la détermination des poids moléculaires, dans les cas fréquents où il est impossible de faire des mesures de densité de vapeur. Cette méthode porte le nom de *Cryoscopie*. Rappelons la formule établie précédemment :

$$\frac{\Delta T}{c} = \frac{1}{500} \cdot \frac{T_0^2}{S}$$

Pour faire usage de cette formule, il faut exprimer la
fonction c, qui n'est pas une grandeur directement mesurable, au moyen des quantités de matières en présence dans
la dissolution et de leurs poids moléculaires. On a par définition :

$$c = \frac{n}{N + n}$$

et en appelant p et P les poids du corps dissous et du dissolvant, m et M leurs poids moléculaires :

$$n = \frac{p}{m} \qquad N = \frac{P}{M}$$

Pour simplifier les calculs, on négligera dans le dénomi-
nateur de la fraction donnant l'expression de c, le terme n
vis-à-vis de N, ce qui est légitime dans les solutions diluées,
et l'on posera approximativement l'égalité :

$$c = \frac{n}{N} = \frac{p}{m} \cdot \frac{M}{P}$$

Reportant cette valeur de c dans l'équation première, il
vient :

$$\Delta T \cdot \frac{m}{p} \cdot \frac{P}{M} = - \frac{1}{500} \frac{T_0^2}{S}$$

ou :

$$m = - \frac{1}{\Delta T} \cdot \frac{p}{P} \left(\frac{1}{500} \cdot \frac{M}{S} \cdot T_0^2 \right) = - K \frac{1}{\Delta T} \cdot \frac{p}{P}$$

Expression dans laquelle le coefficient :

$$K = \frac{1}{500} \cdot \frac{M}{S} \cdot T_0^2$$

ne dépend que de la nature du dissolvant employé et aucunement de la nature du corps dissous, ni de la concentration de dissolution, ni d'aucune des conditions particulières
de l'expérience. On peut directement calculer K, quand on
connaît pour le dissolvant la grandeur de son poids moléculaire M (en grammes), sa chaleur latente de fusion S rapportée à un poids moléculaire (en grandes calories) et sa

température de congélation T (en degrés centigrades absolus, soit $T = t + 273$).

Au lieu de calculer le coefficient K, en partant des trois grandeurs ci-dessus, il est souvent plus facile de le déterminer en faisant dissoudre dans le dissolvant un corps de poids moléculaire connu, en mesurant l'abaissement du point de congélation et en appliquant la formule ci-dessus pour calculer le coefficient K pris comme inconnu. Les deux méthodes donnent des résultats concordants, comme le montrent les chiffres ci-dessous :

Dissolvant	Calcul	Expérience
Eau	1.860	1.850
Acide acétique	3.880	3.900
Benzine	5.170	5.000
Phénol	»	6.800
Mercure	»	42.500

On a l'habitude de définir la composition de la dissolution en donnant le poids p du corps dissous contenu dans un poids P, toujours le même, du dissolvant : Raoult prenait 100 grammes et Van't Hoff 1.000 grammes. On fait alors passer cette valeur fixe de P dans le coefficient K qui prend ainsi des valeurs 100 ou 1.000 fois moindres. Dans le cas de l'eau, le coefficient K a pour valeur, avec la convention de Raoult, 19 et avec celle de Van't Hoff, 1,9 ; il n'y a là aucune difficulté. Mais on a le tort de désigner généralement ce coefficient K par le simple nom d'abaissement moléculaire du point de congélation sans distinguer celui qui est rapporté à 100 grammes de celui qui est rapporté à 1.000. Il peut en résulter une confusion.

Cette dénomination d'abaissement moléculaire provient de ce que la grandeur numérique du coefficient K représente, en degrés centigrades, l'abaissement que produirait la dissolution d'une molécule du corps dissous dans 1 gramme 100 ou 1.000 grammes du dissolvant, en supposant, ce qui est

absurde, au moins dans le premier cas, que la solubilité et
l'abaissement du point de congélation peuvent se prolonger
sans limite en suivant toujours la même loi.

Dispositif expérimental.

Le dispositif (fig. 53) recommandé par Raoult se com-

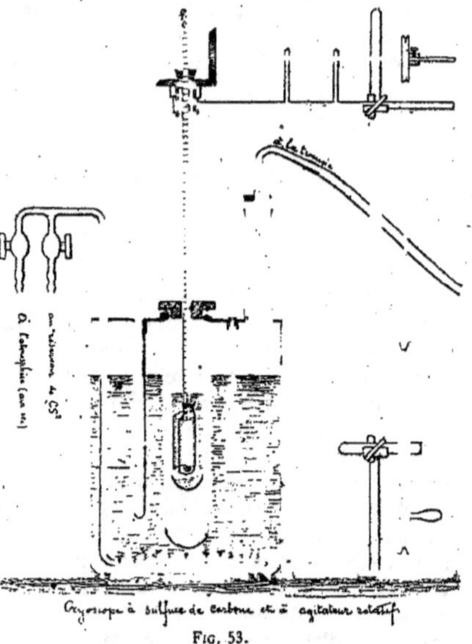

FIG. 53.

pose essentiellement de deux parties, un *réfrigérant* constitué par un bocal fermé rempli de sulfure de carbone dans

lequel on peut faire passer un courant d'air sec et le *cryo-scope* proprement dit, constitué par les deux éprouvettes en verre concentriques distantes de 5 millimètres environ ou mieux par une éprouvette à double paroi pour air liquide. Dans l'éprouvette centrale on place la dissolution étudiée au milieu de laquelle plonge un thermomètre divisé en $1/50^e$ de degré, qui porte lui-même un agitateur héliçoïdal en toile de platine.

On règle le courant d'air à travers le sulfure de carbone, de façon à amener la température de la dissolution à un demi-degré environ au-dessous de son point de congélation et quand cette température est stationnaire on projette dans la dissolution un fragment infinitésimal de glace pour faire cesser la surfusion. La température remonte de suite et l'on fait la mesure au moment où la température est devenue stationnaire.

On prend un poids de corps dissous capable de donner un abaissement de $1°$ environ. Ce poids est déterminé par des tâtonnements successifs.

On fait, bien entendu, avec le même thermomètre et à peu de distance, une mesure sur le dissolvant pur ; la différence des deux températures ainsi déterminées donne l'abaissement cherché.

L'obligation de ne pas laisser se produire une surfusion supérieure à un demi-degré et de régler en conséquence la température de l'enceinte complique un peu la réalisation de l'expérience. Cette règle essentielle est motivée par les considérations suivantes. En laissant une trop forte surfusion se produire, on donnerait naissance à deux causes d'erreur distinctes. En premier lieu, le poids du liquide congelé au moment de la cristallisation du dissolvant est nécessairement d'autant plus grand que la température initiale est plus basse et cette cristallisation change la concentration de la dissolution. En second lieu la température maxima observée pendant la cristallisation n'est pas exactement celle de congélation, c'est-à-dire le point où la dissolution est en équilibre avec le dissolvant congelé, mais bien celui où la chaleur fournie par la cristallisation est égale à celle enlevée dans le même temps par l'enceinte restée à la température initiale de la cristallisation. Plus cette température sera basse, plus la vitesse de cristallisation du dissolvant sera grande et par suite plus l'écart avec le point de congélation sera important.

Précision des résultats.

L'incertitude sur les résultats obtenus par cette méthode tient à deux causes distinctes. D'une part la formule n'est qu'approchée, puisqu'on s'est appuyé sur la loi expérimentale de tonométrie d'une approximation assez faible ; d'autre part il y a à tenir compte, comme toujours, des erreurs expérimentales des mesures.

On indiquera d'abord rapidement, sans s'attacher à une démonstration complète, qui entraînerait trop loin, les erreurs imputables à la première cause.

La loi de Raoult n'est qu'approchée. On aurait dû écrire :

$$\frac{F'}{F-F'} = c\,(1 + \varepsilon)$$

L'erreur ε n'atteint pas en général 5 p. 100, quand on se limite aux solutions diluées, comme cela est partout sous-entendu ici.

L'erreur commise en limitant le développement du logarithme de $(1-c)$ à son premier terme est mise en évidence par la formule :

$$\mathrm{Log}\,(1-c) = -c.\,(1-c/2)$$

La concentration c est toujours inférieure à 5 p. 100. Enfin on aurait dû écrire :

$$\text{au lieu de } c = \frac{n}{N} \qquad c = \frac{n}{N}\,(1-c)$$

En ajoutant toutes ces erreurs il vient :

$$\varepsilon + c - c/2 = \varepsilon + c/2$$

ce qui fait au maximum 7,5 p. 100.

Pour le calcul des erreurs d'expérience, nous prendrons comme précédemment la différentielle logarithmique de l'expression du poids moléculaire :

$$\frac{dm}{m} = \frac{d(\Delta T)}{\Delta T} - \frac{dp}{p} + \frac{dP}{P} + \frac{dK}{K}$$

ΔT résulte de la mesure de deux températures qui peuvent chacune être affectées d'une erreur de 1 à 2 centièmes de degré. Soit au maximum, pour un abaissement de 1°, 4 p. 100. Les erreurs sur les mesures des poids sont négligeables vis-à-vis des autres causes d'erreurs.

La valeur de K est exactement connue pour les liquides usuels.

Pour un nouveau dissolvant, il faudrait faire une détermination de K, en employant un corps de poids moléculaire connu. Les erreurs sur cette détermination seraient égales à l'ensemble de celles que nous venons de calculer pour une détermination isolée.

En résumé, on peut donc dire que l'erreur à craindre sur une détermination de poids moléculaire par la cryoscopie, d'un degré de précision ordinaire, est au maximum de 10 p. 100 si l'on emploie un dissolvant déjà bien étudié, ou du double si l'on se contente d'une expérience isolée pour la détermination de la constante d'un nouveau dissolvant.

Ébullioscopie.

La loi de Raoult et d'Arrhénius, sur l'élévation du point d'ébullition des solutions, peut exactement, comme la cryoscopie, conduire à une méthode pour la détermination des poids moléculaires. Cette méthode est connue sous le nom d'*ébullioscopie*.

Par des raisonnements identiques à ceux qui ont été employés dans le cas de la cryoscopie, on passe de la formule générale donnée plus haut :

$$\frac{\Delta T}{c} = \frac{1}{500} \cdot \frac{T^2}{L}$$

à la formule pratique employée pour les mesures :

$$m = \frac{1}{\Delta T} \cdot \frac{p}{P} \left(\frac{1}{500} \cdot \frac{M}{L} \cdot T^2 \right) = K \cdot \frac{1}{\Delta T} \cdot \frac{p}{P}$$

Les valeurs de la constante K peuvent se calculer en partant des données relatives au dissolvant : M, poids moléculaire ; L, chaleur latente moléculaire de volatilisation et T, température absolue d'ébullition. Ou bien on peut les déterminer expérimentalement en faisant dissoudre dans le dissolvant un corps de poids moléculaire connu. Voici quelques résultats :

Corps	Expérience	Calcul
Eau	520	520
Alcool	1.150	1.150
Acétone	1.680	1.670
Benzine	2.500	2.670

Méthode expérimentale.

Cette méthode présente une difficulté expérimentale sur laquelle il est indispensable d'appeler de suite l'attention. Quand on chauffe un liquide, son ébullition ne se produit que pour une température un peu supérieure à celle à laquelle correspond une pression de la vapeur du liquide égale à la pression extérieure. C'est le phénomène bien connu de la surchauffe, qui peut, dans les liquides privés de gaz dissous, atteindre plusieurs degrés et donne lieu aux productions brusques de grosses bulles de vapeur avec soubresauts, suffisants parfois pour briser les vases de verre. Un thermomètre, plongé directement dans le liquide chauffé par une source extérieure de chaleur, donne toujours une température trop élevée pour le point d'ébullition et les écarts sont très variables d'une expérience à l'autre. On ne peut éviter cette surchauffe qu'en chauffant le liquide avec la vapeur du même liquide, produite soit dans un appareil distinct, soit dans une partie de l'appareil éloignée de la place occupée par le thermomètre. En employant de la vapeur venant d'un vase extérieur, la condensation de cette vapeur changerait constamment le titre de la dissolution ; on doit donc donner la préférence au chauffage par un courant de vapeur produit dans l'appareil même. Le dispositif recommandé par M. Raoult consiste à placer au fond d'un tube de verre un petite quantité de mercure et au-dessus, des perles de verre ou du verre pilé. Le liquide emprisonné sous le verre est chauffé un peu au-dessus de son point d'ébullition et la vapeur produite se dégageant à travers les grains de verre vient chauffer le liqi'ide surnageant dans lequel le thermomètre est plongé.

On empêche la vapeur ainsi formée d'aller se perdre au-dehors, et de faire ainsi varier la concentration de la dissolution, en la condensant dans un réfrigérant à reflux. Il faut, bien entendu, pour que ce dispositif soit efficace, s'arranger de façon à ce que le poids de liquide ruisselant à un moment donné dans le réfrigérant ne représente qu'une fraction négligeable du poids total de la dissolution.

Une seconde cause d'erreur très importante dans la mesure des points d'ébullition, mais contre laquelle il est facile de se prémunir, est l'influence de la pression sur la température d'ébullition. Dans un liquide la pression croît avec la profondeur et par suite la température d'ébullition d'une couche horizontale de liquide diffère de celle des tranches supérieures ou inférieures. La variation dans l'eau est de $0°,03$ par centimètre de différence de niveau. Il est donc indispensable de maintenir le thermomètre à une place rigoureusement déterminée et de ne pas le déplacer entre les deux mesures successives faites sur le dissolvant pur et sur la dissolution. De même, il y a à se préoccuper des changements de pression atmosphérique, mais on rend cette cause d'erreur négligeable en ayant soin de faire les deux mesures d'une façon absolument consécutive. En dehors des jours de tempête, le changement de la pression barométrique n'atteint jamais 0,1 mm., de Hg en 5 minutes, temps largement suffisant pour faire les deux mesures. Ce changement de pression ne correspond pas à une variation du point d'ébullition de 1/2 centième de degré.

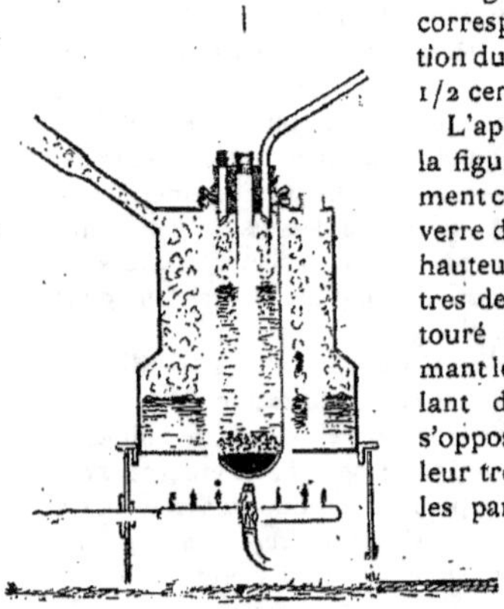

L'appareil représenté sur la figure 54 est essentiellement composé d'un tube en verre de 170 millimètres de hauteur et de 45 millimètres de diamètre. Il est entouré d'une étuve renfermant le même liquide bouillant dont le rôle est de s'opposer aux pertes de chaleur trop considérables par les parois de l'éprouvette.

On verse dans l'éprouvette un peu de mercure, 10 à 15 centimètres cubes de verre grossièrement pilé, puis le dissolvant pur sur lequel on veut opérer. On commence par déterminer le point d'ébullition du liquide avec un thermomètre de précision permettant de lire le 1/100° de degré. Ce thermomètre a dû être chauffé à l'avance dans l'étuve pendant au moins une demi-heure de façon à laisser au déplacement temporaire du O, le temps de se produire complètement. Aussitôt le point d'ébullition du liquide pur déterminé, on introduit

Fig. 54.

dans le dissolvant un poids connu du corps sur lequel on se propose d'opérer et l'on prend avec le même thermomètre, que l'on n'a pas laissé refroidir, la nouvelle température d'ébullition. La différence des deux températures ainsi mesurées donne le ΔT de la formule.

Cette méthode n'est applicable que lorsque le corps dissous n'est pas sensiblement volatil à la température d'ébullition du dissolvant. Cette condition est suffisamment remplie quand ce corps a un point d'ébullition supérieur de 120° au moins à celui du dissolvant.

Degré de précision.

La discussion des causes d'erreurs est tout à fait semblable à celle qui a été faite à propos de la cryoscopie. Les erreurs du fait de la formule sont identiquement les mêmes, soit un maximum de 7,5 p. 100.

L'erreur résultant des mesures ne diffère de celle de la cryoscopie qu'en ce que l'intervalle de température mesuré ΔT est plus faible. A concentration égale, l'élévation de température d'ébullition est de deux à quatre fois moindre que l'abaissement du point de congélation, parce que la chaleur latente d'ébullition L est notablement plus grande que la chaleur de fusion S. On le voit immédiatement en comparant la valeur des constantes K que nous avons données plus haut. Si l'on voulait obtenir des élévations de températures plus fortes, il faudrait employer des concentrations plus fortes; alors l'erreur résultant de l'emploi de la loi de tonométrie pour des concentrations exagérées et les erreurs résultant des termes négligés dans les calculs prendraient rapidement une importance considérable. On peut admettre qu'à soin égal le degré de précision des expériences d'ébullioscopie est environ deux fois moindre que celui des expériences de cryoscopie.

Choix d'une méthode pour la détermination expérimentale des poids moléculaires.

De toute cette discussion on peut tirer les conséquences suivantes au sujet du choix à faire dans chaque cas particulier de l'une ou l'autre de ces méthodes pour la détermination des poids moléculaires.

Si l'on a affaire à un corps gazeux à la température ordinaire, on prendra la méthode des densités de Dumas.

Pour un corps assez facilement volatil et ne se décomposant pas par la chaleur, on donnera la préférence à la méthode des densités de Victor Meyer.

Pour les corps ni gazeux ni volatils, mais solubles dans un réactif approprié, on prendra la cryoscopie.

Enfin pour un corps liquide qui ne serait soluble dans aucun réactif dont le point de congélation se prête facilement à des mesures précises, on pourrait songer à recourir à la méthode des tensions capillaires de Ramsay et Shields.

Ces indications, bien entendu, ne visent que les corps normaux et laissent de côté les cas particuliers relatifs aux corps dont les poids moléculaires changent avec la température, la pression, les dissolvants et toutes les solutions conductrices de l'électricité, comme celles des sels, des bases, et des acides dans l'eau.

INDEX BIBLIOGRAPHIQUE

Cet index bibliographique n'a aucunement la prétention d'être complet, de mentionner toutes les sources où ont été puisés les renseignements donnés au cours de ces leçons. Son seul objet est de signaler à l'attention des étudiants en chimie un certain nombre de mémoires se rattachant à l'objet même du cours et dont la lecture peut leur être profitable, en raison des idées générales qui y sont contenues, des réflexions que leur lecture peut provoquer ou de documents utiles à consulter qui y sont réunis.

Quelques-uns des mémoires mentionnés dans cet index ont été le point de départ d'une nouvelle branche de la science et présentent à ce point de vue une importance exceptionnelle, tels les travaux de Lavoisier, Sadi Carnot, Gay-Lussac, Berthelot et Moïssan. Ils doivent faire partie de la bibliothèque de tout chimiste, quand il est encore possible de se les procurer, ce qui n'est pas toujours facile. Ce serait même impossible pour le mémoire de Gay-Lussac sur les combinaisons gazeuses que peu de bibliothèques possèdent et dont, chose assez singulière, l'indication bibliographique n'est donnée nulle part.

Certains ouvrages signalés sont intéressants par le nombre et l'importance des documents accumulés, par exemple, l'*Essai de mécanique chimique* de Berthelot, le *Traité des gîtes minéraux* de de Launay, que l'on a constamment à consulter lorsque l'on s'occupe de chimie minérale, etc.

Des mémoires d'une importance moindre se rapportent à l'étude première de certains composés, de certaines lois particulières de la chimie : nickel-carbonyle, loi de Trouton, dissociation de l'oxyde de carbone, etc.

Par contre, on a passé sous silence les ouvrages très importants dans l'histoire de la science, comme la *Statique chimique* de Berthollet, l'*Équilibre des systèmes hétérogènes* de J. Williard Gibbs, dont la lecture est trop pénible pour que le profit à retirer de leur lecture pour les étudiants corresponde au temps qu'il faudrait y dépenser. Ces ouvrages ne sont intéressants à consulter que pour des chimistes expérimentés, qui les connaissent bien et auxquels il n'est pas utile de donner des indications bibliographiques.

PREMIÈRE LEÇON

DÉCOUVERTE DU FLUOR

Moissan, *le Fluor*, 1900, Steinheil, 2, rue Casimir-Delavigne, Paris.

LES CARBURES MÉTALLIQUES

Moissan, *le Four électrique*, Steinheil, 2, rue Casimir-Delavigne, Paris.

DEUXIÈME LEÇON

GISEMENTS DU CARBONE

De Launay, *Traité des gîtes minéraux et métallifères*, t. I, pp. 1 à 50 (1893) Baudry, 15, rue des Saints-Pères, Paris.

DENSITÉ DU GRAPHITE

H. Le Chatelier et Wologdyne, *C. R.*, t. CXLVI, 49, 1908.

PRINCIPE DE L'ÉTAT INITIAL ET FINAL

Berthelot, *Essai de mécanique chimique*, t. I, 7-13, 1879, Dunod et Pinat, 49, quai des Grands-Augustins, Paris.

TROISIÈME LEÇON

LOIS DE LA CRISTALLOGRAPHIE

De Lapparent, *Cours de. Minéralogie*, 1-223, 1908, Masson, 120, boulevard Saint-Germain, Paris.

LOI DES CHALEURS ATOMIQUES

Wurtz, *Leçon sur la théorie atomique professée devant la Société chimique*, p. 45, 1863, Hachette, 79, boulevard Saint-Germain, Paris.

QUATRIÈME LEÇON

L'ACÉTYLÈNE ET LA SYNTHÈSE ORGANIQUE

Berthelot, *Leçons sur les méthodes générales de synthèse en chimie organique*, 1864, Gauthier-Villars, quai des Grands-Augustins, Paris.

CINQUIÈME LEÇON

POUVOIR CALORIFIQUE DES COMBUSTIBLES

Mahler, *Contribution à l'étude des combustibles* (détermination industrielle de leur pouvoir calorifique), 1903, Baudry, 15, rue des Saints-Pères, Paris.

SIXIÈME LEÇON

CONDENSATION PAR LE CHARBON DE BOIS

Dewar, *Royal Institution of Great Britain*, 20 janvier 1905.

RÉVERSIBILITÉ DES TRANSFORMATIONS ALLOTROPIQUES

Van't Hoff, *Étude de dynamique chimique*, 146, 1884, F. Muller, Amsterdam.

Mallard, De l'action de la chaleur sur les substances cristallisées. *Bul. Soc. Minéralogie*, V, 214-243, 1882.

SEPTIÈME LEÇON

CÉMENTITE

Abel, *Institution of Mechanical Engineers*, p. 696-705, 1881 ; pp. 56-71, 1883; pp. 30-57, 1885.— *Engineering*, XXXVI, 451, 1883 ; XXXIX, 150 et 200, 1885.

HUITIÈME LEÇON

DISSOCIATION DE L'ACIDE CARBONIQUE

H. Sainte-Claire Deville, *Leçons sur la dissociation professées devant la Société chimique*. pp. 45-63, 1864, Hachette, 79, boulevard Saint-Germain, Paris.

LIQUÉFACTION DE L'ACIDE CARBONIQUE

Villard, Étude des gaz liquéfiés. *Ann. Phys. et Chim.* [7º], X, 387-433, 1897.

NEUVIÈME LEÇON

HYDRATES DE GAZ

Villard, Thèse de doctorat, 1896. *Ann. de Physique et de Chimie* [7º], XI, 289-394, 1897.

LOI DES TENSIONS FIXES DE DISSOCIATION

H. Le Chatelier, Étude expérimentale et théorique des équilibres chimiques. *Annales des Mines* [8º], XIII, 345.

LOI DE TROUTON

De Forcrand, *Ann. de Physique et de Chimie* [7º], XXVIII, 384-545, 1903.

DISSOCIATION DU BICARBONATE ALCALINO-TERREUX

Schloesing, *C. R.*, LXXIV, 1552, 1872, et LXXV, 70, 1872.
Engel, *Annales de Physique et de Chimie* [6º], XIII, 348, 1888.

DIXIÈME LEÇON

CARBONATES DOUBLES

H. Sainte-Claire Deville, *Ann. de Physique et de Chimie* [3º], XXXIII, 75, 1851, et XXXV, 438, 1852.

ONZIÈME LEÇON

DISSOCIATION DE L'OXYDE DE CARBONE

Sir Lowthian Bell, *Principes de la fabrication du fer et de l'acier*, Baudry, p. 207, 1888.
Boudouard, Thèse de doctorat, 1901, et *Ann. de Physique et de Chimie* [7º], XXIV, 5-85, 1901.

SYNTHÈSE DE L'ACIDE FORMIQUE

Berthelot, *Ann. Phys. et Chim.* [3º], XLVI, 477, 1856, et [7º], XXI, 205, 1900

NICKEL-CARBONYLE

L. Mond, *J. of Chem. Sóc.*, LVII, 749, 1890.

DOUZIÈME LEÇON

LIMITES D'INFLAMMABILITÉ

Le Chatelier, Sur le dosage de petites quantités de gaz combustibles mêlés à l'air. *Ann. de Physique et de Chimie* [6º], XXIX, 289-320, 1893.

Le Chatelier et Boudouard, Sur les limites d'inflammabilité de l'oxyde de carbone. *C. R.*, CXXVI, p. 1344, 1897.— Sur les limites d'inflammabilité des vapeurs. *C. R.*, CXXVI, 1510, 1897.

TEMPÉRATURE D'INFLAMMATION

Falk, Combustion des mélanges gazeux. *Ann. der Physik* [4ᵉ], XXIV, 450-482, 1907.

COMBUSTION DES MÉLANGES GAZEUX

Mallard et Le Chatelier, *Ann. des Mines* [8ᵉ], IV, 274, 1882.

ONDE EXPLOSIVE

Berthelot et Vieille, *Ann. Physique et Chimie* [5ᵃ], XXVIII, 289-332, 1883.

Berthelot et Le Chatelier, Vitesse de détonation de l'acétylène, *C. R.*, CXXIX, p. 279.

H. Dixon, On the movement of the flamme explosion of gases. *Phil. trans. of Royal Soc.* CC, 315-352, 1902.

TREIZIÈME LEÇON

ÉTUDES SUR LA COMBUSTION

Lavoisier, *Œuvres complètes*, II, p. 192, et III p. 2, Imprimerie Impériale, Paris, 1862.

LA PUISSANCE MOTRICE

Sadi Carnot, *Réflexions sur la puissance motrice du feu*, 1824, Gauthier-Villars, 55, quai des Grands-Augustins, Paris, 1878.

PRODUCTION DES TEMPÉRATURES ÉLEVÉES

Debray, *Leçons sur la production des températures élevées et la fusion du platine professées devant la Société chimique*, 1861, Hachette, 79, boulevard Saint-Germain, Paris.

QUATORZIÈME LEÇON

LOI DES PHASES

H. Le Chatelier, *Revue générale des sciences*, p. 759, 1899.

QUINZIÈME LEÇON

TENSION DE VAPEUR DES DISSOLUTIONS

Raoult. *Ann. de Physique et de Chimie* [6ᵉ], XX, 297, 1890.

LOIS DE LA MÉCANIQUE CHIMIQUE

Le Chatelier, Les principes fondamentaux de l'énergétique et leur application aux phénomènes chimiques. *J. de Physique* [3ᵉ], III, juillet 1894.

SOLUTIONS

Van't Hoff, *Leçons de chimie physique*, t. I, 1-70, Hermann, 8, rue de la Sorbonne, Paris, 1898.

Van't Hoff, Equil. chim. dans les systèmes gazeux à l'état dilué ou dissous. *Archives néerlandaises*, t. XX, 1884.

ÉQUILIBRE AU ZÉRO ABSOLU

Nernst, *Thermodynamic and Chemistry*, p. 53, Charles Scribner's Sons, New-York, 1907.

SEIZIÈME LEÇON

LOIS DE GAY-LUSSAC

Gay-Lussac, Mémoire sur la combinaison des substances gazeuses les unes avec les autres. *Mémoires de Phys. et de Chimie de la Soc. d'Arcueil*, II, 207, 1809.

DIX-SEPTIÈME LEÇON

TENSION SUPERFICIELLE MOLÉCULAIRE

Ramsay et Shields, The molecular complexity of liquids (*London Chem. Soc.*, LXIII, 1089 et 1109, 1893), et Ueber die molekular Gewichte der Flusigkeiten (*Zeit für Physik Chem.*, XII, 433, 1893). — *L'énergie de surface pour déterminer la complexité moléculaire des liquides*. (Conférence de la Société chimique de Paris, 1894).

ÉBULLIOSCOPIE ET CRYOSCOPIE

Raoult, *Des poids moléculaires par la Cryoscopie et la Tonométrie*. (Conférences de la Société chimique, 1895).

TABLE DES MATIÈRES

TROISIÈME LEÇON

PROPRIÉTÉS PHYSIQUES (Suite)

QUATRIÈME LEÇON

PROPRIÉTÉS PHYSIQUES ET CHIMIQUES

CINQUIÈME LEÇON

COMBUSTIBLES

SIXIÈME LEÇON

CHAUFFAGE. — POUVOIR ABSORBANT. — ALLOTROPIE

SEPTIÈME LEÇON

CARBURES MÉTALLIQUES

HUITIÈME LEÇON

ACIDE CARBONIQUE

NEUVIÈME LEÇON

CARBONATES MÉTALLIQUES

www.ingramcontent.com/pod-product-compliance
Lightning Source LLC
LaVergne TN
LVHW020247060726
842525LV00001B/165